河南省"十四五"普通高等教育规划教材

河南省普通高等教育优秀教材建设奖

U0176119

工程造价管理

（第四版）

● 主编 王红平

郑州大学出版社

内容提要

本书以全寿命周期工程造价为主线,以国家最新的计价规范和政策为依据,系统全面地介绍了工程造价管理的原理、内容以及建设项目各阶段工程造价管理的确定和控制方法。全书共分为9章,主要内容包括绪论、工程造价的构成、决策阶段的工程造价管理、设计阶段的工程造价管理、招投标阶段的工程造价管理、施工阶段的工程造价管理、竣工阶段的工程造价管理、工程造价的动态调整、工程造价的信息管理。

本书可作为高等院校工程造价、工程管理以及土木工程等相关专业的教材使用,也可作为工程造价人员的培训教材以及相关专业人员的参考用书。

图书在版编目(CIP)数据

工程造价管理/王红平主编. —4版. — 郑州:郑州大学出版社,2022.8
ISBN 978-7-5645-8877-9

Ⅰ.①工… Ⅱ.①王… Ⅲ.①建筑造价管理-高等学校-教材 Ⅳ.①TU723.31

中国版本图书馆 CIP 数据核字(2022)第 113756 号

工程造价管理
GONGCHENG ZAOJIA GUANLI

策划编辑	崔青峰 祁小冬	封面设计	苏永生
责任编辑	刘永静	版式设计	凌 青
责任校对	吴 波	责任监制	凌 青 李瑞卿

出版发行	郑州大学出版社	地 址	郑州市大学路 40 号(450052)
出版人	孙保营	网 址	http://www.zzup.cn
经 销	全国新华书店	发行电话	0371-66966070
印 刷	河南承创印务有限公司		
开 本	787 mm×1 092 mm 1/16		
印 张	17.25	字 数	411 千字
版 次	2022 年 8 月第 4 版	印 次	2022 年 8 月第 4 次印刷
书 号	ISBN 978-7-5645-8877-9	定 价	45.00 元

编写指导委员会

The compilation directive committee

本书作者

Authors

主　编　王红平

副主编　董晓峰　李　勇

编　委　宋素亚　杜兴亮　孙现军

　　　　商克俭　周彦兵　杨　静

　　　　陈　卓

Forword

前 言

（第四版）

　　本教材符合党和国家对教育的基本要求,注重培养学生正确的价值观、健全的人格和创新的思维,能够反映相关专业内在联系及本专业特有的思维方式,知识的阐述与职业道德、职业意识、基本职业素养教育的有机结合,注重对学生良好职业道德和职业素养的培养。

　　本教材是河南省"十四五"普通高等教育规划教材,可作为高等院校工程造价、工程管理及土木工程等相关专业的教材使用,也可以作为工程造价人员的培训教材及相关专业人员的参考用书。教材内容上注重技术、经济、管理和法律四大平台知识的融会贯通,构建了全面、完整、系统的专业知识体系,所选理论内容的广度和深度能够满足教学和从事岗位工作的需求,符合人才培养目标及课程的教学要求。本教材是在2019年出版的《工程造价管理》(第三版)的基础上进行的修订再版,在编写过程中突出以下特色:

　　(1)突出学生能力培养。教材在符合高等学校专业指导规范的基础上,注重学生的能力培养。引用案例具有很强的工程性和实践性,便于教师把能力培养融入课程体系和教学活动中,促进职业工程师的培养。

　　(2)教材内容时效性强。教材始终以国家最新的计价规范和政策为依据,强化理论联系实际,不断更新工程造价管理相关案例,巩固和加深学生对理论知识的理解,使教材具有很强的时效性。

　　(3)数字化教学资源覆盖面广。在重点、难点的讲述中,学生通过扫描书中二维码,可以实景学习典型工程案例分析及观看知识点的名师讲解,具有非常好的教学效果。

　　(4)教材建设与课程建设相互促进。将教材建设与课程建设有机结合,以教材建设带动教学观念更新、教学方法与手段创新,以教材建设成果充实课程建设的内容和形式,推动课程建设不断发展与完善。

　　本书共分为9章,其中第1章1.1、1.2节由河南理工大学孙现军编写,第2章2.1、2.4节由黄淮学院李勇编写,

第 2 章 2.2、2.3、2.5、2.6、2.7 节及第 4 章 4.2、4.4、4.5 节由河南城建学院董晓峰编写，第 3 章由河南城建学院周彦兵编写，第 4 章 4.1、4.3 节由河南财政金融学院杜兴亮编写，第 5 章由河南城建学院杨静编写，第 1 章 1.3、1.4 节及第 6 章 6.2、6.3、6.5 节由河南城建学院商克俭编写，第 8 章由河南财经政法大学宋素亚编写，第 6 章 6.1、6.4 节和第 7 章及第 9 章由河南城建学院王红平编写，全书答案部分由河南城建学院陈卓编写，全书由王红平统稿。

　　本书视频资源部分由王红平、宋素亚、杨德磊、崔焕平、张沛提供。

　　由于编写时间及编者水平有限，书中难免存在疏漏和不妥之处，恳请读者批评指正。

编　者

2022 年 4 月

Forword

前言（第三版）

工程造价管理是高等院校工程造价、工程管理以及土木工程等与工程造价有关的专业必修课程,具有综合性、时效性以及实践性较强的特点。因此该书在编写过程中,以国家最新的计价规范和政策为依据,系统叙述了工程造价管理的原理、内容以及建设项目全寿命周期中各阶段工程造价管理的确定和控制方法。力争通过对本教材的讲授,达到提高学生的学习兴趣,学以致用的教学效果。

本教材是在 2015 年出版的《工程造价管理》(第二版)基础上进行的修订再版,在编写过程中突出以下特色:

(1)知识覆盖面广,时效性强 本教材在编写中以全寿命周期工程造价为线索,以中华人民共和国建设部颁布的有关工程计价的规章、办法为依据,结合工程具体实际,有针对性地组织教材的内容。

(2)重点突出 本教材在编写过程中突出重点、难点,同时对难点能够做到深入浅出,注重应用性和便于理解,适用于不同层次的学生。

(3)理论联系实际 本教材在编写过程中,增加了工程造价管理的相关案例,这样将深奥的理论与具体的工程实际相结合,增加学生的学习兴趣,加深学生对理论知识的进一步理解和巩固。

(4)便于教师教学和学生自学 本教材在每一章后附有小结、习题(后附参考答案),利于教师布置课外作业和学生在课下自学,便于学生复习和巩固所学知识。

(5)增加数字化资源。新版教材增添了近 50 个知识点的数字化资源,便于学生学习中预习,巩固所学知识,情景交融,起到更好的教学效果。资源中有典型建筑物做案例,增加学生的学习兴趣。

本书共分 9 章,其中第 1 章由河南理工大学孙现军编写,第 2 章第 1、4、5、6、7 节由黄淮学院李勇编写,第 2 章第 2、3 节及第 3 章 1、2 节由河南城建学院董晓峰编写,第 3 章 3、4 节由河南城建学院周彦兵编写,第 4 章由河南信息统计职业学院李芳编写,第 8 章由河南财经政法大学宋素亚编写,第 5、6、7、9 章由河南城建学院王红平编写,全书答案部分由河南城建学院周彦兵编写。全书由王红平统稿。

由于编写时间及编者水平有限,书中难免存在疏漏和不妥之处,恳请读者批评指正。

编　者

2019 年 4 月

Forword

●●●●●●●●

工程造价管理是高等院校工程造价、工程管理以及土木工程等与工程造价有关的专业必修课程，具有综合性、时效性以及实践性较强的特点。因此该书在编写过程中，以国家最新的计价规范和政策为依据，系统叙述了工程造价管理的原理、内容以及建设项目全寿命周期中各阶段工程造价管理的确定和控制方法。力争通过对本教材的讲授，达到提高学生的学习兴趣，学以致用的教学效果。

本教材在编写过程中突出以下特色：

（1）知识覆盖面广，时效性强　本教材在编写中以全寿命周期工程造价为线索，以中华人民共和国建设部颁布的有关工程计价的规章、办法为依据，结合工程具体实际，有针对性地组织教材的内容。

（2）重点突出　本教材在编写过程中突出重点、难点，同时对难点能够做到深入浅出，注重应用性和便于理解，适用于不同层次的学生。

（3）理论联系实际　本教材在编写过程中，增加了工程造价管理的相关案例，这样将深奥的理论与具体的工程实际相结合，增加学生的学习兴趣，加深学生对理论知识的进一步理解和巩固。

（4）便于教师教学和学生自学　本教材在每一章后附有小结、习题（后附参考答案），利于教师布置课外作业和学生在课下自学，便于学生复习和巩固所学知识。

本书共分9章，其中第1章由河南理工大学孙现军编写，第2章第1、4、5、6、7节由黄淮学院李勇编写，第2章第2、3节由河南城建学院董晓峰编写，第3章由河南财政金融学院杜兴亮编写，第4、8章由河南财经政法大学宋素亚编写，第5、6、7、9章由河南城建学院王红平编写，全书答案部分由广东省惠州广播电视大学崔骊珠编写。全书由王红平统稿。

由于编写时间及编者水平有限，书中难免存在疏漏和不妥之处，恳请读者批评指正。

编　者

2015 年 4 月

Forword

工程造价管理是高等院校工程造价、工程管理以及土木工程等与工程造价有关的专业必修课程,具有综合性、时效性以及实践性较强的特点。因此该书在编写过程中,以国家最新的计价规范和政策为依据,系统叙述了工程造价管理的原理、内容以及建设项目全寿命周期中各阶段工程造价管理的确定和控制方法。力争通过对本教材的讲授,达到提高学生的学习兴趣,学以致用的教学效果。

本教材在编写过程中突出以下特色:

(1)知识覆盖面广,时效性强 本教材在编写中以全寿命周期工程造价为线索,以中华人民共和国建设部颁布的有关工程计价的规章、办法为依据,结合工程具体实际,有针对性地组织教材的内容。

(2)重点突出 本教材在编写过程中突出重点、难点,同时对难点能够做到深入浅出,注重应用性和便于理解,适用于不同层次的学生。

(3)理论联系实际 本教材在编写过程中,增加了工程造价管理的相关案例,这样将深奥的理论与具体的工程实际相结合,增加学生的学习兴趣,加深学生对理论知识的进一步理解和巩固。

(4)便于教师教学和学生自学 本教材在每一章后附有小结、习题(后附参考答案),利于教师布置课外作业和学生在课下自学,便于学生复习和巩固所学知识。

本书共分9章,其中第1章由河南理工大学孙现军编写,第2章由黄淮学院李勇编写,第3章由河南财政税务高等专科学校杜兴亮编写,第4章、第8章由河南财经政法大学宋素亚编写,第5章、第6章、第9章由河南城建学院王红平编写,第7章由河南城建学院胡云鹏编写。全书由王红平统稿。

由于编写时间及编者水平有限,书中难免存在疏漏和不妥之处,恳请读者批评指正。

编 者

2011 年 5 月

Contents

第 1 章

绪　论

　　本章概述了工程造价学科的产生与发展,工程造价管理与工程造价的概念,工程造价咨询的社会现状与发展前景。重点讲述了工程造价专业人员的职业资格制度(造价工程师、咨询工程师)、考试办法、注册规定以及市场需求状况,从而使学生明确专业方向,激发学习兴趣。

1.1 工程造价管理学科的产生与发展

1.1.1 中国工程造价管理学科的产生与发展

1.1.1.1 中国古代朴素而丰富的建设管理经验

中国有着悠久的工程造价管理的历史。由于历朝帝王均注重大兴土木,历代工匠不仅积累了丰富的工程技术经验,也积累了丰富的建筑和建筑管理方面的经验,再经过归纳、整理,逐步形成了一套工料、限额的管理制度。

两千多年来,我国也不乏把技术与经济相结合,大幅度降低工程造价的实例。据春秋战国时期科学技术名著《考工记》"匠人为沟洫"一节的记载:"凡沟防必一日先深之以为式。里为式,然后可以傅众力。"意思是说凡修筑沟渠堤防,一定要先以匠人一天修筑的进度为参照,再以一里工程所需的匠人数和天数来预算这个工程的劳力,然后方可调配人力,进行施工。这是人类最早的工程造价预算与工程施工控制和工程造价控制方法的文字记录之一。另据《缉古算经》的记载,中国唐代的时候就已经有了夯筑城台的定额——"功"。北宋时期,丁渭修复皇宫的过程中,采取挖沟取土、以沟运料、废料填沟这一举三得的办法,是古代工程管理的典范,其中包含了许多工、料价格计算的管理经验。北宋李诫(主管建筑的大臣)所著的《营造法式》(公元 1103 年付梓)一书共 34 卷3 555条,包括释名、制度、功限、料例、图样共 5 部分。"释名"对工程项目各部分进行了划分和解释,相当于现在的分部分项工程项目名称;"功限"限定了劳动力的投入量,相当于现在的劳动定额;"料例"规范了下料及用量,相当于现在的材料消耗定额。该书实际上是官府颁布的建筑规范和定额,它汇集了北宋以前的技术之精华,吸取了历代工匠的经验,对控制工料消耗,加强设计监督和施工管理起了很大作用,并一直沿用到明清。《营造法式》是人类采用定额进行工程造价管理最早的明文规定和文字记录之一。清代,清工部《工程做法则例》是一部算工算料的书;梁思成先生在《清式营造则例》一书序言中明确肯定清代计算工程工料消耗和工程费用的方法。

虽然中国工程造价管理有着悠久的历史,并逐步形成了工程项目施工管理与造价管理的理论和方法的雏形,但由于其植根于自给自足的封建自然经济条件下,没有建筑商品的生产和流通,缺乏现代工程造价管理诞生的经济土壤,工程造价管理工作多依附于工匠而存在,且多是经验式的,缺乏基础性的理论和方法体系,因而并没有形成独立的工程造价管理学科。

1.1.1.2 中国工程造价管理的产生

19 世纪末至 20 世纪上半叶,清代闭关锁国的政策被打破后,西方建筑随之涌入,带来了西方建筑市场的操作模式。当时在外国资本侵入的一些口岸和沿海城市,工程投资的规模有所扩大,出现了招投标承包方式,建筑市场开始形成。为适应这一形势,国外工程造价管理方法和经验逐步传入,而我国自身经济发展虽然落后,但民族工业也有了发展。民族新兴工业项目的建设,也要求对工程造价进行管理,因此工程造价管理在我国产生。

　　我国工程造价管理随着外资的入侵和民营建筑企业(营造厂)的出现而在一些口岸和沿海城市达到了一定的水平,也应用到了一定的工程领域[①]。但是,由于受历史条件的限制,特别是受到经济发展水平的限制,仅在少数的地区和少量的工程建设中采用,未能应用到更广阔的区域和更多的建设工程中。

1.1.1.3　新中国成立后的概预算定额制度

　　新中国成立后一直到改革开放后的一段时间内,我国的工程造价管理制度一直是以定额管理为基础的概预算制度,主要有如下四个阶段:

工程定额

　　(1)1950—1957 年,概预算定额制度的建立阶段　1949 年新中国成立后,国民经济开始进入恢复时期。由于需要迅速恢复和发展国民经济,并在全国范围内大规模进行基本建设,我国向苏联学习,引进了基本建设概预算的整套制度,建立了与计划经济相适应的以定额管理为基础的概预算制度。

　　其基本内容是:确定概预算在基本建设中的作用,规定在不同的设计阶段必须编制概算或预算;制定预算的编制原则、内容、方法和审批办法;制定概预算定额、费用定额和设备材料预算价格的编制、审批、管理权限等。

　　(2)1958—1966 年,概预算定额制度逐渐被削弱的阶段　1958 年 6 月,基本建设预算编制办法、建筑安装工程预算定额和间接费用定额由各省、自治区、直辖市负责管理,其中有关专业性的定额由中央各部负责修订、补充和管理,造成现在全国工程量计量规则和定额项目在各地区不统一的现象。各级基建管理机构的概预算部门被精简,设计单位概预算人员减少。尽管在短时期内也有过重整定额管理的迹象,但总的趋势并未改变。

　　(3)1967—1976 年,概预算定额管理制度遭到严重破坏的阶段　概预算和定额管理机构被撤销,预算人员改行,大量基础资料被销毁,定额被说成是"管、卡、压"的工具,造成设计无概算,施工无预算,竣工无决算。1967 年,建工部直属企业实行经常费制度。工程完工后向建设单位实报实销,从而使施工企业变成了行政事业单位。这一制度实行 6 年,于 1973 年 1 月 1 日被迫停止,恢复建设单位与施工单位施工图预算结算制度。1973 年制定了《关于基本建设概算管理办法》,但未能施行。

　　(4)1977—2017 年,概预算定额管理制度整顿和发展的时期　此阶段为恢复与重建造价管理制度提供了良好的条件。从 1977 年起,国家恢复重建造价管理机构,至 1983 年 8 月成立基本建设标准定额局,组织制定工程建设概预算定额、费用标准及工作制度。概预算定额统一归口,1988 年划分建设部,成立标准定额司,各省、自治区、直辖市、国务院有关部门建立了定额管理站,全国颁布一系列推动概预算管理和定额管理发展的文件,并颁布几十项预算定额、概算定额、估算指标。

　　2017 年至今,为贯彻落实"简政放权、放管结合、优化服务"改革,国家发改委在 2017 年 12 月 27 日发布第 12 号令,决定废止《关于印发〈关于改进工程建设概预算定额管理工作的若干规定〉等三个文件的通知》;为充分发挥市场在资源配置中的决定性作用,住

3

　　[①]　根据上海地方志,"……20 世纪 30 年代,招标投标的范围已扩大到铁路、桥梁等其他领域"。

房和城乡建设部办公厅在 2020 年 7 月 24 日印发了《工程造价改革工作方案》,提出加快转变政府职能,优化概算定额、估算指标编制发布和动态管理,取消最高投标限价按定额计价的规定,逐步停止发布预算定额。

1.1.1.4 中国工程造价管理学科的产生

(1)中国工程造价管理学科的产生 党的十一届三中全会后,国家工作重点实现了向经济建设的转移,社会主义市场经济体制逐步完善。这也使工程造价管理发生了重大变化,我国工程造价管理得到了发展和完善,并逐渐形成一个新兴学科。

鲁布革冲击波

1984 年,云南鲁布革水电站利用世界银行贷款,在国内首次利用国际招标,日本大成公司中标价比标底价低约 40%,且工期提前 5 个月。鲁布革水电站项目开启了我国建设项目管理体制的突破,1988 年这种管理模式在全国应用试点,1993 年正式推广,并使注册执业资格制度进入建设管理领域①。

在 1985 年已经成立的中国工程建设概预算定额委员会基础上,1990 年成立了中国建设工程造价管理协会,1996 年国家人事部和建设部建立注册造价工程师制度,标志着该学科已经发展成为一个独立的、完整的学科体系。

在造价管理教育方面,1998 年教育部本科专业目录调整,将原来的多个建设管理、经济类相关专业整合为工程管理专业。原建设部(现住房和城乡建设部)中国建设教育协会明确了投资与造价管理为工程管理专业的一个确定方向。

2002 年工程造价专业被教育部列为本科目录外专业,专业代码为 110105W。2012 年 9 月教育部颁布高等学校本科专业目录,工程造价被列入目录内专业,专业代码为 120105。

(2)"建设工程全过程造价管理"理念的提出 在简单的以概预算式的造价管理为主的造价管理模式下,由于建造费用的完成主要在施工阶段,人们自然直接地倾向于认为施工阶段是控制工程造价最重要的阶段,从而把控制造价的注意力和重要工作放在施工阶段,这往往造成造价的失控,因而"三超"现象时常出现,这引起了学者们的重视和探讨。

从 20 世纪 80 年代开始,人们逐渐认识到建设项目不同阶段对全过程工程造价影响的程度不同,如表 1.1 所示。

表 1.1　建设项目不同阶段对全过程工程造价的影响程度

建设阶段	项目决策阶段	初步设计阶段	技术设计阶段	施工图设计阶段	施工阶段
影响程度	95% ~100%	75% ~95%	35% ~75%	5% ~35%	0 ~25%

---

① 1980 年左右,世界银行提出凡是使用其贷款的项目必须请国外咨询公司介入,因而鲁布革水电站项目是我国第一个世界银行贷款项目,也成为第一个按照国际惯例进行工程建设招投标、承发包和整个建设管理活动的工程。由于其成功,加上我国社会主义市场经济的根本要求,从而开启了我国现代造价管理制度的试点和推广;基于向国外注册执业资格制度的学习,也开启了中国建设领域的现代注册执业资格制度。

这引起了学术界和实践领域对于施工阶段之前的建设阶段的造价合理确定和有效控制方法的重视,并逐渐形成了全过程造价管理的思想。

我国在1988年国家计划委员会(现国家发改委)印发的《关于控制建设工程造价的若干规定》(计标〔1988〕30号)的通知中,首次提出了"为有效地控制工程造价,必须建立健全投资主管单位、建设、设计、施工等各有关单位的全过程造价控制责任制"的管理思想和模式,从而奠定了我国率先提出的建设工程项目全过程造价管理模式的基础。

该文件中还进一步提出:"建设工程造价的合理确定和有效控制是工程建设管理中的重要组成部分。控制工程造价的目的不仅仅在于控制项目投资不超过批准的造价限额,更积极的意义在于合理使用人力、物力、财力,以取得最大的投资效益。""合理确定、有效控制"这八个字包含了造价的确定和造价的控制两个密切相关的过程,至今仍作为造价管理的基本内容。

全过程造价管理以建设过程的各项活动为核心,寻求把建设全过程和影响造价的各利益主体都纳入到造价的确定和控制环节,以追求最大投资效益为目的,具有集成性的特点,为各种确定和控制造价的方法,如工作分解结构(work breakdown structure,WBS)方法、技术经济分析方法、价值工程方法等进入造价管理领域奠定了基础。

全过程造价控制和动态管理思路的提出,标志着我国工程造价管理由单一的概预算管理向工程造价全过程管理的转变。

迄今为止,由我国学者所提出的"建设工程全过程造价管理"的观念早已深入人心,虽然立足于不同的建设阶段都有一定的控制方法,但整体而言,我国仍然没有建立起系统的全过程造价管理的技术方法。

1.1.1.5 中国的工程造价管理体制的发展完善和深化改革

(1)中国的工程造价管理体制的发展完善

①我国工程造价管理制度的完善和发展阶段。经过改革开放后的不断发展,国务院建设主管部门、各地区对建立健全建设工程造价管理制度、改进建设工程计价依据做了大量的工作。

20世纪90年代初期,除继续按照全过程控制和动态管理的思路对工程造价管理进行改革外,在计价依据方面,首次提出了"量""价"分离的思想,改变了国家对定额管理的方式,同时提出了"控制量""指导价""竞争费"的改革设想。初步建立了"在国家宏观控制下,以市场形成造价为主的价格机制,项目法人对建设项目的全过程负责,充分发挥协会和其他中介组织作用"的具有中国特色的工程造价管理体制。

②我国市场经济体制下工程管理与计价体制的发展阶段。2003年,建设部推出了《建设工程工程量清单计价规范》(GB 50500—2003),这是建设工程计价依据第一次以国家强制性标准的形式出现,初步实现了从传统的定额计价模式到工程量清单计价模式的转变,同时也进一步确定了建设工程计价依据的地位,这标志着一个崭新的阶段的开始。

2008年,建设部在总结经验的基础上,进一步完善和补充,又发布了《建设工程工程量清单计价规范》(GB 50500—2008),该标准自2008年12月1日起实施。

现行《建设工程工程量清单计价规范》(GB 50500—2013)是2013年7月1日中华人民共和国住房和城乡建设部编写颁发的文件。

5

（2）中国的工程造价管理体制的深化改革

随着我国市场经济体制的逐步确立，工程造价管理模式发生了一系列的变革，这些改革主要体现在以下几个方面：

①重视和加强项目决策阶段的投资估算工作，努力提高政府投资或国有投资的大中型或重点建设项目的可行性研究报告中投资估算的准确度，切实发挥其控制建设项目总造价的作用。

②进一步明确概预算工作的重要作用。概预算不仅要计算工程造价，更要能动地影响设计、优化设计，从而发挥控制工程造价、促进建设资金合理使用的作用。

③推行工程量清单计价模式，以适应我国建筑市场发展的要求和国际市场竞争的需要，逐步与国际惯例接轨。

④引入竞争机制，通过招标方式择优选定工程承包公司和设备材料供应单位，以促使这些单位改善经营管理，提高应变能力和竞争能力，降低工程造价。

⑤持续完善用"动态"方法研究和管理工程造价。加快转变政府职能，优化概算定额、估算指标编制发布和动态管理，取消最高投标限价按定额计价的规定，逐步停止发布预算定额。

⑥提出对工程造价的估算、概算、预算、承包合同价、结算价、竣工决算实行"一体化"管理，并研究如何建立一体化的管理制度，改变过去分段管理的状况。

⑦进一步完善和加强对造价工程师职业资格制度的管理，扶持和引导工程造价咨询机构的发展。

（3）我国工程造价管理体制改革的目标

我国工程造价管理体制改革的目标是建立市场形成价格的机制，实行工程造价管理市场化，与国际管理接轨，形成市场化的工程造价咨询服务业。

1.1.2　西方现代工程造价管理理论的产生和发展

1.1.2.1　西方传统工程造价管理阶段

西方在中世纪及以前，由于建筑比较简单，建设行业只有发包人和工匠，发包人请工匠建造房屋，工程施工完后再进行结算，由于完工后工作业务已经确定，此时基本不涉及造价管理工作。

到14—15世纪，欧洲房屋和公共建筑要求提高，建筑师随之出现。发包人委托建筑师设计，并负责监督工匠施工和工程结算工作。

从16世纪开始，英国出现了工程项目管理专业分工的细化，随着建筑日益复杂，且建筑师大多受到良好的建筑教育，工匠在与建筑师议价的过程中日益处于不利地位，于是便请人帮助确定和估算一项工程所需要的人工和材料，以及测量和确定已经完成的工作量，以便据此从发包人或承包人处获得应得的报酬，正是这种项目专业管理的需要，使得工料测量师（quantity surveyor，QS）这一从事工程项目造价确定和控制的专门职业在英国诞生了。

在英国和英联邦国家，人们至今仍沿用工料测量师这一名称去称呼那些从事工程造价管理的专业人员。随着工程造价管理这一专门职业的诞生和发展，人们开始了对工程项目造价管理理论与方法的全面而深入的专业研究。

1.1.2.2　西方现代工程造价管理理论的产生

18 世纪后期,英国政府和公用事业部门实行"公共采购",形成公开招标的雏形。19 世纪初英法战争结束后,英国军队需要建造大量军营,为了满足建造速度并节约开支,决定每一项工程由一个承包人负责,由该承包人统筹安排工程中的各项工作,并通过竞争报价方式来选择承包人,结果有效地控制了建造费用。于是,现代工程招投标制度率先在以英国为首的资本主义国家的工程建设中开始推行。

工程招投标制度出现后,需要在工程设计完成后而施工又未开始前确定工程价格,以便为项目招标者(发包人)确定标底,并为项目承包者确定投标书的报价。这样,工程预算专业正式诞生了,这就使得人们对有关工程造价如何合理确定的理论与方法的认识日益深入。与此同时,为帮助发包人和承包人获取最大的投资效益,许多早期的工料测量师开始研究和探索在工程项目设计和实施过程中,开展工程造价管理控制的理论和方法。随着人们对工程造价确定和工程造价控制的理论和方法研究的不断深入,一种独立的职业和一门专门的学科——工程造价管理就首先在英国诞生了。

英国在 1868 年经皇家批准后成立了皇家特许测量师协会(Royal Institution of Chartered Surveyors,RICS),其中最大的一个分会是工料测量师分会。这一工程造价管理专业协会的创立,标志着现代工程造价管理专业的正式诞生,这一时期工程造价管理人员逐渐开始了有组织地开展工程造价确定与工程造价控制等方面的理论与方法的研究和实践,工程造价管理走出了传统管理的阶段,进入了现代工程造价管理的阶段。

1.1.2.3　西方现代工程造价管理理论的发展

(1)20 世纪 30—40 年代,经济学原理开始被应用到了工程造价管理领域　20 世纪 30—40 年代,由于资本主义经济学的发展,使许多经济学的原理开始被应用到了工程造价管理领域。工程造价管理从一般的工程造价确定和简单的工程造价控制的初始阶段,开始向重视投资效益的评估、重视工程项目的经济和财务分析等方向发展。

同时,有人开始将加工制造业使用的成本控制方法进行改造,并引入到了工程项目的造价控制之中。工程造价的管理理论与方法的这些进步,使得工程项目的经济效益大大提高,也使得全社会逐步认识了工程造价管理科学及其研究的重要性,并且使得工程造价管理专业在这时期得到了很大的发展。

(2)20 世纪 50—60 年代,工程造价管理的全面研究,专业人才培养的大发展　1951 年,澳大利亚工料测量师协会(Australia Institute of Quantity Surveyors,AIQS)宣告正式成立。在这一时期前后,其他一些发达国家的工程造价管理协会的专业人员,对工程造价管理中的工程造价确定、工程造价控制、工程风险造价的管理等许多方面的理论与方法开展了全面的研究。

在创立了工程造价管理的基本理论与方法体系的基础上,发达国家的一些大专院校和专业研究团体合作,深入进行工程造价管理理论体系与方法论方面的研究。在此基础上,发达国家的一些大专院校又建立了相应的工程造价管理的专科、本科,甚至硕士生的专业教育,开始全面培养工程造价管理方面的专门人才,这使得 20 世纪 50—60 年代成为工程造价管理从理论与方法的研究到专业人才的培养和管理实践推广等各个方面都有很大发展的时期。

(3)20世纪70—80年代,工程造价管理在理论、方法与实践等方面全面发展 从20世纪70—80年代,各国的造价工程师协会先后开始了造价工程师执业资格的认证工作,纷纷推出了自己的造价工程师或工料测量师资质认证所必须完成的专业课程教育,以及实践经验和培训的基本要求。这些都对工程造价管理学科的发展起到了很大的推动作用。与此同时,美国国防部、美国能源部等政府部门,从1967年开始提出了"工程项目造价与工期控制系统的规范"(cost/schedule control systems criteria,C/SCSC),这一规范经过反复的修订,得到了不断的完善,他们现在使用的"工程项目造价与工期控制系统的规范"就是1991年的修订本。英国政府在这一时期也制定了类似的规范和标准。这些政府的规范或标准,为在市场经济条件下政府性投资项目的工程造价管理理论与实践做出了一定的贡献。1976年,由当时美国、英国、荷兰等国的造价工程师协会发起成立了国际造价工程联合会(The International Cost Engineering Council,ICEC)。这一联合会成立后,在联合全世界的造价工程师、工料测量师及其协会和项目经理及其协会三方面的专业人员和专业协会方面,在推进工程造价管理理论与方法的研究与实践方面都做了大量的工作。国际造价工程联合会积极组织其二十几个会员国的各个造价工程师协会分别或共同开展工作,以提高人类对工程造价管理理论、方法及实践的全面认识。所有这些发展和变化,使得20世纪70—80年代成了工程造价管理在理论、方法与实践等各个方面全面发展的阶段。

1.1.2.4 工程造价管理理论与实践的综合与集成

经过多年的努力,从20世纪80年代末和20世纪90年代初开始,人们对工程造价管理理论与实践的研究进入了综合与集成的阶段。各国纷纷在改进现有工程造价确定与控制理论和方法的基础上,借助其他管理领域在理论与方法上最新的发展,开始了对工程造价管理进行更为深入而全面的研究。

(1)以英国工程造价管理学界为主,提出"全生命周期造价管理" 自20世纪70年代中期开始,英美国家的一些经济学家和建筑师对建筑物的运营和维护成本进行了相关的测算,结果发现建筑物寿命期内的运营和维护成本远远大于其建造成本。美国老兵部(Department of Veterans Affairs,VA)机构负责全国172家医疗中心共2 000栋建筑的运营及维护,以其20世纪90年代测算的数据为例,采用40年分析周期和5%的折现率进行生命周期成本分析,发现运营及维护费用是建造费用的7.7倍。这使人们在考虑工程成本时,不仅要考虑建筑物的建造成本,还要考虑建设设施在移交后的运营和维护成本。从长远的观点看,设施未来的运行和维护成本要远远大于它的建设成本,先期建设成本的高低对未来的运营和维护成本的高低会产生很大的影响,高的建设成本可能带来未来运营维护成本的大幅度降低,从而带来建筑物在整个生命周期内成本的降低,如图1.1所示。

鉴于此,20世纪80年代末和20世纪90年代初,以英国工程造价管理学界为主,提出了"全寿命周期造价管理"(life cycle costing,LCC)的工程项目投资评估与造价管理的理论与方法。英国皇家特许测量师协会为促进这一先进的工程造价管理的理论与方法的研究、完善和提高付出了很大的努力。英国皇家特许测量师协会不仅投入了很大的力量去推动全寿命周期造价管理的发展,而且还与英国皇家特许建筑师协会(Royal Institute

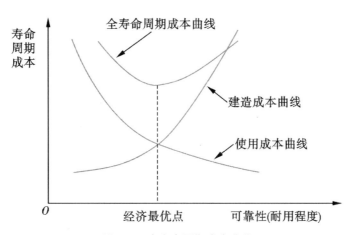

图 1.1　全寿命周期成本曲线

of British Architects, RIBA)合作,直接组织了对全寿命周期造价管理广泛而深入的研究和全面的推广。

关于工程项目全寿命周期造价管理思想与方法的核心概念及其定义,通过对现有各种资料的归纳和整理,可以得到如下几种表述工程项目全寿命周期造价管理定义的说法:

1)全寿命周期造价管理是工程项目投资决策的一种分析工具。全寿命周期造价管理是一种用来选择决策备选方案的数学方法。这一说法给出了全寿命周期造价管理的思想和方法,具有决策支持工具的地位和作用,可以指导人们自觉地、全面地从工程项目全寿命周期出发,综合考虑项目的建造成本和运营与维护成本(使用成本),从而实现更为科学合理的投资决策。

2)全寿命周期造价管理是建筑设计的一种指导思想和手段。全寿命周期造价管理是可以计算工程项目整个服务期的所有成本(以货币值),直接的、间接的、社会的、环境的等,以确定设计方案的一种技术方法。这一说法给出了全寿命周期造价管理的思想和方法,在工程项目的建筑设计阶段,具有指导建筑设计与建材选择方法和手段的地位和作用,可以指导设计者自觉地、全面地从项目全寿命周期出发,综合考虑工程项目的建造成本和运营与维护成本(使用成本),从而实现更为科学的建筑设计和更加合理地选择建筑材料,以便在确保设计质量的前提下,实现降低项目全寿命周期成本的目标。

3)全寿命周期造价管理是一种实现工程项目全寿命周期,包括建设前期、建设期、使用期和翻新与拆除期等阶段总造价最小化的方法。全寿命周期造价管理是一种可审计跟踪的工程成本管理系统。这一说法从工程项目全寿命周期的阶段构成和全寿命周期造价管理,"实现工程项目全寿命周期总造价的最小化"的目标出发,给出了全寿命周期造价管理的定义。全寿命周期造价管理不仅需要在工程项目造价确定阶段中使用,而且还应该在工程项目造价控制阶段中使用。

将上述对于全寿命周期造价管理定义的不同描述加以归纳,可以发现这种工程造价管理方法的根本出发点是:要求人们从工程项目全寿命周期出发去考虑造价和成本问题,其中最关键的是要实现工程项目整个生命周期总造价的最小化。

9

"全寿命周期造价管理"的思想和方法由于考虑的成本的时间范围覆盖了整个项目寿命周期,非常适合于建设项目的建筑设计和实施方案的评估与选择,但是这种方法不能够直接用于准确地估算一个建设项目造价或成本,由于一个项目的生命周期造价在建设项目初期或建设阶段会有许多不确定性的因素,人们也很难找到适用的方法去准确地确定和全面地优化一个建设项目的全生命周期造价。正是由于这些原因,建设项目全寿命周期造价管理的方法至今还只是作为一种指导建设项目决策、建筑设计方案与施工方案优化的方法和指导思想。

(2)以美国工程造价管理学界为主,提出"全面造价管理" 提出"全面造价管理"稍后一段时间,以美国工程造价管理学界为主,又推出了"全面造价管理"(total cost management,TCM)这一涉及工程项目战略资产管理、工程项目造价管理的概念和理论。自从1991年有人在美国造价工程师协会的年会上提出"全面造价管理"这一名称和概念以后,美国造价工程师协会为推动自身发展和工程造价管理理论与实践的进步,在这一方面开展了一系列的研究和探讨,在工程造价管理领域全面造价管理理论与方法的创立与发展上做出了巨大的努力。美国造价工程师协会为推动全面造价管理理论与方法的发展,还于1992年更名为"国际全面造价管理促进协会"(The Association for the Advancement of Cost Engineering International–through Total Cost Management,AACE-I)。从此,国际上的工程造价管理研究与实践就进入了一个全新的阶段,而这一阶段的主要标志之一就是对于工程项目全面造价管理理论与方法的研究。

国际全面造价管理促进协会在其协会章程中对全面造价管理给出了如下的定义:全面造价管理是一个工程实践领域,在这个领域中,工程经验和判断与科学原理和技术方法相结合,以解决经营管理和工作的计划,造价预算,经济和财务分析,造价工程,作业与项目管理,计划与排产和造价与进度的情况度量与变更控制。

但是,自20世纪90年代初提出工程项目全面造价管理的概念至今,全世界对于全面造价管理的研究仍然处在有关概念和原理的研究上。

1.1.3　工程造价管理学科与相关学科之间的关系

构成一门独立的学科,需要有既定的研究对象或研究领域,需要有特有的概念、原理、命题、规律等所构成的严密的逻辑化的知识系统,需要有既定的方法论。

作为一门独立的学科,工程造价管理学科以工程项目或建设项目为对象,以工程项目的造价确定与控制为主要内容,涉及工程项目的技术与经济活动,以及工程项目的经营与管理工作的一个独特的工程管理领域,主要运用一系列造价的确定和控制方法来合理确定和有效控制工程造价,服务于建设项目的经济目标。因此,工程造价管理学科与邻近的工程经济学、技术经济学、建筑经济学、投资管理学、工程项目管理学、经济管理学等学科均有密切联系。

(1)与工程经济学的关系　工程经济学是工程与经济的交叉学科,是对工程技术问题进行经济分析的系统理论与方法,是研究工程技术实践活动经济效果的学科。即以工程项目为主体,以技术-经济系统为核心,研究如何有效利用资源,提高经济效益的学科。工程经济学是在资源有限的条件下,运用工程经济学分析方法,对工程技术(项目)各种可行方案进行分析比较,选择并确定最佳方案的科学。

因而工程经济学主要研究工程项目的经济性方面,核心任务是对工程项目技术方案的经济决策。它不涉及具体的工程造价确定以及工程造价控制,但从整体而言,它与工程造价管理的目标是一致的,工程经济学更加关注工程项目的宏观方面。

(2)与技术经济学的关系　技术经济学研究技术与经济之间的关系,即把技术与经济结合起来,研究技术实践的经济效果,寻求提高经济效益的途径与方法的科学。它是对项目的不同技术政策、技术措施和技术方案的经济效果进行预测、论证和研究,从而选择出最佳方案。技术经济学研究的主要目的是将技术更好地应用于经济建设,包括新技术和新产品的开发研制、各种资源的综合利用、发展生产力的综合论证。

技术经济学中的技术经济比较的方法是工程造价管理的重要方法之一,主要用于建设项目决策阶段的造价管理问题。

(3)与建筑经济学的关系　建筑经济学是研究建筑业部门生产组织与管理的学科。建筑经济学把建筑业这个产业部门作为一个整体来研究有关的经济问题,主要研究建筑生产组织与管理及其经济活动规律。其研究内容包括建筑经济学的性质、理论、方法,建筑业的宏观经济问题,建筑企业的经济问题,建筑产品的生产、交易问题,建筑市场的建立与发展问题等。

建筑经济学涉及运用经济学原理来研究市场经济条件下建设产品的价格形成机制和交易机制,尽管不研究具体建设产品的造价如何确定和控制问题,但为工程造价的确定与控制提供了科学依据。

(4)与投资管理学的关系　投资管理学是研究投资运动规律和对投资进行宏观管理的科学。其研究内容涉及资本管理体制、经济增长与投资的关系、资本预算、资本结构和筹资决策、资本市场理论、项目评价与项目决策、期货与期货投资、国际投资理论、国际投资方式等多个方面。

投资管理学的目的是寻求用尽量少的投资取得最大的投资回报。如果把建设工程造价看作固定资产投资,就涉及固定资产投资管理的问题,因而尽管投资管理学不具体研究建设产品的投资及价格形成与运动规律,但在研究方法上与工程造价管理学具有一定的相似之处。

(5)与工程项目管理学的关系　工程项目管理学围绕建设项目的质量、经济、时间、安全、环境等效益,综合运用计划、组织、协调、控制等各种方法,力求以最小的代价实现建设项目的既定目标。

显然,工程造价管理学科只涉及建设项目的经济目标,很少涉及其他目标,在造价的确定和控制方面,二者有结合的地方,但工程造价管理更为具体、详细。

(6)与经济管理学的关系　经济管理学是研究对社会经济活动进行合理组织、合理调节的规律性的科学。它主要以“合理组织、合理调节”为功能,对国民经济和各类经济实体进行管理。既有宏观经济管理,也有微观经济管理。它不具体涉及工程造价控制与管理,但其“合理组织、合理调节”的功能,常被应用在工程造价管理过程中。

1.2 工程造价与工程造价管理

1.2.1 工程造价

1.2.1.1 工程造价的含义

工程造价与
工程计价

工程，一般是指将自然科学的原理应用于工农业生产而形成的各学科的总称。工程造价中的"工程"主要是指建设工程这一类特定的"工程"。"工程造价"中的"造价"既有"成本"的含义，也有"买价"的含义。所以，我国的工程造价管理界至今对于工程"造价"仍有许多种不同的定义，而且在"工程造价"的定义上至今还存在着许多的争论。中文的"造价"与英文的"cost"是对应的，而"cost"同样既可以表示"费用"或"成本"，也可以表示"价格"或"造价"。

根据目前中国工程造价管理学界比较认可的观点，工程造价有以下两层含义。

第一层含义从投资者（发包人）的角度分析，工程造价是指有计划地建设某项工程，预期开支或实际开支的全部固定资产投资费用。投资者为了获得投资项目的预期效益，就需要自项目决策期开始，自实施期直到竣工验收全过程进行一系列投资管理活动。这一活动中所花费的全部费用，就构成了工程造价。从这个意义上讲，建设工程造价就是建设工程各个项目固定资产总投资。

第二层含义从市场交易的角度分析，工程造价是指为建设某项工程，预计或实际在土地市场、设备市场、技术劳务市场、承包市场等交易活动中所形成的建筑安装工程价格和建设工程总价格。所以往往把工程造价第二层含义理解为是工程承发包价格，也称为建筑安装工程费用。显然，工程造价的第二种含义是以建设工程这种特定的商品形式作为交易对象，通过招投标或其他交易方式，在进行多次预估的基础上，最终由市场形成的价格。这里的工程既可以是涵盖范围很大的一个建设工程项目，也可以是其中的一个单项工程，甚至可以是整个建设工程的某个阶段，如土地开发工程阶段、建筑安装工程阶段、装饰工程阶段，或者其中的某个组成部分阶段。随着经济发展中技术的进步、分工的细化和市场的完善，工程建设的中间产品也会越来越多，商品交换会更加频繁，工程价格的种类和形式也会更加丰富。尤其值得注意的是，投资主体的多元格局、资金来源的多种渠道，使相当一部分建设工程的最终产品作为商品进入流通领域。如技术开发区的工业厂房、仓库、写字楼、公寓、商业设施和住宅开发区的大批住宅、配套的公共设施等，都是投资者为实现投资利润最大化而生产的建筑产品，它们的价格是商品交易中显示存在的，是一种有加价的工程价格（通常被称作商品房价格）。

承发包价格是工程造价中一种重要的也是较为典型的价格交易形式，是在建筑市场通过招标投标，由需求主体（投资者）和供给主体（承包人）共同认可的价格。

工程造价的两种含义实质上是以不同的角度把握同一事物的本质。对市场经济条件下的投资者来说，工程造价就是项目投资，是"购买"工程项目要付出的价格。同时，工程造价也是投资者作为市场供给主体，"出售"工程项目时确定价格和衡量投资经济效益的尺度。对规划、设计、承包人以及包括造价咨询机构在内的中介服务机构来说,工程造价是他们作为市场供给主体出售商品和劳务价格的总和,或者是特指范围的工程造价,如建筑安装工程造价。

1.2.1.2　工程造价的特点

(1)工程造价的大额性　能够发挥投资效用的任一项工程,不仅实物形体庞大,而且造价高昂。动辄数百万元、数千万元、数亿元、十几亿元,特大型工程项目的造价可达百亿元、千亿元人民币。工程造价的大额性关系到各方面的重大经济利益,同时也会对宏观经济产生重大影响。这就决定了工程造价的特殊地位,也说明了造价管理的重要意义。

(2)工程造价的单个性　任何一项工程都有特定的用途、功能、规模。因此,对每一项工程的结构、造型、空间分割、设备配置和内外装饰都有具体的要求,因而使工程内容和实物形态都具有个别性、差异性。产品的差异性决定了工程造价的个别性差异。同时,每项工程所处地区、地段都不相同,使这一特点得到强化。

工程内容和实物形态的个别差异性决定了工程造价不同于一般商品那样的批量性计价,而必须针对每个具体的工程确定其价格。

(3)工程造价的动态性　任何一项建设工程从决策到竣工交付使用,都有一个较长的建设期。在这一期间,可能有工程变更,材料价格、费率、利率、汇率等也可能发生变化。这些变化必然会影响工程造价的变动,直至竣工决算后才能最终确定工程造价。

(4)工程造价的层次性　工程造价的层次性取决于工程的层次性。一个建设项目往往含有多个单项工程,一个单项工程又是由多个单位工程组成的。与此相适应,工程造价也有三个层次相对应,即建设项目总造价、单项工程造价和单位工程造价。如果专业分工更细,单位工程(如土建工程)的组成部分——分部分项工程也可以成为交换对象,如大型土方工程、基础工程、装饰工程等,这样工程造价的层次就增加分部工程和分项工程而成为五个层次。即使从造价的计算和工程管理的角度看,工程造价的层次性也是非常突出的。

(5)工程造价的兼容性　工程造价的兼容性首先表现在它具有两种含义;其次表现在工程造价构成因素的广泛性和复杂性,在工程造价中,成本因素非常复杂,其中为获得建设工程用地支出的费用、项目可行性研究和规划设计费用、与政府一定时期政策(特别是产业政策和税收政策)相关的费用占有相当的份额;最后盈利的构成也较为复杂,资金成本较大。

1.2.1.3　工程计价的特点

基本建设是一项特殊的生产活动,它区别于一般工农业生产,具有周期长、物耗大、涉及面广、协作性强、建设地点固定、水文地质条件各异、生产过程单一性强、不能批量生产等特点。由于建设工程产品的这种特点和工程建设内部生产关系的特殊性,决定了工程产品造价不同于一般工农业产品的计价特点。

(1)计价的单件性　由于建设产品的单件性,决定了建设工程不能像工业产品那样按品种、规格和质量成批计价,只能是单件计价,也决定了建设工程不能由国家、地方、企业规定统一的造价,只能按各个项目规定的建设程序计算工程造价。建筑产品的个别性

13

差异决定了每项工程都必须单独计算造价。

（2）计价的多次性　工程项目需要按一定的建设程序进行决策和实施,工程计价也需要在不同阶段多次进行,以保证工程造价计算的准确性和控制的有效性。多次计价是个逐步深化、逐步细化和逐步接近实际造价的过程,如图 1.2 所示。

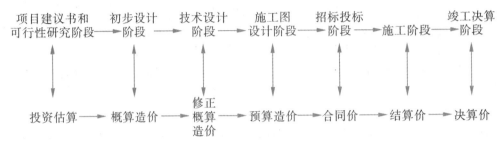

图 1.2　工程多次计价示意图

注:竖向箭头表示对应关系,横向的单向箭头表示多次计价流程及逐步深化过程。

（3）计价的组合性　工程造价的计算是分部组合而成,这一特征和建设项目的组合性有关。按照国家规定,工程建设项目根据投资规模大小可划分为大、中、小型项目,而每一个建设项目又可按其生产能力和工程效益的发挥以及设计施工范围逐级大小分解为单项工程、单位工程、分部工程和分项工程。建设项目的组合性决定了工程造价计价的过程是一个逐步组合的过程。在确定工程建设项目的设计概算和施工图预算时,则需按工程构成的分部组合由下而上地计价,就是要先计算各单位工程的概（预）算,再计算各单项工程的综合概（预）算,再汇总成建设项目的总概（预）算。而且单位工程的工程量和施工图预算一般是按分部工程、分项工程采用相应的定额单价、费用标准进行计算的。这就是采用对工程建设项目由大到小进行逐级分解,再按其构成的分部由小到大逐步组合计算出总的项目工程造价。其计算过程和计算顺序是:分部分项工程单价→单位工程造价→单项工程造价→建设项目总造价。

（4）计价方法的多样性　工程的多次计价有各不相同的计价依据,每次计价的精确度要求也各不相同,由此决定了计价方法的多样性。例如,投资估算的方法有设备系数法、生产能力指数估算法等;计算概预算造价的方法有单价法和实物法等。不同的方法有不同的适用条件,计价时应根据具体情况加以选择。

（5）计价依据的复杂性　由于影响造价的因素多,决定了计价依据的复杂性。计价依据主要可分为以下 7 类:①设备和工程量计算依据,包括项目建议书、可行性研究报告、设计文件等;②人工、材料、机械等实物消耗量计算依据,包括投资估算指标、概算定额、预算定额等;③工程单价计算依据,包括人工单价、材料价格、材料运杂费、机械台班费等;④设备单价计算依据,包括设备原价、设备运杂费、进口设备关税等;⑤措施费、企业管理费和工程建设其他费用计算依据,主要是相关的费用定额和指标;⑥政府规定的税、费;⑦物价指数和工程造价指数。

工程计价依据的复杂性不仅使计算过程复杂,而且需要计价人员熟悉各类依据,并加以正确应用。

1.2.2　工程造价管理

1.2.2.1　工程造价管理的含义

工程造价管理有两种含义：一是指建设工程投资费用管理；二是指建设工程价格管理。

工程造价管理基本内涵

（1）建设工程投资费用管理　作为建设工程的投资费用管理，它属于投资管理范畴。更明确地说，它属于工程建设投资管理范畴。工程建设投资管理，就是为了达到预期的效果（效益），对建设工程的投资行为进行计划、预测、组织、指挥和监控等系统活动。建设工程投资费用管理是指为了实现投资的预期目标，在拟定的规划、设计方案的条件下，预测、计算、确定和监控工程造价及其变动的系统活动。这一含义既涵盖了微观层次的项目投资费用的管理，也涵盖了宏观层次的投资费用的管理。

（2）建设工程价格管理　建设工程价格管理属于价格管理范畴。在市场经济条件下，价格管理分两个层次。在微观层次上，是指生产企业在掌握市场价格信息的基础上，为实现管理目标而进行的成本控制、计价、定价和竞价的系统活动。在宏观层次上，是指政府根据社会经济发展的要求，利用法律手段、经济手段和行政手段对价格进行管理和调控，以及通过市场管理规范市场主体价格行为的系统活动。

工程建设关系国计民生，同时，政府投资或国有资金投资的公共、公益性项目在今后仍然会有相当份额。因此，国家对工程造价的管理，不仅承担一般商品价格的调控职能，而且在政府或国有资金投资的项目上也承担着微观主体的管理职能。这种双重角色的双重管理职能，是工程造价管理的一大特色。

15

1.2.2.2　建设工程全面造价管理

全面造价管理（total cost management，TCM）是指有效地利用专业知识和技术，对资源、成本、盈利和风险进行筹划和控制。建设工程全面造价管理包括全寿命造价管理、全过程造价管理、全要素造价管理和全方位造价管理。

（1）全寿命造价管理　建设工程全寿命造价是指建设工程初始建造成本和建成成本之和，它包括建设前期、建设期、试用期及拆除期各个阶段的成本。由于在实际管理过程中，在工程建设及使用的不同阶段，工程造价存在诸多不确定性，因此全寿命造价管理至今只能作为一种实现建设工程全寿命造价最小化的指导思想，指导建设工程的投资决策及设计方案的选择。

（2）全过程造价管理　全过程造价管理是指覆盖建设工程策划及建设实施各个阶段的造价管理。包括以下几种：①前期决策阶段的项目策划、投资估算、项目经济评价、项目融资方案分析；②设计阶段的限额设计、方案比选、概（预）算编制；③招标投标阶段的标段划分、承包发包模式及合同形式的选择、最高投标限价或标底编制；④施工阶段的工程计量与结算、工程变更控制、索赔管理；⑤竣工验收阶段的竣工结算与决算。

（3）全要素造价管理　影响建设工程造价的因素很多。为此，控制建设工程造价不仅仅是控制建设工程本身的建造成本，还应同时考虑工期成本、质量成本、安全及环境成本的控制，从而实现工程成本、工期、质量、安全、环境的集成管理。全要素造价管理的核心是按照优先性的原则，协调和平衡工期、质量、安全、环保和成本之间的对立统一关系。

（4）全方位造价管理　建设工程造价管理不仅仅是发包人或承包单位的任务，还应该是政府建设主管部门、行业协会、发包人、设计方、承包方以及有关咨询机构的共同任务。尽管各方的地位、利益、角度等有所不同，但必须建立完善的协同工作机制，才能实现建设工程造价的有效控制。

1.2.2.3　我国工程造价管理的目标、任务和基本内容

（1）工程造价管理的目标　按照经济规律的要求，根据社会主义市场经济的发展形势，利用科学管理方法和先进管理手段，合理地确定和有效地控制工程造价，以提高投资效益和建筑安装企业经营管理效果。

（2）工程造价管理的任务　加强工程造价的全过程动态管理，强化工程造价的约束机制，维护有关各方的经济利益，规范价格行为，促进微观效益和宏观效益的统一。

（3）工程造价管理的基本内容　工程造价管理的基本内容就是合理地确定和有效地控制工程造价。

1）工程造价的合理确定　所谓工程造价的合理确定，就是在建设程序的各个阶段，合理地确定投资估算、概算造价、预算造价、合同价、结算价、决算价。

①在项目建议书阶段。按照有关规定编制的初步投资估算，经有关部门批准，作为拟建项目列入国家中长期计划和开展前期工作的控制造价。

②在项目的可行性研究阶段。按照有关规定编制的投资估算，经有关部门批准，作为该项目的控制造价。

③在初步设计阶段。按规定编制初步设计概算，用以核实初步设计概算造价是否超过批准的投资估算。

④在施工图设计阶段。按规定编制施工图预算，用以核实施工图阶段预算造价是否超过批准的初步设计概算。

⑤对以施工图预算为基础实施招标的工程。合同价也是以经济合同形式确定的建筑安装工程造价。

⑥在工程实施阶段。要按照承包方实际完成的工程量，以合同价为基础，同时考虑因物价变动所引起的造价变更，以及设计中难以预计的而在实施阶段实际发生的工程和费用，合理确定结算价。

⑦在竣工验收阶段。全面汇集在工程建设过程中发包人实际花费的全部费用，编制竣工决算，如实体现建设工程的实际造价。

2）工程造价的有效控制　所谓工程造价的有效控制，就是在优化建设方案、设计方案的基础上，在建设程序的各个阶段，采用一定的方法和措施将工程造价的发生控制在合理的范围和核定的造价限额以内。具体地说，就是要用投资估算价控制设计方案的选择和初步设计概算造价，用概算造价控制技术设计和修正概算造价，用概算造价或修正概算造价控制施工图设计和预算造价，以求合理地使用人力、物力和财力，取得较好的投资效益。有效地控制工程造价应体现以下三项原则：

①以设计阶段为重点的建设全过程造价控制。工程造价控制贯穿于项目建设全过程，但工程造价控制的关键在于前期决策和设计阶段。在建设项目投资决策完成后，控制工程造价的关键就在于设计。建设工程全寿命期费用包括一次性完成的工程

造价和工程交付使用后的经常性费用(包括经营费用、日常维护修理费用、使用期内大修理和局部更新费用等),以及该项目使用期满后的报废拆除费用等。据西方一些国家分析,设计费一般不足建设工程全寿命期费用的 1%,但正是这少于 1% 的费用对工程造价的影响程度达到 75% 以上。由此可见,设计质量对整个工程建设的效益是至关重要的。

长期以来,我国普遍忽视工程建设前期工作阶段的造价控制,往往把控制工程造价的主要精力放在施工阶段,强调对工程预算、结算的审核,这样做虽然有一定效果,但毕竟是"亡羊补牢",事倍功半。有效地控制建设工程造价,应将控制重点转到建设前期阶段。

②实施主动控制。主动控制指预先分析造价目标偏离的可能性,并拟定和采取各项预防性措施,以使造价计划目标得以实现。

长期以来,人们一直把控制理解为目标值与实际值的比较,以及当实际值偏离目标值时,分析其产生偏差的原因,并确定下一步的对策。在工程建设全过程进行这样的工程造价控制当然是有意义的。但问题在于,这种立足于调查—分析—决策基础之上的偏离—纠偏—再偏离—再纠偏的控制是一种被动控制,因为这样做只能发现偏离,不能预防可能发生的偏离。为尽可能地减少乃至避免目标值与实际值的偏离,还必须立足事先主动地采取控制措施,实施主动控制。也就是说,工程造价控制不仅要反映投资决策,反映设计、发包和施工,被动地控制工程造价,更要能动地影响投资决策,影响设计、发包和施工,主动地控制工程造价。

③组织、技术与经济相结合是控制工程造价的最有效的手段。要有效地控制工程造价,应从组织、技术、经济等多方面采取措施。从组织上采取的措施,包括明确项目组织结构,明确造价控制者及其任务,明确管理职能分工;从技术上采取的措施,包括重视设计方案选择,严格审查监督初步设计、技术设计、施工图设计、施工组织设计,深入技术领域研究节约投资的可能性;从经济上采取的措施,包括动态地比较造价的计划值和实际值,严格审核各项费用支出,采取对节约投资有效的奖励措施等。

在工程建设过程中把技术与经济有机结合,通过技术比较、经济分析和效果评价,正确处理技术先进与经济合理两者之间的对立统一关系,力求在技术先进条件下的经济合理,在经济合理基础上的技术先进,把控制工程造价观念渗透到各项设计和施工技术措施之中。

1.2.2.4　我国工程造价管理的组织系统

工程造价管理的组织系统是指为了实现工程造价管理目标而进行的有效组织活动,以及与造价管理功能相关的有机群体。它是工程造价动态的组织活动过程和相对静态的造价管理部门的统一。

为了实现工程造价管理目标而开展有效的组织活动,我国设置了多部门、多层次的工程造价管理机构,并规定了各自的管理权限和职责范围。

(1)政府行政管理系统　政府在工程造价管理中既是宏观管理主体,也是政府投资项目的微观管理主体。政府对工程造价管理有一个严密的组织系统,设置了多层管理机构,规定了管理权限和职责范围。

17

1)国务院建设行政主管部门的造价管理机构　在全国范围内行使管理职能,在工程造价管理工作方面主要承担以下职责:①组织制定工程造价管理有关法规、制度并组织贯彻实施;②组织制定全国统一经济定额和制定、修订本部门经济定额;③监督指导全国统一经济定额和本部门经济定额的实施;④制定和负责全国工程造价咨询企业的资质标准及其资质管理工作;⑤制定全国工程造价管理专业人员执业资格准入标准,并监督执行。

2)国务院其他部门的工程造价管理机构　包括水利、水电、电力、石油、石化、机械、冶金、铁路、煤炭、建材、林业、核工业、公路等行业的造价管理机构。主要是修订、编制和解释相应的工程建设标准定额,有的还担负本行业大型或重点建设项目的概算审批、概算调整等职责。

3)省、自治区、直辖市工程造价管理部门　主要职责是修编、解释当地定额、收费标准和计价制度等。此外,还有审核国家投资工程的标底、结算、处理合同纠纷等职责。

(2)企事业单位管理系统　企事业单位对工程造价的管理,属微观管理的范畴。设计单位、工程造价咨询企业按照建设单位或委托方的意图,在可行性研究和规划设计阶段,合理确定和有效控制工程造价,通过限额设计等手段实现设定的造价管理目标;在招投标工作中,编制招标文件、最高投标限价或标底,参加评标、合同谈判等工作;在项目实施阶段,通过对设计变更、工期、索赔和结算等的管理进行造价控制。设计单位、工程造价咨询企业通过在全过程造价管理中的业绩,赢得自己的信誉,提高市场竞争力。

工程承包企业的造价管理是施工企业管理和施工项目管理的重要内容。工程承包企业设有专门的职能机构参与工程投标决策,并通过对市场的调查研究,利用过去积累的经验,研究报价策略,提出报价。在施工过程中,工程承包企业进行工程造价的动态管理,注意各种调价因素的发生和工程价款的结算,避免收益的流失,以促进企业盈利目标的实现。

(3)行业协会管理系统　中国建设工程造价管理协会是经民政部批准成立的,是代表我国建设工程造价管理的全国性行业协会,是亚太区工料测量师协会(PAQS)和国际造价工程联合会(ICEC)等相关国际组织的正式成员。在各国造价管理协会和相关学会团体的不断共同努力下,目前,联合国已将造价管理这个行业列入了国际组织认可行业,这对于造价咨询行业的可持续发展和进一步提高造价专业人员的社会地位将起到积极的促进作用。

为了增强对各地工程造价咨询工作和造价工程师的行业管理,近十几年来,先后成立了各省、自治区、直辖市所属的地方工程造价管理协会。全国性造价管理协会与地方造价管理协会是平等、协商、相互扶持的关系,地方协会接受全国协会的业务指导,共同促进全国工程造价行业管理水平的整体提升。

1.3　工程咨询

1.3.1　工程造价咨询

1.3.1.1　概述

工程造价咨询及管理制度

咨询的词汇意义是"询问;征求意见",这是从求教者的角度所作的解释,而从被求教者的角度,就是当顾问、出主意。咨询属于第三产业中的服务业,它是在工业化和后工业化时期形成并得到迅速发展的。这是因为经济发展程度越高,在社会经济生活和个人生活中对各种专业知识、技能和经验的需要就越广泛,而要使一个企业或个人掌握并精通经济活动和社会活动所需要的各种专业知识、技能和经验,几乎是不可能的。为适应这种形势,能够提供不同专业咨询服务的咨询公司应运而生。

咨询过程不是以物流为中心,而是以智力活动为中心。咨询质量的优劣,取决于信息、知识、经验的集成和创新程度。广义的咨询活动涉及政治、经济、社会、军事、文化等各个领域,工程咨询是咨询的一个重要分支。

工程咨询是指遵循独立、科学、公正的原则,在规定的时间内,运用工程技术、科学技术、经济管理和法律法规等多学科方面的知识和经验,为政府部门、项目发包人及其他各类客户的工程建设项目决策和管理提供的智力服务,包括前期立项阶段咨询、勘察设计阶段咨询、施工阶段咨询、投产或交付使用后的评价等工作。

工程咨询者既不是投资者、决策者,也不是项目法人、发包人,更不是工程建设实施者,而是为项目投资决策和实施提供智力服务的专家、专家集体和单位。

19

1.3.1.2　工程造价咨询的含义

工程造价咨询是指工程造价机构面向社会接受委托,承担建设工程项目可行性研究、投资估算,项目经济评价,工程概算、预算、结算、竣工决算,工程招标标底、投标报价的编制和审核,对工程造价进行监控以及提供有关工程造价信息资料等业务工作。

工程造价咨询实质上就是工程建设全过程中,全方位、多层次地应用技术经济管理及法律等手段,解决工程建设中造价的确定与控制、经营管理、合同管理、技术经济分析、索赔等实际问题,尽可能使工程投资获得最大投资效益的咨询服务。

工程造价咨询服务可能是单项的,也可能是从建设前期到工程决算的全过程服务。工程造价咨询是一个为社会委托方提供决策和智力服务的独立行业。

1.3.1.3　工程造价咨询管理

工程造价咨询业务范围包括:

工程造价咨询企业管理办法

①建设项目建议书及可行性研究投资估算、项目经济评价报告的编制和审核;

②建设项目概预算的编制与审核,并配合设计方案比选、优化设计、限额设计等工作进行工程造价分析与控制;

③建设项目合同价款的确定(包括招标工程工程量清单和标底、投标报价的编制和审核),合同价款的签订与调整(包括工程变更、工程洽商和索赔费用的计算)及工程款支

付,工程结算及竣工结(决)算报告的编制与审核等;

④工程造价经济纠纷的鉴定和仲裁的咨询;

⑤提供工程造价信息服务等。

工程造价咨询企业在承接各类建设项目的工程造价咨询业务时,可以参照《建设工程造价咨询合同》(示范文本)与委托人订立书面工程造价咨询合同。

工程造价咨询企业从事工程造价咨询业务,应当按照有关规定的要求出具工程造价成果文件。工程造价成果文件应当由工程造价咨询企业加盖有企业名称、资质等级及证书编号的执业印章,并由执行咨询业务的注册造价工程师签字、加盖执业印章。

工程造价咨询企业跨省、自治区、直辖市承接工程造价咨询业务的,应当自承接业务之日起 30 日内到建设工程所在地省、自治区、直辖市人民政府住房和城乡建设主管部门备案。

工程造价咨询企业应当按照有关规定,向监管部门按行业组织提供真实、准确、完整的工程造价咨询企业信用档案信息。工程造价咨询企业信用档案应当包括工程造价咨询企业的基本情况、业绩、良好行为、不良行为等内容。违法行为、被投诉举报处理、行政处罚等情况应当作为工程造价咨询企业的不良记录记入其信用档案。

1.3.2　工程投资咨询

1.3.2.1　工程投资咨询的含义

（1）投资的定义和分类

1）投资的定义　投资是现代社会最常见、最重要的经济活动之一,一般把为建造厂房、住宅、矿山、道路等土木工程,购置机械设备,以及增加存货等投入的资金称为投资。

工程咨询使用的投资概念,一般是作为固定资产投资的简称。

2）投资的分类

①按形成资本的用途,可分为生产性投资和非生产性投资。

②按资产形态,可分为固定资产投资和流动资产投资。固定资产投资通常是指用于构建新的固定资产或更新改造原有固定资产的投资;流动资产投资是指企业用于购买、存储劳动对象以及生产过程中的产品等周转使用的投资。

③按投资主体的经济类型,可分为国有经济投资、集体经济投资、个体经济投资、联营经济投资、股份制经济投资、外商投资(指境外投资,包括港澳台投资等)。

④按资金来源,可分为国家预算内投资、国内贷款、利用外资、自筹投资、其他投资等。

⑤按固定资产投资的使用构成,可分为建筑安装工程费、设备与工器具购置费、其他费用等。

（2）工程投资咨询的含义

我国的工程投资咨询属于狭义的工程咨询,属于与国际上工程咨询尚未完全对接情况下的命名,它实际上由注册咨询工程师(投资)所界定。

目前,我国的工程咨询与国际的工程咨询有所区别,在国际上,工程咨询的范围涵盖工程项目投资建设的全过程,凡从事项目投资建设前期咨询、工程设计、招标投标咨询、工程监理等咨询业务的工程师,统称为咨询工程师。在我国现行管理体制下,投资建设领域和阶段分由不同的政府行政部门管理,工程咨询全过程设有多种国家批准的个人职业资格制度。为避免与其他个人职业资格制度重复和矛盾,我国的注册咨询工程师加注"投资"两个字,其职业定位是:以投资决策咨询为主,兼顾与投资相关的其他咨询业务和宏观经济建设决策咨询业务。

(3)投资建设与工程咨询的关系

投资建设是实现社会扩大再生产的根本途径,是保持经济和社会长期稳定发展的重要手段。工程咨询主要是为投资建设服务的,二者间的关系表现在以下几个方面:

1)工程咨询是投资建设发展的产物 工程咨询最早出现于欧洲建筑业,随着工程建设的发展,劳动分工越来越细,出现了以工程咨询为职业的工程师。在我国,党的十一届三中全会确立的以经济建设为中心的政策,使工程咨询业在我国出现并发展。

2)工程咨询业务主要来源于投资建设 在国际上,工程咨询是为投资建设全过程服务的行业,因此工程咨询业务几乎全部来源于投资建设。在我国,大多数工程咨询类的单位从事的都是工程项目咨询。从一定意义上说,投资建设规模约束和决定了工程咨询的业务范围。

3)工程咨询内容随投资建设管理制度变化而变化 由于工程咨询主要是为投资建设服务,必须在投资建设管理制度框架内开展工作。投资建设管理制度的变化,使得工程咨询服务的范围、对象和成果形式随之发展变化。

4)工程咨询难度取决于投资建设现代化程度和所涉及因素的复杂程度 投资建设项目需要考虑国际、国内两个市场的资源供给和现实需求,考虑价格、利率、汇率乃至政治、社会等各种复杂多变的因素,不经过透彻分析,充分论证,就难以得出科学可靠的咨询结论。

5)工程咨询质量直接影响投资建设的质量和效益 投资人或项目发包人委托工程咨询单位做项目前期阶段咨询工作,包括编制项目建议书、编制可研报告、评估项目,所以工程咨询单位提供的咨询报告一般都作为投资人或发包人决策的依据。如果咨询质量差甚至不可靠,极易导致决策失误,造成严重损失。在投资建设准备阶段、实施阶段也是如此,设计出纰漏,监理不到位,工程质量很容易出问题。

1.3.2.2 工程投资咨询在经济建设中的作用及其服务对象

(1)工程投资咨询在经济建设中的作用

我国工程咨询业为经济社会发展和工程项目的决策与实施提供全过程、全方位服务,其在经济建设中的作用主要表现在以下几个方面:

①为项目投资决策把关,优化建设方案,减少和避免决策失误,提高投资效益。在我国,工程咨询量最大、面最广的咨询服务是为项目投资决策服务。主要由以下几个方面构成:一是政府投资、审批、核准的项目,决策之前必须经过有资格的咨询机构评估;二是随着投资主体多元化、投资来源多渠道而形成的项目融资咨询;三是项目后评价,随着我国政府对项目后评价越来越重视,项目后评价也成为工程咨询的重要内容。

②为制订国家发展规划、研究宏观调控当参谋,促进国民经济又快又好发展。我国部分工程咨询机构承担了国民经济重大专题研究任务,为发展社会主义市场经济,为有

关部门、行业、地区、政府制订发展战略、规划和政策做出了积极贡献。

③为各类工程进行勘察设计,满足各方面投资建设的需要。随着我国各行业部门大批工程勘察设计(规划)研究院技术水平的不断提高,完成的各行业、各单位委托的大量建设项目的工程设计,部分已经达到了国际先进水平。这使得除个别技术特别复杂的大型项目需聘请外国咨询公司联合设计咨询外,绝大多数项目的设计咨询均可立足国内,而且有部分工程设计单位的业务已经进入国际市场。

④为科学管理工程项目当助手,保证工程进度、效益和质量。随着我国建设管理体制不断深化改革,工程咨询机构越来越多地参与到工程项目的管理中,大大提高了项目管理的科学性。

⑤为国际工程建设当先遣队,促进外贸发展和国际合作。我国一些有实力的工程咨询公司正在逐步进入国际市场,这不仅直接为国家创造了外汇收入,更重要的是可以带动材料、设备和工程承包与劳务出口,并且培养了一批国际工程管理人才和国际咨询专家。

(2)工程投资咨询的服务对象

由于我国工程咨询服务的空间范围、专业领域和业务内容极其广泛,工程咨询服务的对象也相当广泛。这里主要介绍为出资人、项目发包人和工程承包人的服务。

1)为出资人服务

①为政府出资人服务。工程咨询单位接受政府部门、机构委托,为他们出资建设项目、课题研究提供服务,包括规划咨询、项目评估、项目后评价、政策咨询(宏观专题研究),如表1.2所示。

表1.2　为政府出资人服务的内容

项目	内容
规划咨询	研究全国地区或行业的规划,包含发展目标、投资政策、产业结构、规模布局等
项目评估	以项目可行性研究评估为主,重点评价项目的目标、效益和风险
项目后评价	通过项目竣工,重点评价目标、效益和项目的可持续能力,总结经验教训
政策咨询	从宏观上研究涉及地区、行业发展目标、投资政策、产业结构、规模布局等问题的课题

②为银行贷款人服务。工程咨询单位为贷款银行服务,常见的形式是受银行的委托,对申请贷款的项目进行评估。咨询公司的评估有利于帮助银行清理贷款项目的工艺方案投资估算的准确性,并对项目的财务指标再次核算或进行敏感性分析,帮助分析项目投资的效益和风险。

③为国际组织出资人服务。一种是咨询机构或个人以本地专家的身份,受聘参与在华贷款及相关的技术援助;另一种是投标参与国际金融组织在其他国家和地区的贷款及技术援助项目的咨询服务。通常以咨询公司名义和以个人咨询专家名义两种方式参与项目。

④为企业及其他出资人服务。随着我国市场经济的发展和成熟，国有企业、民营投资者、国外投资者大量出现，扩大了工程咨询的服务对象和服务内容。对于不同的出资人，咨询服务的内容、重点和深度也应有所不同。

2）为项目发包人服务　当为项目发包人提供咨询服务时，工程咨询公司常被称为该项目的发包人工程师，它是工程咨询公司承担咨询服务的最基本、最广泛的形式之一。发包人工程师的基本职能是提供工程所需的技术咨询服务，或者代表发包人对设计、施工中的质量、进度、造价等方面的工作进行监督和管理。

发包人工程师所承担的业务范围既可以是全过程咨询服务、阶段性咨询服务，也可以是承包工程服务。三者的比较如表 1.3 所示。

表 1.3　为项目发包人提供各种咨询服务的不同内容对比

项目	内容	特点	备注
全过程咨询服务	项目规划研究、投资机会研究、初步可行性研究、可行性研究、勘察设计、招标和评标项目的服务、合同谈判、合同管理、施工管理、生产准备、调试试验、总结评价	发包人工程师接受发包人全盘委托，并陆续将工作成果提交发包人审查	发包人工程师不仅受聘于发包人，而且也代行了发包人的部分职责
阶段性咨询服务	对项目的某一阶段或某项具体工作提供咨询服务	只完成整个咨询任务的一部分（如项目可行性研究等）	发包人可以在一个工程项目中委托不止一个咨询公司来承担工作
承包工程服务	与设备制造厂家或施工公司联合投标，共同完成项目建设任务	承担项目的主要责任与风险	这类服务逐渐成为国际上大型工程公司拓展业务的趋势

3）为工程承包人服务　当为工程承包人服务时，如果承包人和工程咨询公司联合参与工程投标，这时工程咨询公司是作为投标者的设计分包商为之提供技术服务，咨询合同只在咨询公司和承包人之间签订。

咨询公司分包工艺系统设计、生产流程设计以及不属于承包人制造的设备选型与成套任务，编制设备材料清单、工作进度计划等，有时还要协助澄清有关技术问题。如果承包人以项目交钥匙的方式总承包工程，咨询公司还要承担土建工程设计、安装工程设计，并且协助承包人编制成本估算、投标估价，同时帮助编制现场组织机构网络图、施工进度计划和设备安装计划，参与设备的检验与验收，参加整套系统调试、试生产等。

1.4 工程造价人员职业制度

1.4.1 造价工程师职业制度

造价工程
师职业资
格制度

1.4.1.1 造价工程师

造价工程师是指经过全国造价工程师职业资格考试合格,并注册取得"造价工程师注册证",从事建设工程造价活动的人员。

凡从事工程建设活动的建设、设计、施工、工程造价咨询、工程造价管理等单位和部门,必须在计价、评估、审查(核)、控制及管理等岗位配备有造价工程师执业资格的专业技术人员。

(1)造价工程师的素质要求

1)专业素质 根据造价工程师的专业特点和能力要求,其专业素质体现在以下几个方面。

①造价工程师应是复合型的专业管理人才。作为建设领域工程造价的管理者,造价工程师应是具备工程、经济和管理知识与实践经验的高素质复合型专业人才。

②造价工程师应具备技术技能。技术技能指的是对某项活动,尤其是对涉及方法、流程、程序或者技巧的特定活动的理解程度和熟练程度,它涉及的是专业知识和专门领域的分析能力,以及对相关工具和规章政策的熟练应用。造价工程师应掌握与建筑经济管理相关的金融投资,相关法律、法规和政策,工程造价管理理论及相关计价依据的应用,工业与建筑施工技术知识,信息化管理的知识等。同时,在实际工作中应能运用以上知识与技能解决各种问题,例如,方案经济比选,编制投资估算、设计概算和施工图预算,编制最高投标限价(或标底)和投标报价,编制补充定额和造价指数,进行合同结算和竣工决算,并对项目造价变动规律和趋势进行分析和预测。

③造价工程师应具备人文技能。人文技能是指与人共事的能力和判断力。造价工程师应具有高度的责任心和协作精神,善于与业务有关的各方面人员沟通、协作,共同完成对项目目标的造价控制与管理。

④造价工程师应具备组织管理能力。造价工程师应能了解整个组织及自己在组织中的角色,使自己不仅能按本身所属的群体目标行事,而且能按整个组织的目标行事。同时应具有一定的组织管理能力,面对各种机遇与挑战积极进取、勇于开拓。

2)身体素质 造价工程师要有健康的身体和宽广的胸怀,以适应紧张、繁忙和错综复杂的管理和技术工作。

(2)造价工程师的职业道德

造价工程师的职业道德素质,不仅关系到国民经济的发展速度和规模,而且也关系到多方面的经济利益。为了规范造价工程师的职业道德行为,提高行业信誉,中国建设工程造价管理协会在2002年正式颁布了《造价工程师职业道德行为准则》,其中制定了9条有关造价工程师职业道德的素质要求:第一条,遵守国家法律、法规和政策,执行行业自律性规定,珍惜职业声誉,自觉维护国家和社会公共利益;第二条,遵守"诚信、公正、精业、进取"的原则,以高质量的服务和优秀的业绩,赢得社会和客户对造价工程师职业的尊重;第三条,勤奋工作,独立、客观、公正、正确地出具工程造价成果文件,使客户满意;第四条,诚实守信,尽职尽责,不得有欺诈、伪造、作假等行为;第五条,尊重同行,公平竞争,搞好同行之间的关系,不得采取不正当的手段损害、侵犯同行的权益;第六条,廉洁自律,不得索取、收受委托合同约定以外的礼金和其他财物,不得利用职务之便谋取其他不正当的利益;第七条,造价工程师与委托方有利害关系的应当回避,委托方有权要求其回避;第八条,知悉客户的技术和商务秘密,负有保密义务;第九条,接受国家和行业自律性组织对其职业道德行为的监督检查。

1.4.1.2 造价工程师注册和执业

注册造价工程师分为一级注册造价工程师和二级注册造价工程师。

(1)注册

1)注册管理部门 国务院住房城乡建设主管部门对全国注册造价工程师的注册、执业活动实施统一监督管理,负责实施全国一级注册造价工程师的注册,并负责建立全国统一的注册造价工程师注册信息管理平台;国务院有关专业部门按照国务院规定的职责分工,对本行业注册造价工程师的执业活动实施监督管理。省、自治区、直辖市人民政府住房城乡建设主管部门对本行政区域内注册造价工程师的执业活动实施监督管理,并实施本行政区域二级注册造价工程师的注册。

2)注册条件与注册程序

①注册条件。包含以下三个条件:第一,取得造价工程师职业资格;第二,受聘于一个工程造价咨询企业或者工程建设领域的建设、勘察设计、施工、招标代理、工程监理、工程造价管理等单位;第三,没有不予注册的情形。

②注册程序。符合注册条件的人员申请注册的,可以向聘用单位工商注册所在地的省、自治区、直辖市人民政府住房城乡建设主管部门或者国务院有关专业部门提交申请材料。

申请一级注册造价工程师初始注册,省、自治区、直辖市人民政府住房城乡建设主管部门或者国务院有关专业部门收到申请材料后,应当在5日内将申请材料报国务院住房城乡建设主管部门。国务院住房城乡建设主管部门在收到申请材料后,应当依法做出是否受理的决定,并出具凭证;申请材料不齐全或者不符合法定形式的,应当在5日内一次性告知申请人需要补正的全部内容。逾期不告知的,自收到申请材料之日起即为受理。国务院住房城乡建设主管部门应当自受理之日起20日内作出决定。

申请二级注册造价工程师初始注册,省、自治区、直辖市人民政府住房城乡建设主管部门收到申请材料后,应当依法做出是否受理的决定,并出具凭证;申请材料不齐全或者不符合法定形式的,应当在5日内一次性告知申请人需要补正的全部内容。逾期不告知的,自收到申请材料之日起即为受理。省、自治区、直辖市人民政府住房城乡建设主管部门应当自受理之日起20日内作出决定。

申请一级注册造价工程师变更注册、延续注册,省、自治区、直辖市人民政府住房城乡建设主管部门或者国务院有关专业部门收到申请材料后,应当在5日内将申请材料报国务院住房城乡建设主管部门,国务院住房城乡建设主管部门应当自受理之日起10日内作出决定。

申请二级注册造价工程师变更注册、延续注册,省、自治区、直辖市人民政府住房城乡建设主管部门收到申请材料后,应当自受理之日起10日内作出决定。

3)初始注册　取得职业资格证书的人员,可自职业资格证书签发之日起1年内申请初始注册。逾期未申请者,须符合继续教育的要求后方可申请初始注册。初始注册的有效期为4年。

申请初始注册的,应当提交下列材料:初始注册申请表;职业资格证书和身份证件;与聘用单位签订的劳动合同;取得职业资格证书的人员,自职业资格证书签发之日起1年后申请初始注册的,应当提供当年的继续教育合格证明;外国人应当提供外国人就业许可证书。

申请初始注册时,造价工程师本人和单位应当对下列事项进行承诺,并由注册机关调查核实:受聘于工程造价岗位;聘用单位为其交纳社会基本养老保险或者已办理退休。

4)延续注册　注册造价工程师注册有效期满需继续执业的,应当在注册有效期满30日前,按照规定的程序申请延续注册。延续注册的有效期为4年。

申请延续注册的,应当提交下列材料:延续注册申请表;注册证书;与聘用单位签订的劳动合同;继续教育合格证明。申请延续注册时,造价工程师本人和单位应对其前一个注册的工作业绩进行承诺,并由注册机关调查核实。

5)变更注册　在注册有效期内,注册造价工程师变更执业单位的,应当与原聘用单位解除劳动合同,并按照规定的程序,到新聘用单位工商注册所在地的省、自治区、直辖市人民政府住房城乡建设主管部门或者国务院有关专业部门办理变更注册手续。变更注册后延续原注册有效期。

申请变更注册的,应当提交下列材料:变更注册申请表;注册证书;与新聘用单位签订的劳动合同。

申请变更注册时,造价工程师本人和单位应当对下列事项进行承诺,并由注册机关调查核实:与原聘用单位解除劳动合同;聘用单位为其交纳社会基本养老保险或者已办理退休。

6)注册证书和执业印章　准予注册的,由注册机关核发注册造价工程师注册证书,注册造价工程师按照规定自行制作执业印章。注册证书和执业印章是注册造价工程师的执业凭证,由注册造价工程师本人保管、使用。注册证书、执业印章的样式以及编码规则由国务院住房城乡建设主管部门统一制定。一级注册造价工程师注册证书由国务院住房城乡建设主管部门印制;二级注册造价工程师注册证书由省、自治区、直辖市人民政府住房城乡建设主管部门按照规定分别印制。注册造价工程师遗失注册证书,应当按照规定的延续注册程序申请补发,并由注册机关在官网发布信息。

7)不予注册的情形　有下列情形之一的,不予注册:第一,不具有完全民事行为能力的;第二,申请在两个或者两个以上单位注册的;第三,未达到造价工程师继续教育合格标准的;第四,前一个注册期内造价工作业绩达不到规定标准或未办理暂停执业手续而脱离工程造价业务岗位的;第五,受刑事处罚,刑事处罚尚未执行完毕的;第六,因工程造价业务活动受刑事处罚,自刑事处罚执行完毕之日起至申请注册之日止不满 5 年的;第七,因前项规定以外原因受刑事处罚,自处罚决定之日起至申请注册之日止不满 3 年的;第八,被吊销注册证书,自被处罚决定之日起至申请之日止不满 3 年的;第九,以欺骗、贿赂等不正当手段获准注册被撤销,自被撤销注册之日起至申请注册之日止不满 3 年的;第十,法律、法规规定不予注册的其他情形。

8)注册证书失效、撤销注册及注销注册

①注册证书失效。注册造价工程师有下列情形之一的,其注册证书失效:已与聘用单位解除劳动合同且未被其他单位聘用的;注册有效期满且未延续注册的;死亡或者不具有完全民事行为能力的;其他导致注册失效的情形。

②撤销注册。有下列情形之一的,注册机关或其上级行政机关依据职权或者根据利害关系人的请求,可以撤销注册造价工程师的注册:行政机关工作人员滥用职权、玩忽职守准予注册许可的;超越法定职权准予注册许可的;违反法定程序准予注册许可的;对不具备注册条件的申请人准予注册许可的;依法可以撤销注册的其他情形。申请人以欺骗、贿赂等不正当手段获准注册的,应当予以撤销。

③注销注册。有下列情形之一的,由注册机关办理注销注册手续,收回注册证书和执业印章或者公告其注册证书和执业印章作废:有注册证书失效情形发生的;依法被撤销注册的;依法被吊销注册证书的;受到刑事处罚的;法律、法规规定应当注销注册的其他情形。

注册造价工程师有上述情形之一的,注册造价工程师本人和聘用单位应当及时向注册机关提出注销注册的申请,有关单位和个人有权向注册机关举报,县级以上地方人民政府建设主管部门或者其他有关部门应当及时告知注册机关。

9)重新注册　被注销注册或者不予注册者,在具备注册条件后重新申请注册的,按照规定的程序办理。

10)信用制度　注册造价工程师及其聘用单位应当按照规定,向注册机关提供真实、准确、完整的注册造价工程师信用档案信息。注册造价工程师信用档案应当包括造价工程师的基本情况、业绩、良好行为、不良行为等内容。违法违规行为、被投诉举报处理、行政处罚等情况应当作为造价工程师的不良行为记入其信用档案。注册造价工程师信用档案信息按规定向社会公示。

(2)执业

1)注册造价工程师的业务范围　一级注册造价工程师执业范围包括建设项目全过程的工程造价管理与工程造价咨询等,具体工作内容:项目建议书、可行性研究投资估算与审核,项目评价造价分析;建设工程设计概算、施工预算编制和审核;建设工程招标投标文件工程量和造价的编制与审核;建设工程合同价款、结算价款、竣工决算价款的编制与管理;建设工程审计、仲裁、诉讼、保险中的造价鉴定,工程造价纠纷调解;建设工程计价依据、造价指标的编制与管理;与工程造价管理有关的其他事项。

二级注册造价工程师协助一级注册造价工程师开展相关工作,并可以独立开展以下工作:建设工程工料分析、计划、组织与成本管理,施工图预算、设计概算编制;建设工程量清单、最高投标限价、投标报价编制;建设工程合同价款、结算价款和竣工决算价款的编制。

2)注册造价工程师的权利　包括以下几个方面:使用注册造价工程师名称;依法从事工程造价业务;在本人执业活动中形成的工程造价成果文件上签字并加盖执业印章;发起设立工程造价咨询企业;保管和使用本人的注册证书和执业印章;参加继续教育。

3)注册造价工程师的义务　包括以下几个方面:遵守法律、法规、有关管理规定,恪守职业道德;保证执业活动成果的质量;接受继续教育,提高执业水平;执行工程造价计价标准和计价方法;与当事人有利害关系的,应当主动回避;保守在执业中知悉的国家秘密和他人的商业、技术秘密。

注册造价工程师应当根据执业范围,在本人形成的工程造价成果文件上签字并加盖执业印章,并承担相应的法律责任。最终出具的工程造价成果文件应当由一级注册造价工程师审核并签字盖章。修改经注册造价工程师签字盖章的工程造价成果文件,应当由签字盖章的注册造价工程师本人进行;注册造价工程师本人因特殊情况不能进行修改的,应当由其他注册造价工程师修改,并签字盖章;修改工程造价成果文件的注册造价工程师对修改部分承担相应的法律责任。

在注册有效期内,注册造价工程师因特殊原因需要暂停执业的,应当到注册机关办理暂停执业手续,并交回注册证书和执业印章。

注册造价工程师应当适应岗位需要和职业发展的要求,按照国家专业技术人员继续教育的有关规定接受继续教育,更新专业知识,提高专业水平。

(3)法律责任

①隐瞒有关情况或者提供虚假材料申请造价工程师注册的,不予受理或者不予注册,并给予警告,申请人在 1 年内不得再次申请造价工程师注册。

②聘用单位为申请人提供虚假注册材料的,由县级以上地方人民政府住房城乡建设主管部门或者其他有关部门给予警告,并可处以 1 万元以上 3 万元以下的罚款。

③以欺骗、贿赂等不正当手段取得造价工程师注册的,由注册机关撤销其注册,3 年内不得再次申请注册,并由县级以上地方人民政府住房城乡建设主管部门处以罚款。其中,没有违法所得的,处以 1 万元以下罚款;有违法所得的,处以违法所得 3 倍以下且不超过 3 万元的罚款。

④违反规定,未经注册而以注册造价工程师的名义从事工程造价活动的,所签署的工程造价成果文件无效,由县级以上地方人民政府住房城乡建设主管部门或者其他有关部门给予警告,责令停止违法活动,并可处以 1 万元以上 3 万元以下的罚款。

⑤违反规定,未办理变更注册而继续执业的,由县级以上人民政府住房城乡建设主管部门或者其他有关部门责令限期改正;逾期不改的,可处以 5000 元以下的罚款。

⑥注册造价工程师有违反规定行为之一的,由县级以上地方人民政府住房城乡建设主管部门或者其他有关部门给予警告,责令改正,没有违法所得的,处以 1 万元以下罚款;有违法所得的,处以违法所得 3 倍以下且不超过 3 万元的罚款。

⑦注册造价工程师或者其聘用单位未按照要求提供造价工程师信用档案信息的,由县级以上地方人民政府住房城乡建设主管部门或者其他有关部门责令限期改正;逾期未改正的,可处以 1000 元以上 1 万元以下的罚款。

1.4.2　造价工程师考试

2016 年 1 月 20 日,《国务院关于取消一批职业资格许可和认定事项的决定》(国发〔2016〕5 号),将造价员职业资格许可取消。

2018 年 7 月 20 日,《关于印发〈造价工程师职业资格制度规定〉〈造价工程师职业资格考试实施办法〉的通知》(建人〔2018〕67 号)发布。该文件中将造价工程师分为一级造价工程师和二级造价工程师。英文分别译为:Level 1 Cost Engineer 和 Level 2 Cost Engineer。

1.4.2.1　考试制度

一级造价工程师职业资格实行全国统一大纲、统一命题、统一组织的考试制度。

二级造价工程师职业资格实行全国统一大纲,各省、自治区、直辖市自主命题并组织实施的考试制度。

(1)考试科目

一级造价工程师职业资格考试设《建设工程造价管理》《建设工程计价》《建设工程技术与计量》《建设工程造价案例分析》4 个科目。其中《建设工程造价管理》和《建设工程计价》为基础科目,《建设工程技术与计量》和《建设工程造价案例分析》为专业科目。

二级造价工程师职业资格考试设《建设工程造价管理基础知识》《建设工程计量与计价实务》2 个科目。其中《建设工程造价管理基础知识》为基础科目,《建设工程计量与计价实务》为专业科目。

(2)专业类别

造价工程师职业资格考试专业科目分为土木建筑工程、交通运输工程、水利工程和安装工程 4 个专业类别。其中,土木建筑工程、安装工程专业由住房和城乡建设部负责;交通运输工程专业由交通运输部负责;水利工程专业由水利部负责。考生在报名时可根据实际工作需要选择其一。

一级造价工程师职业资格考试分 4 个半天进行。《建设工程造价管理》《建设工程技术与计量》《建设工程计价》科目的考试时间均为 2.5 小时,《建设工程造价案例分析》科目的考试时间为 4 小时。

二级造价工程师职业资格考试分 2 个半天。《建设工程造价管理基础知识》科目的考试时间为 2.5 小时,《建设工程计量与计价实务》为 3 小时。

一级造价工程师职业资格考试成绩实行 4 年为一个周期的滚动管理办法,在连续的 4 个考试年度内通过全部考试科目,方可取得一级造价工程师执业资格证书。

二级造价工程师职业资格考试成绩实行 2 年为一个周期的滚动管理办法,参加全部 2 个科目考试的人员必须在连续的 2 个考试年度内通过全部科目,方可取得二级造价工程师执业资格证书。

1.4.2.2　报考条件

(1)一级造价工程师

凡遵守国家法律、法规,具有良好的政治业务素质和道德品行,从事工程造价工作且具备下列条件之一者,可以申请参加一级造价工程师职业资格考试:

①取得工程造价专业大学专科(或高等职业教育)学历,从事工程造价业务工作满5年;

取得土木建筑、水利、装备制造、交通运输、电子信息、财经商贸大类大学专科(或高等职业教育)学历,从事工程造价业务工作满6年。

②取得通过专业评估(认证)的工程管理、工程造价专业大学本科学历或学位,从事工程造价业务工作满4年;

取得工学、管理学、经济学门类大学本科学历或学位,从事工程造价业务工作满5年。

③取得工学、管理学、经济学门类硕士学位或者第二学士学位,从事工程造价业务工作满3年。

④取得工学、管理学、经济学门类博士学位,从事工程造价业务工作满1年。

⑤取得其他专业类(门类)相应学历或者学位的人员,从事工程造价业务工作年限相应增加1年。

(2)二级造价工程师

凡遵守国家法律、法规,具有良好的政治业务素质和道德品行,从事工程造价工作且具备下列条件之一者,可以申请参加二级造价工程师职业资格考试:

①取得工程造价专业大学专科(或高等职业教育)学历,从事工程造价业务工作满2年;

取得土木建筑、水利、装备制造、交通运输、电子信息、财经商贸大类大学专科(或高等职业教育)学历,从事工程造价业务工作满3年。

②取得工程管理、工程造价专业大学本科及以上学历或学位,从事工程造价业务工作满1年;

取得工学、管理学、经济学门类大学本科及以上学历或学位,从事工程造价业务工作满2年。

③取得其他专业类(门类)相应学历或学位的人员,从事工程造价业务工作年限相应增加1年。

通过专业评估(认证)的工程管理、工程造价专业大学本科毕业生,且取得学士学位的,参加二级造价工程师考试时,可免试《建设工程造价管理基础知识》科目,只参加《建设工程计量与计价实务》科目。

1.4.3 咨询工程师职业制度

1.4.3.1 注册咨询工程师(投资)

(1)注册咨询工程师(投资)的概念

注册咨询工程师(投资)(registered consulting engineer)是指通过全国统一考试,取得"中华人民共和国注册咨询工程师(投资)执业资格证书",经注册登记后,在经济建设中从事工程咨询业务的专业技术人员。

(2)注册咨询工程师(投资)的执业范围

注册咨询工程师(投资)可在以下范围执业:第一,经济社会发展规划、计划咨询;第二,行业发展规划和产业政策咨询;第三,经济建设专题咨询;第四,投资机会研究;第五,工程项目建议书的编制;第六,工程项目可行性研究报告的编制;第七,工程项目评估;第八,工程项目融资咨询、绩效追踪评价、后评价及培训咨询服务;第九,工程项目招投标技术咨询;第十,国家发展和改革委员会规定的其他工程咨询业务。

(3)注册咨询工程师(投资)的执业权利

1)主持项目咨询业务的权利 国家投资或政府审批的固定资产投资项目,必须由注册咨询工程师(投资)主持其工程咨询业务。注册咨询工程师(投资)也可以主持其他项目发包人委托本单位的工程咨询业务。

2)注册咨询工程师(投资)名称专有权 注册咨询工程师(投资)有权以注册咨询工程师(投资)的名义执行业务,对其出具的所有咨询文本有签名盖章权,并具有法律效力。

3)署名签章的权利 任何单位和个人修改注册咨询工程师(投资)主持完成的咨询文本,应征得该注册咨询工程师(投资)同意,特殊情况除外。

(4)注册咨询工程师(投资)的执业义务

1)基本义务 包括以下几个方面:第一,遵守国家法律、法规,服从行业自律管理,维护国家、社会和发包人利益;第二,客观、公正执业,保证工程咨询质量;第三,严格保守在执业中知悉的单位、个人技术和经济秘密;第四,不得同时受聘于两个以上工程咨询单位;第五,不得准许他人以本人名义执行工程咨询业务。

2)接受继续教育的义务 注册咨询工程师(投资)应当接受继续教育,参加职业培训,补充更新知识,不断提高业务技术水平。

(5)注册咨询工程师(投资)的基本素质

作为一名合格的注册咨询工程师(投资),必须具备基本的素质,主要表现在以下几方面:

1)高尚品德和奉献精神 注册咨询工程师(投资)必须树立社会主义荣辱观,有高度的事业心和责任感,顾全大局,自觉地维护国家利益,正确处理国家、集体、个人三者的利益关系。

2)不断创新的进取精神 只有具备创新能力和永不衰竭的进取心,才能加快推进工程咨询事业前进的步伐。

3)多方面的工作能力 包括分析判断和处理问题的能力、沟通和公关的能力、组织和协调能力、应对复杂多变情况的能力、熟练操作能力、学习提高的能力。

4)多学科、复合型的知识结构 注册咨询工程师(投资)应当是复合型人才,其知识结构应该具有多学科、多领域的特点,基本包括专业技术知识、管理科学基础知识、经济学基础知识、外语水平。

5)掌握工程咨询的常用方法 注册咨询工程师(投资)要掌握各种工程咨询常用方法及应用范围,要了解对于不同事件、不同对象、不同时间应用恰当方法的手段。工程咨询常用的方法包括战略分析方法、市场预测方法、投资估算方法、资源利用评价方法、环境影响评价方法、经济分析方法、社会评价方法、方案比选方法、风险分析方法等。

6)良好的身体素质 拥有良好的身体素质,才能有足够的精力不断努力工作和学习。健康的身体是注册咨询工程师(投资)充分发挥自身作用、为客户服务最重要的前提条件。

1.4.3.2 咨询工程师(投资)职业资格考试实施办法

人力资源社会保障部、国家发展和改革委员会印发的《咨询工程师(投资)职业资格考试实施办法》(人社部发〔2015〕64 号),具体如下:

第一条 人力资源社会保障部、国家发展改革委按照职责分工负责指导、监督和检查咨询工程师(投资)职业资格考试的实施工作。

第二条 中国工程咨询协会具体负责咨询工程师(投资)职业资格考试的实施工作。

第三条 咨询工程师(投资)职业资格考试设《宏观经济政策与发展规划》《工程项目组织与管理》《项目决策分析与评价》和《现代咨询方法与实务》4 个科目。

第四条 咨询工程师(投资)职业资格考试分 4 个半天举行。《宏观经济政策与发展规划》《工程项目组织与管理》和《项目决策分析与评价》3 个科目的考试时间均为 2.5 小时,《现代咨询方法与实务》科目的考试时间为 3 小时。

考试成绩实行 4 年为一个周期的滚动管理办法,在连续的 4 个考试年度内参加全部(4 个)科目的考试并合格,可取得咨询工程师(投资)职业资格证书。

第五条 符合《工程咨询(投资)专业技术人员职业资格制度暂行规定》(以下简称《暂行规定》)规定的考试报名条件者均可申请参加考试。

第六条 凡符合《暂行规定》规定的考试报名条件,并具备下列一项条件者,可免试《宏观经济政策与发展规划》《工程项目组织与管理》科目,只参加《项目决策分析与评价》和《现代咨询方法与实务》2 个科目的考试。参加 2 个科目考试的人员,须在连续的 2 个考试年度内通过应试科目的考试。

(一)获得全国优秀工程咨询成果奖项目或者全国优秀工程勘察设计奖项目的主要完成人;

(二)通过全国统一考试取得工程技术类职业资格证书,并从事工程咨询业务工作满 8 年。

第七条 参加考试由本人提出申请,按有关规定办理报名手续。考试实施机构按规定的程序和报名条件审核合格后,核发准考证。参加考试人员凭准考证和有效证件在指定的日期、时间和地点参加考试。

中央和国务院各部门所属单位、中央管理企业的人员按属地原则报名参加考试。

第八条 考点原则上设在地级以上城市的大、中专院校或者高考定点学校。如确需在其他城市设置考点,须经中国工程咨询协会批准。考试日期原则上为每年的第二季度。

第九条 坚持考试与培训分开的原则。凡参与考试工作(包括命题、审题与组织管理等)的人员,不得参加考试,也不得参加或者举办与考试内容相关的培训工作。应考人员参加培训坚持自愿原则。

第十条 考试实施机构及其工作人员,应当严格执行国家人事考试工作人员纪律规定和考试工作的各项规章制度,遵守考试工作纪律,切实做好从考试试题的命制到使用等各环节的安全保密工作,严防泄密。

第十一条 对违反考试工作纪律和有关规定的人员,按照国家专业技术人员资格考试违纪违规行为处理规定处理。

小结

只有当建筑产品成为商品时,工程造价管理才有形成一门独立学科的基础。我国目前正对工程造价管理体制进行改革,实现定额管理模式向现代造价管理模式的过渡。

现代工程造价管理学科则随着现代招投标制度在英国的出现而逐步产生。以全寿命周期造价管理、全面造价管理思想方法为核心,现代工程造价管理进入了集成发展阶段。

工程造价具有建设工程固定资产投资和建设工程承发包价格两层含义。工程造价管理具有建设工程投资费用管理和建设工程价格管理两层含义,建设工程全面造价管理包含了全寿命造价管理、全过程造价管理、全要素造价管理和全方位造价管理。工程造价管理的基本内容就是合理地确定和有效地控制工程造价。

工程造价咨询主要解决工程建设中的造价的确定与控制、经营管理、合同管理、技术经济分析、索赔等实际问题;工程投资咨询实际上是狭义的工程咨询,是我国与国际上工程咨询尚未完全对接情况下对工程咨询的命名。

我国实行注册造价工程师职业资格制度和注册咨询工程师(投资)职业资格制度,造价行业的执业人员包括造价员和造价工程师,其执业资格的获取、注册和执业都有相应的规定。

 习题

一、单项选择题
二、多项选择题

第 1 章选择题

第 2 章

工程造价的构成

　　本章讲述建设项目总投资由固定资产投资和流动资产投资构成,其中固定资产投资由工程费用(建筑安装工程费、设备及工器具购置费)、工程建设其他费用、预备费、建设期贷款利息等构成,并通过例题和案例分析讲解每种费用的计算方法,使学生从宏观上更深刻地理解工程造价的广义概念。

工程造价
构成

2.1 建设项目总投资的构成

2.1.1 我国现行建设项目总投资构成

建设项目总投资是保证项目建设和生产经营活动正常进行的必要投入资金,包括固定资产投资和流动资产投资两个部分,如图2.1所示。

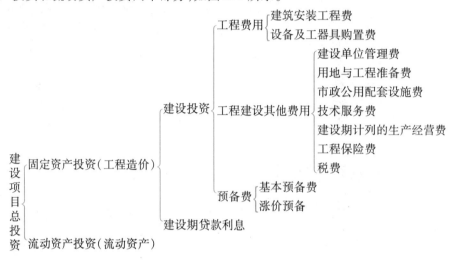

图2.1 建设项目总投资构成

其中,建设项目的固定资产投资也就是建设项目的工程造价,二者在量上是等同的。也体现了从投资者或发包人的角度而言,工程造价的第一种含义。流动资产投资仅在生产性项目中发生。

2.1.2 国外关于工程造价构成的规定

1978年,世界银行、国际咨询工程师联合会对项目的总建设成本的构成做出统一规定,具体内容如下。

(1)项目直接建设成本 项目直接建设成本指直接用于项目建设的各项费用,包括以下几种:

①土地征购费。

②场外设施费用,如道路、码头、桥梁、机场、输电线路等设施费用。

③场地费用,指用于场地准备、厂区道路、铁路、围栏、场内设施等的建设费用。

④工艺设备费,指主要设备、辅助设备及零配件的购置费用,包括海运包装费用、交货港离岸价,但不包括税金。

⑤设备安装费,指设备供应商的监理费用,本国劳务及工资费用,辅助材料、施工设备、消耗品和工具等费用,以及安装承包人的管理费和利润等。

⑥管道系统费用,指与系统的材料及劳务相关的全部费用。

⑦电气设备费,其内容与 4)项相似。

⑧电气安装费,指设备供应商的监理费用,本国劳务与工资费用,辅助材料、电缆、管道和工具费用,以及安装承包人的管理费和利润。

⑨仪器仪表费,指所有自动仪表、控制板、配线和辅助材料的费用以及供应商的监理费用,外国或本国劳务及工资费用,承包人的管理费和利润。

⑩机械的绝缘和油漆费,指与机械及管道的绝缘和油漆相关的全部费用。

⑪工艺建筑费,指原材料、劳务费以及与基础、建筑结构、屋顶、内外装修、公共设施有关的全部费用。

⑫服务性建筑费用,其内容与 11)项相似。

⑬工厂普通公共设施费,包括材料和劳务费以及与供水、燃料供应、通风、蒸汽发生及分配、下水道、污物处理等公共设施有关的费用。

⑭车辆费,指工艺操作必需的机动设备零件费用,包括海运包装费用以及交货港的离岸价,但不包括税金。

⑮其他当地费用,指那些不能归类于以上任何一个项目,不能计入项目的间接成本,但在建设期间又是必不可少的当地费用。如临时设备、临时公共设施及场地的维持费、营地设施及其管理、建筑保险和债券、杂项开支等费用。

(2)项目间接建设成本　项目间接建设成本指不直接用于项目建设,但与项目建设相关的各种费用,包括以下几种:

1)项目管理费　包括总部人员的薪金和福利费,以及用于初步和详细工程设计、采购、时间和成本控制、行政和其他一般管理的费用;施工管理现场人员的薪金、福利费和用于施工现场监督、质量保证、现场采购、时间及成本控制、行政及其他施工管理机构的费用;零星杂项费用,如返工、旅行、生活津贴、业务支出等;各项酬金。

2)开工试车费　指工厂投料试车必需的劳务和材料费用。

3)发包人的行政性费用　指发包人的项目管理人员费用及支出。

4)生产前费用　指前期研究、勘测、建矿、采矿等费用。

5)运费和保险费　指海运、国内运输、许可证及佣金、海洋保险、综合保险等费用。

6)地方税　指地方关税、地方税及对特殊项目征收的税金。

发包人的行政性费用和生产前费用中,其中一些费用必须排除在外,并在"估算基础"中详细说明。

(3)应急费　应急费指为了应对建设初期无法明确的子项目或建设过程中可能出现的无法预见事件而准备的费用,包括以下几种:

1)未明确项目的准备金　此项准备金用于在估算时不能明确的潜在项目,包括成本估算时因为缺乏完整、准确和详细的资料而不能完全预见和不能注明的项目,但这些项目是必须要完成的,或它们的费用是一定要发生的,即用来支付那些几乎可以肯定要发生的费用。在每一个组成部分中均单独以一定的百分比确定,并作为估算的一个项目单独列出。

2)不可预见准备金　此项准备金用于在成本估算达到了一定的完整性并符合技术标准的基础上,由于物质、社会和经济的变化,导致估算增加的情况。此种情况可能发生,也可能不发生,不可预见准备金只是一种储备,不一定动用。

(4)建设成本上升费用　建设成本上升费用指用于补偿在项目实际建设过程中,因工资、材料、设备等价格比项目建设初期估算价格增长的费用,以反映项目建设的真实价格。

2.2　建筑安装工程费用项目组成(按费用构成要素划分)

2.2.1　概述

2013 年 3 月 21 日,中华人民共和国住房和城乡建设部及财政部在总结原建设部、财政部《关于印发〈建筑安装工程费用项目组成〉的通知》(建标〔2003〕206 号)执行情况的基础上,联合颁发了《建筑安装工程费用项目组成》(见建标〔2013〕44 号文),自 2013 年 7 月 1 日起执行。

《建筑安装工程费用项目组成》附件一为《建筑安装工程费用项目组成(按费用构成要素划分)》。

2.2.2　建筑安装工程费用项目组成(按费用构成要素划分)简介

建筑安装工程费按照费用构成要素划分,由人工费、材料(包含工程设备,下同)费、施工机具使用费、企业管理费、利润、规费和税金组成。其中人工费、材料费、施工机具使用费、企业管理费和利润包含在分部分项工程费、措施项目费、其他项目费中。

2.2.2.1　人工费

人工费是指按工资总额构成规定,支付给从事建筑安装工程施工的生产工人和附属生产单位工人的各项费用。内容包括:

(1)计时工资或计件工资　指按计时工资标准和工作时间或对已做工作按计件单价支付给个人的劳动报酬。

(2)奖金　指对超额劳动和增收节支支付给个人的劳动报酬,如节约奖、劳动竞赛奖等。

(3)津贴补贴　指为了补偿职工特殊或额外的劳动消耗和因其他特殊原因支付给个人的津贴,以及为了保证职工工资水平不受物价影响支付给个人的物价补贴,如流动施工津贴、特殊地区施工津贴、高温(寒)作业临时津贴、高空津贴等。

(4)加班加点工资　指按规定支付的在法定节假日工作的加班工资和在法定日工作时间外延时工作的加点工资。

(5)特殊情况下支付的工资　指根据国家法律、法规和政策规定,因病、工伤、产假、计划生育假、婚丧假、事假、探亲假、定期休假、停工学习、执行国家或社会义务等原因按计时工资标准或按计时工资标准的一定比例支付的工资。

$$人工费的计算公式为:人工费 = \sum(工日消耗量 \times 日工资单价) \quad (2.1)$$

2.2.2.2　材料费

材料费是指施工过程中耗费的原材料、辅助材料、构配件、零件、半成品或成品、工程设备的费用。内容包括：

（1）材料原价 指材料、工程设备的出厂价格或商家供应价格。

（2）运杂费 指材料、工程设备自来源地运至工地仓库或指定堆放地点所发生的全部费用。

（3）运输损耗费 指材料在运输装卸过程中不可避免的损耗。

（4）采购及保管费 指组织采购、供应和保管材料、工程设备过程中所需要的各项费用，包括采购费、仓储费、工地保管费、仓储损耗。

工程设备是指构成或计划构成永久工程一部分的机电设备、金属结构设备、仪器装置及其他类似的设备和装置。

$$材料费的计算公式为：材料费 = \sum（材料消耗量 \times 材料单价） \qquad (2.2)$$

2.2.2.3 施工机具使用费

施工机具使用费是指施工作业所发生的施工机械、仪器仪表使用费或其租赁费。

（1）施工机械使用费 以施工机械台班耗用量乘以施工机械台班单价表示，施工机械台班单价应由下列七项费用组成：

1）折旧费 指施工机械在规定的使用年限内，陆续收回其原值的费用。

2）大修理费 指施工机械按规定的大修理间隔台班进行必要的大修理，以恢复其正常功能所需的费用。

3）经常修理费 指施工机械除大修理以外的各级保养和临时故障排除所需的费用，包括为保障机械正常运转所需替换设备与随机配备工具附具的摊销和维护费用，机械运转中日常保养所需润滑与擦拭的材料费用，以及机械停滞期间的维护和保养费用等。

4）安拆费及场外运费 安拆费指施工机械（大型机械除外）在现场进行安装与拆卸所需的人工、材料、机械和试运转费用，以及机械辅助设施的折旧、搭设、拆除等费用；场外运费指施工机械整体或分体自停放地点运至施工现场或由一施工地点运至另一施工地点的运输、装卸、辅助材料及架线等费用。

5）人工费 指机上司机（司炉）和其他操作人员的人工费。

6）燃料动力费 指施工机械在运转作业中所消耗的各种燃料及水、电等费用。

7）税费 指施工机械按照国家规定应缴纳的车船使用税、保险费及年检费等。

（2）仪器仪表使用费 指工程施工所需使用的仪器仪表的摊销及维修费用。

$$施工机具使用费 = \sum（施工机械台班消耗量 \times 机械台班单价） \qquad (2.3)$$

2.2.2.4 企业管理费

企业管理费是指建筑安装企业组织施工生产和经营管理所需的费用。内容包括：

（1）管理人员工资 指按规定支付给管理人员的计时工资、奖金、津贴补贴、加班加点工资及特殊情况下支付的工资等。

（2）办公费 指企业管理办公用的文具、纸张、账表、印刷、邮电、书报、办公软件、现场监控、会议、水电、烧水和集体取暖降温（包括现场临时宿舍取暖降温）等费用。

（3）差旅交通费 指职工因公出差、调动工作的差旅费、住勤补助费，市内交通费和误餐补助费,职工探亲路费,劳动力招募费,职工退休、退职一次性路费,工伤人员就医路费,工地转移费以及管理部门使用的交通工具的油料、燃料等费用。

(4)固定资产使用费　指管理和试验部门及附属生产单位使用的属于固定资产的房屋、设备、仪器等的折旧、大修、维修或租赁费。

(5)工具用具使用费　指企业施工生产和管理使用的不属于固定资产的工具、器具、家具、交通工具和检验、试验、测绘、消防用具等的购置、维修和摊销费。

(6)劳动保险和职工福利费　指由企业支付的职工退职金、按规定支付给离休干部的经费、集体福利费、夏季防暑降温及冬季取暖补贴、上下班交通补贴等。

(7)劳动保护费　指企业按规定发放的劳动保护用品的支出,如工作服、手套、防暑降温饮料以及在有碍身体健康的环境中施工的保健费用等。

(8)检验试验费　指施工企业按照有关标准规定,对建筑以及材料、构件和建筑安装物进行一般鉴定、检查所发生的费用,包括自设试验室进行试验所耗用的材料等费用;不包括新结构、新材料的试验费,对构件做破坏性试验及其他特殊要求检验试验的费用和建设单位委托检测机构进行检测的费用,此类检测发生的费用,由建设单位在工程建设其他费用中列支。但对施工企业提供的具有合格证明的材料进行检测不合格的,该检测费用由施工企业支付。

(9)工会经费　指企业按《中华人民共和国工会法》规定的全部职工工资总额比例计提的工会经费。

(10)职工教育经费　指按职工工资总额的规定比例计提,企业为职工进行专业技术和职业技能培训、专业技术人员继续教育、职工职业技能鉴定、职业资格认定以及根据需要对职工进行各类文化教育所发生的费用。

(11)财产保险费　指施工管理用财产、车辆等的保险费用。

(12)财务费　指企业为施工生产筹集资金或提供预付款担保、履约担保、职工工资支付担保等所发生的各种费用。

(13)税金　指企业按规定缴纳的房产税、非生产性车船使用税、土地使用税、印花税、城市维护建设税、教育费附加、地方教育附加等各项税费。

(14)其他　包括技术转让费、技术开发费、投标费、业务招待费、绿化费、广告费、公证费、法律顾问费、审计费、咨询费、保险费等。

2.2.2.5　利润

利润是指施工企业完成所承包工程获得的盈利。

2.2.2.6　规费

规费是指经国家法律、法规授权,由省级政府和省级有关权力部门规定必须缴纳或计取的费用。包括:

(1)社会保险费

1)养老保险费　指企业按照规定标准为职工缴纳的基本养老保险费。

2)失业保险费　指企业按照规定标准为职工缴纳的失业保险费。

3)医疗保险费　指企业按照规定标准为职工缴纳的基本医疗保险费。

4)生育保险费　指企业按照规定标准为职工缴纳的生育保险费。

5)工伤保险费　指企业按照规定标准为职工缴纳的工伤保险费。

(2)住房公积金　指企业按规定标准为职工缴纳的住房公积金。

(3)工程排污费　指按规定缴纳的施工现场工程排污费。

(4)其他应列而未列入的规费　按实际发生计取。

2.2.2.7　税金

税金是指国家税法规定的应计入建筑安装工程造价内的增值税。按照财务部、税务总局、海关总署《关于深化增值税改革有关政策的公告》(财政部　税务总局　海关总署公告2019 年第 39 号)规定,该税率为 9% ,自 2019 年 4 月 1 日起执行。

关于调整增值税税率的通知

2.3　建筑安装工程费用项目组成(按造价形成划分)

2.3.1　概述

《建筑安装工程费用项目组成》(见建标〔2013〕44 号文)附件二为《建筑安装工程费用项目组成》(按造价形成划分)。

建筑安装工程费用项目组成

2.3.2　建筑安装工程费用项目组成(按造价形成划分)简介

建筑安装工程费按照工程造价形成由分部分项工程费、措施项目费、其他项目费、规费、税金组成,分部分项工程费、措施项目费、其他项目费包含人工费、材料费、施工机具使用费、企业管理费和利润。

2.3.2.1　分部分项工程费

分部分项工程费是指各专业工程的分部分项工程应予列支的各项费用。

(1)专业工程　指按现行国家计量规范划分的房屋建筑与装饰工程、仿古建筑工程、通用安装工程、市政工程、园林绿化工程、矿山工程、构筑物工程、城市轨道交通工程、爆破工程等各类工程。

(2)分部分项工程　指按现行国家计量规范对各专业工程划分的项目,如房屋建筑与装饰工程划分的土石方工程、地基处理与桩基工程、砌筑工程、钢筋及钢筋混凝土工程等。

各类专业工程的分部分项工程划分见现行国家或行业计量规范。

2.3.2.2　措施项目费

措施项目费是指为完成建设工程施工,发生于该工程施工前和施工过程中的技术、生活、安全、环境保护等方面的费用。内容包括:

(1)安全文明施工费

1)环境保护费　指施工现场为达到环保部门要求所需要的各项费用。

2)文明施工费　指施工现场文明施工所需要的各项费用。

3)安全施工费　指施工现场安全施工所需要的各项费用。

4)临时设施费　指施工企业为进行建设工程施工所必须搭设的生活和生产用的临

时建筑物、构筑物和其他临时设施费用,包括临时设施的搭设、维修、拆除、清理或摊销费等。

(2)夜间施工增加费 指因夜间施工所发生的夜班补助费、夜间施工降效、夜间施工照明设备摊销及照明用电等费用。

(3)二次搬运费 指因施工场地条件限制而发生的材料、构配件、半成品等一次运输不能到达堆放地点,必须进行二次或多次搬运所发生的费用。

(4)冬(雨)期施工增加费 指在冬期或雨期施工需增加的临时设施、防滑、排出雨雪、人工及施工机械效率降低等费用。

(5)已完工程及设备保护费 指竣工验收前,对已完工程及设备采取的必要保护措施所发生的费用。

(6)工程定位复测费 指工程施工过程中进行全部施工测量放线和复测工作的费用。

(7)特殊地区施工增加费 指工程在沙漠或其边缘地区、高海拔、高寒、原始森林等特殊地区施工增加的费用。

(8)大型机械设备进出场及安拆费 指机械整体或分体自停放场地运至施工现场或由一个施工地点运至另一个施工地点,所发生的机械进出场运输、转移费用及机械在施工现场进行安装、拆卸所需的人工费、材料费、机械费、试运转费和安装所需的辅助设施的费用。

(9)脚手架工程费 指施工需要的各种脚手架搭、拆、运输费用以及脚手架购置费的摊销(或租赁)费用。

措施项目及其包含的内容详见各类专业工程的现行国家或行业计量规范。

2.3.2.3 其他项目费

(1)暂列金额 指建设单位在工程量清单中暂定并包括在工程合同价款中的一笔款项,包括用于施工合同签订时尚未确定或者不可预见的所需材料、工程设备、服务的采购,施工中可能发生的工程变更,合同约定调整因素出现时的工程价款调整以及发生的索赔、现场签证确认等的费用。

(2)计日工 指在施工过程中,施工企业完成建设单位提出的施工图纸以外的零星项目或工作所需的费用。

(3)总承包服务费 指总承包人为配合、协调建设单位进行的专业工程发包,对建设单位自行采购的材料、工程设备等进行保管以及施工现场管理、竣工资料汇总整理等服务所需的费用。

2.3.2.4 规费

定义同2.2.2.6。

2.3.2.5 税金

定义同2.2.2.7。

2.4　设备及工具、器具费用的构成

2.4.1　概述

设备及工具、器具购置费用(简称设备及工器具购置费)由设备购置费与工具、器具及生产家具购置费构成。它是固定投产投资中的积极部分,在生产性工程建设中,设备及工器具购置费占工程造价比例的增大,代表着生产技术的进步和资本有机构成的提高。设备及工器具购置费的构成如图 2.2 所示。

图 2.2　设备及工器具购置费的构成

设备购置费是指工程建设项目购置或自制达到的固定资产标准的各种国产或进口设备、工具、器具的费用。

$$设备购置费 = 设备原价 + 设备运杂费 \qquad (2.4)$$

在式(2.4)中,设备原价指国产标准设备、非标准设备、进口设备的原价;设备运杂费指除设备原价之外的,设备采购、运输、装卸、途中包装材料及仓库保管等方面支出费用的总和。

工具、器具及生产家具购置费是指新建项目或扩建项目初步设计规定所必须购置的达不到固定资产标准的设备、仪器、器具、生产家具的费用。

$$工具、器具及生产家具购置费 = 设备购置费 \times 定额费费率 \qquad (2.5)$$

2.4.2　国内设备原价的确定

国内设备原价分为国内标准设备原价和国内非标准设备原价。

(1)国内标准设备原价的确定　标准设备原价是指按照主管部门颁布的标准图纸和技术要求,由我国设备生产厂批量生产的,符合国家质量检测标准的设备,如批量生产的车床等。一般指的是设备制造厂的交货价或订货合同价。

国产标准设备原价有两种,即带有备件的原价和不带有备件的原价。在计算时,一般采用带有备件的原价。

(2)国内非标准设备原价的确定　非标准设备原价是指国家尚无定型标准,各设备

43

生产厂不可能在工艺过程中采用批量生产,只能按一次订货,并根据具体的设计图纸制造的设备。费用包括材料费、加工费、辅助材料费、专用工具费、废品损失费、包装费、利润、税金(主要指增值税)、外购配套件费、非标准设备设计费等。

非标准设备原价有不同的计算方法,如成本计算估价法、系列设备插入估价法、分部组合估价法等。无论采用哪种方法都应接近实际的出厂价格,并且力求计算简捷。

下面以成本计算估价法为例介绍。

非标准设备原价=｛[(材料费+加工费+辅助材料费)×(1+专用工具费率)×(1+废品损失费费率)+外购配套件费]×(1+包装费费率)−外购配套件费｝×(1+利润率)+销项税额+非标准设备设计费+外购配套件费　　(2.6)

其中

$$原价=成本+利润+税金+设计费+外购配套件费　　(2.7)$$
$$材料费=材料净重(t)×(1+加工损耗系数)×每吨材料综合价　　(2.8)$$

加工费包括生产工人工资和工资附加费、燃料动力费、设备折旧费、车间经费等。

$$加工费=设备总质量(t)×设备每吨加工费　　(2.9)$$
$$辅助材料费=设备总质量(t)×辅助材料费指标　　(2.10)$$
$$专用工具费=(材料费+加工费+辅助材料费)×专用工具费费率　　(2.11)$$
$$废品损失费=(材料费+加工费+辅助材料费+专用工具费)×废品损失费费率$$
$$(2.12)$$

外购配套件费,按设备设计图纸所列的外购配套件的名称、型号、规格、数量、质量,根据相应的价格加运杂费计算。

$$包装费=(材料费+加工费+辅助材料费+专用工具费$$
$$+废品损失费+外购配套件费)×包装费费率　　(2.13)$$
$$利润=(材料费+加工费+辅助材料费+专用工具费$$
$$+废品损失费+包装费)×利润率　　(2.14)$$

税金主要指增值税。

$$增值税=当期销项税额−进项税额　　(2.15)$$
$$当期销项税额=销售额×适用增值税率　　(2.16)$$
$$销售额=材料费+加工费+辅助材料费+专用工具费+废品损失费+包装费+利润+税金$$
$$(2.17)$$

非标准设备设计费,按国家规定的设计费收费标准确定。

2.4.3　国内设备运杂费的确定

国内设备运杂费的构成如下:

(1)运费和装卸费　指由设备制造厂交货地点起至工地仓库(或施工组织设计指定

44

的需要安装设备的堆放地点)所发生的运输费和装卸费。

(2)包装费 指在设备原价中没有包含的,为运输而进行的包装支出的各种费用。

(3)供销部门手续费 当设备由专门的设备供销部门供应时而发生的经营管理费用。其费用按有关部门规定的统一费率计算。

(4)采购与仓库保管费 指采购、验收、保管和收发设备所发生的各种费用,包括设备采购人员、保管人员和管理人员的工资、工资附加费、办公费、差旅交通费、工具用具使用费,设备供应部门所占固定资产使用费、劳动保护费、检验试验费等。

$$\text{设备运杂费} = \text{设备原价} \times \text{设备运杂费费率} \qquad (2.18)$$

其中,设备运杂费费率按规定计取。

2.4.4 进口设备原价的确定

进口设备购置费的构成和计算

进口设备原价即进口设备的抵岸价,指抵达买方边境港口或边境车站,且交完关税等税费后形成的价格。进口设备抵岸价的构成与进口设备的交货类别有关。

(1)进口设备的交易价格 在国际贸易中,采用装运港船上交货方式,较为广泛使用的交易价格有 FOB(离岸价)、CFR(运费在内价)和 CIF(到岸价)三种方式。

1)FOB(free on board,离岸价) 即装运港船上交货价,指当货物在指定的装运港越过船舷,卖方即完成交货义务,风险转移以在指定的装运港货物越过船舷时为分界点。

FOB 方式是我国进口设备采用最多的一种货价。采用船上交货价时卖方的责任是:在规定的期限内,负责在合同规定的装运港口将货物装上买方指定的船只并及时通知买方;负担货物装船前的一切费用与风险,负责办理出口手续,提供出口国政府或有关方面签发的证件;负责提供有关装运单据。买方责任是:负责租船或订舱,支付运费,并将船期、船名通知卖方,负担货物装船后的一切费用与风险;负责办理保险及支付保险费,办理目的港的进口和收货手续,接收卖方提供的有关装运单据,并按合同规定支付货款。

2)CFR(cost and freight,运费在内价) 即成本加运费,指在装运港货物越过船舷卖方即完成交货,卖方必须支付将货物运至指定的目的港所需的运费和费用,但交货后货物灭失或损坏的风险,以及由于各种事件造成的任何额外费用,即由卖方转移到买方。

3)CIF(cost insurance and freight,到岸价) 即成本加保险费、运费。

三种交易价格的关系为:进口设备到岸价(CIF)= 离岸价格(FOB)+国际运费+运输保险费=运费在内价(CFR)+运输保险费

(2)进口设备原价的确定 进口设备原价即抵岸价,构成如下。

$$\text{进口设备原价} = \text{到岸价} + \text{进口从属费} \qquad (2.19)$$
$$\text{到岸价} = \text{离岸价} + \text{国际运费} + \text{运输保险费} \qquad (2.20)$$
$$\text{进口从属费} = \text{银行财务费} + \text{外贸手续费} + \text{关税} + \text{增值税}$$
$$+ \text{消费税} + \text{车辆购置附加费} \qquad (2.21)$$

1)离岸价 分为原币货价和人民币货价,原币货价按 FOB 计算,币种一律折算为美元表示。

$$人民币货价 = 原币货价 \times 外汇汇价 \qquad (2.22)$$

2)国际运费　即从出口国装运港(站)到达进口国港(站)的运费。我国进口设备大部分采用海洋运输,小部分采用铁路运输,个别采用航空运输。

$$国际运费(海、陆、空) = 离岸价 \times 运费费率 \qquad (2.23)$$

$$国际运费(海、陆、空) = 运量 \times 单位运价 \qquad (2.24)$$

其中,运费费率、单位运价参照国家有关部门或进出口公司的规定执行。

3)运输保险费　对外贸易货物运输保险是由保险公司与被保险的出口人或进口人订立保险契约,在被保险人交付议定的保险费后,保险公司根据保险契约的规定对货物在运输过程中发生的承保责任范围内的损失给予经济上的补偿。

$$运输保险费 = (FOB价 + 国外运费) \times 保险费费率 / (1 - 保险费费率) \qquad (2.25)$$

4)银行财务费　一般是指中国银行手续费。

$$银行财务费 = 离岸价 \times 银行财务费费率 \qquad (2.26)$$

5)外贸手续费　指按对外经济贸易部门规定的外贸手续费费率计取的费用,外贸手续费费率一般取1.5%。

$$外贸手续费 = (离岸价 + 国外运费 + 运输保险费) \times 外贸手续费费率 \qquad (2.27)$$

6)关税　指由海关对进出国境或关境的货物和物品征收的税。

$$关税 = (离岸价 + 国外运费 + 运输保险费) \times 进口关税税率 \qquad (2.28)$$

其中,进口关税税率按我国海关总署发布的进口关税税率计算。

7)消费税　仅对部分进口设备征收。

$$消费税额 = (到岸价 + 关税) \times 消费税税率 / (1 - 消费税税率) \qquad (2.29)$$

其中,消费税税率按国家规定的税率计算。

8)增值税　指国家对从事进口贸易的单位和个人,在进口商品报关进口后征收的税种。

$$进口产品增值税额 = 组成计税价格 \times 增值税税率 \qquad (2.30)$$

$$组成计税价格 = 离岸价 + 国外运费 + 运输保险费 + 关税 + 消费税 \qquad (2.31)$$

其中,增值税税率根据国家规定的税率计算。

9)车辆购置附加费　指进口车辆需缴进口车辆购置附加费。

$$进口车辆购置附加费 = (到岸价 + 关税 + 消费税 + 增值税) \times 进口车辆购置附加费费率 \qquad (2.32)$$

进口设备原价的确定如表2.1所示。

表 2.1　进口设备原价的确定

构成		计算公式	备注
CIF (到岸价)	离岸价	分为原币货价和人民币货价,原币货价一律折算为美元表示,人民币货价按原币货价乘以外汇市场美元兑换人民币汇率中间价确定	指装运港船上交货价/FOB
	国际运费	原币货价(FOB)×运费费率(或单位运价×运量)	运费费率或单位运价参照有关部门或进出口公司的规定执行
	运输保险费	[原币货价(FOB)+国外运费]×保险费费率÷(1−保险费费率)	保险费费率按保险公司规定的进口货物保险费费率计算
进口从属费	银行财务费	离岸价格(FOB)×人民币外汇汇率×银行财务费费率	中国银行为进出口商提供金融结算服务所收取的费用
	外贸手续费	到岸价格(CIF)×人民币外汇汇率×外贸手续费费率	外贸手续费费率一般取 1.5%
	关税	到岸价格(CIF)×人民币外汇汇率×进口关税税率	由海关对进出国境或关境的货物和物品征收的一种税
	消费税	(到岸价格×人民币外汇汇率+关税)×消费税税率÷(1−消费税税率)	仅对部分进口设备(如轿车、摩托车等)征收
	增值税	(关税完税价格+关税+消费税)×增值税税率	是对从事进口贸易的单位和个人,在进口商品报关进口后征收的税种
	车辆购置附加费	(关税完税价格+关税+消费税)×车辆购置附加费费率	进口车辆需缴进口车辆购置附加费

47

　　例 2.1　已知某进口工程设备 FOB 为 50 万美元,美元与人民币汇率为 1∶6.5,银行财务费为 0.2%,外贸手续费费率为 1.5%,关税税率为 10%,增值税税率为 9%。若该进口设备抵岸价为 586.7 万元人民币,则该进口工程设备到岸价为(　　　)万元人民币。

　　A. 406.8　　　　　　　B. 482.7　　　　　　　C. 456.0　　　　　　　D. 586.7

　　解:该题考核进口设备原价的构成及计算。

　　计算过程如下:

$$586.7 = CIF + FOB \times 0.2\% + CIF \times 1.5\% + 关税 + 增值税$$
$$= CIF + 50 \times 6.5 \times 0.2\% + CIF \times 1.5\% + CIF \times 10\% + CIF \times (1+10\%) \times 9\%$$
$$CIF = 482.7(万元)$$

　　所以选 B。

例2.2 某进口设备的人民币货价为50万元,国际运费费率为10%,运输保险费费率为3%,进口关税税率为20%,则该设备应支付关税税额是(　　)万元人民币。

A.11.34　　　　　B.11.33　　　　　C.11.30　　　　　D.10.00

解:该题考核进口设备关税的计算。

关税=到岸价格(CIF)×人民币外汇汇率×进口关税税率

国际运费=50×10%=5(万元)

运输保险费=(50+5)×3%/(1-3%)=1.70(万元)

CIF:50+5+1.70=56.70(万元)

故关税=56.70×20%=11.34(万元)

所以选A。

2.5　工程建设其他费用的构成

工程建设其他费用是指从工程筹建起到工程竣工验收交付使用止的整个建设期间,除工程费用、预备费、增值税、建设期融资费用、流动资金以外的费用。按其内容大体可分为七大类:建设单位管理费、用地与工程准备费、市政公用配套设施费、技术服务费、建设期计列的生产经营费、工程保险费及税费。

2.5.1　建设单位管理费

建设单位为了进行建设项目的筹建、建设、试运转、竣工验收和项目后评估等全过程管理所需的各项管理费用,包括工作人员薪酬及相关费用、办公费、办公场地租用费、差旅交通费、劳动保护费、工具用具使用费、固定资产使用费、招募生产工人费、业务招待费及竣工报验收费等。

2.5.2　用地与工程准备费

用地与工程准备费是指取得土地与工程建设施工准备所发生的费用,包括土地使用和补偿费、场地准备费及临时设施费等。

(1)土地使用费和补偿费

建设用地的取得,实质是依法获取国有土地的使用权,获取国有土地使用权的基本方法有出让方式和划拨方式两种,建设土地取得的基本方式还包括租赁和转让两种。

建设用地如果是通过行政划拨方式取得,则须承担征地补偿费用或对原单位或个人的拆迁补偿费用;如果通过市场机制取得,则不但承担以上费用,还须向土地所有者支付有偿使用费,即土地出让金。

1)土地征用及迁移补偿费指建设项目通过划拨方式取得无限期的土地使用权,依照《中华人民共和国土地管理法》等规定所支付的费用。其总和一般不得超过被征土地年产值的30倍,土地年产值则按该地被征用前三年的平均产量和国家规定的价格计算。内容包括以下几方面:

①土地补偿费。征用耕地(包括菜地)的补偿标准,为该耕地年产值的若干倍,具体补偿标准由省、自治区、直辖市人民政府在此范围内制定。征用园地、鱼塘、藕塘、苇塘、宅基地、林地、牧场、草原等的补偿标准,由省、自治区、直辖市人民政府制定。征收无收益的土地,不予补偿。

②青苗补偿费和被征用土地上的房屋、水井、树木等附着物补偿费。这些补偿费的标准由省、自治区、直辖市人民政府制定。征用城市郊区的菜地时,还应按照有关规定向国家缴纳新菜地开发建设基金。

③安置补助费。征用耕地、菜地的,每个农业人口的安置补助费为该地每亩年产值的 4~6 倍,每亩耕地的安置补助费最高不得超过其前三年平均年产值的 15 倍。

④缴纳的耕地占用税或城镇土地使用税、土地登记费及征地管理费等。

⑤征地动迁费,包括征用土地上的房屋及附属构筑物城市公共设施等拆迁补偿费,搬迁运输费,企业单位因搬迁造成的减产、停工损失补贴费,拆迁管理费等。

⑥水利水电工程水库淹没处理补偿费,包括农村移民安置迁建费,城市迁建补偿费,库区工矿企业、交通、电力、通信、广播、管网、水利等的恢复、迁建补偿费,库底清理费,防护工程费,环境影响补偿费用等。

以上费用均按工程所在地省、自治区、直辖市人民政府颁布的土地管理有关规定进行计算。

2)土地使用权出让金　指建设项目通过土地使用权出让方式,取得有限期的土地使用权,依照《中华人民共和国城镇国有土地使用权出让和转让暂行条例》规定支付的费用。

①明确国家是城市土地的唯一所有者,可分层次、有偿、有限期地出让,转让城市土地。土地有偿出让和转让,土地使用者和所有者要签约,明确使用者对土地享有的权利和对土地所有者应承担的义务。

②城市土地的出让和转让可采用协议、招标和公开拍卖等方式。

协议方式是由用地单位申请,经市政府批准同意后双方洽谈具体地块及地价。该方式适用于公益事业、市政工程用地,需要减免地价的机关、部队用地,需要重点扶持、优先发展的产业用地。

招标方式是在规定的期限内,由用地单位以书面形式投标,市政府根据投标报价及提供的规划方案、企业信誉综合考虑,择优而取。该方式适用于一般工程建设用地。

公开拍卖是指在指定的地点和时间,由申请用地者叫价应价,出价高者得之。该方式适用于赢利高的行业用地。

③政府有偿出让土地使用权的年限,一般为 40~70 年。

④土地有偿出让和转让,土地使用者和所有者要签约,明确使用者对土地享有的权利和承担的义务。

(2)场地准备及临时设施费

建设项目场地准备费是指为使工程项目的建设场地达到开工条件,由建设单位组织进行的场地平整等准备工作而发生的费用;建设单位临时设施费是指建设单位为满足施工建设需要而提供的未列入工程费用的临时水、电、路、信、气、热等工程和临时仓库等建

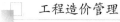

筑物的建设、维修、拆除、摊销费用或租赁费用,以及货场、码头租赁等费用。

2.5.3 市政公用配套设施费

市政公用配套设施费是指使用市政公用设施的工程项目,按照项目所在地政府有关规定建设或缴纳的市政公用设施建设配套费用。其可以是界区外配套的水、电、路、信等,包括绿化、人防等配套设施。

2.5.4 技术服务费

技术服务费是指在项目建设全部过程中委托第三方提供项目策划、技术咨询、勘察设项目管理和跟踪验收评估等技术服务发生的费用。技术服务费包括可行性研究费、专项评价费、勘察设计费、监理费、研究试验费、特殊设备安全监督检验费、监造费、招标费、设计评审费、技术经济标准使用费、工程造价咨询费及其他咨询费等。

2.5.5 建设期计列的生产经营费

建设期计列的生产经营费是指为达到生产经营条件在建设期发生或将要发生的费用,包括专利及专有技术使用费、联合试运转费及生产准备费。联合试运转费是指新建或扩建工程项目竣工验收前,按照设计规定应进行有关无负荷和负荷联合试运转所发生的费用支出大于费用收入的差额部分费用。专利及专有技术使用费是指在建设期内为取得专利、专有技术、商标权、商誉、特许经营权等发生的费用。生产准备费是指新建或扩建工程项目在竣工验收前为保证竣工交付使用而进行必要的生产准备所发生的有关费用。

2.5.6 工程保险费

工程保险费是指为转移工程项目建设的意外风险,在建设期内对建筑工程、安装工程、机械设备和人身安全进行投保而发生的费用,包括建筑工程一切险、引进设备财产保险和人身意外伤害险等。不同的建设项目可根据工程特点选择投保险种。

2.5.7 税费

按财政部《基本建设项目建设成本管理规定》(财建〔2016〕504号)工程其他费中的有关规定,税费统一归纳计列,是指耕地占用税、城镇土地使用税、印花税、车船使用税等和行政性收费,不包括增值税。

2.6　预备费、固定资产投资方向调节税和贷款利息

预备费、建
设期利息

2.6.1　预备费

预备费是指考虑建设期可能发生的风险因素而导致费用增加的费用。预备费可分
为基本预备费和涨价预备费。

（1）基本预备费　指在初步设计文件及概算内难以事先预料，而在工程建设期间可
能发生的工程费用，包括以下几方面：

①在批准的初步设计范围内，技术设计、施工图设计及施工过程中所增加的工程费
用，设计变更、局部地基处理等增加的费用。

②一般自然灾害造成的损失和预防自然灾害所采取的措施费用。实行工程保险的
工程项目费用应适当降低。

③竣工验收时为鉴定工程质量对隐蔽工程进行必要的挖掘和修复费用。

基本预备费＝工程建设费×基本预备费费率＝（建筑安装工程费+
设备及工具、器具购置费+工程建设其他费）×基本预备费费率　（2.33）

基本预备费费率按国家及有关部门规定确定。在决策阶段，一般取值 10% ~ 15%；
在初步设计阶段，一般取值 7% ~ 10%。

（2）涨价预备费　指建设项目在建设期间内由于价格等变化引起工程造价变化的预
测预留费用，包括以下几方面。

人工、材料、施工机械的价差费，建筑安装工程费及工程建设其他费用调整，利率、汇
率调整等增加的费用。

涨价预备费的测算方法，一般根据投资综合价格指数，按估算年份价格水平的投资
额为基数，采用复利方法计算。计算公式如式（2.34）所示。

$$PF = \sum_{t=1}^{n} I_t \left[(1+f)^m (1+f)^{0.5} (1+f)^{t-1} - 1 \right] \qquad (2.34)$$

式中　PF——涨价预备费；

　　　n——建设期年份数；

　　　I_t——建设期中第 t 年的投资计划额，包括设备及工具、器具购置费，建筑安装工程
　　　费，工程建设其他费用及基本预备费；

　　　f——年均投资价格上涨率；

　　　m——建设前期年限（从编制估算到开工建设，单位：年）。

例 2.3　某建设项目建筑安装工程费 5000 万元，设备购置费 3000 万元，工程建设其
他费 2000 万元，已知基本预备费费率 5%，项目建设前期年限为 1 年，建设期为 3 年，各
年投资计划额为：第一年完成投资 20%，第二年 60%，第三年 20%。平均投资价格上涨
率为 6%，求建设项目建设期间价差预备费。

51

解:基本预备费 $=(5000+3000+2000)\times5\%=500(万元)$

静态投资 $=5000+3000+2000+500=10500(万元)$

建设期第一年完成投资 $=10500\times20\%=2100(万元)$

第一年涨价预备费 $=PF_1=I_1[(1+f)(1+f)^{0.5}-1]=191.8(万元)$

第二年完成投资 $=10500\times60\%=6300(万元)$

第二年涨价预备费 $=PF_2=I_2[(1+f)(1+f)^{0.5}(1+f)-1]=987.9(万元)$

第三年完成投资 $=10500\times20\%=2100(万元)$

第三年涨价预备费 $=PF_3=I_3[(1+f)(1+f)^{0.5}(1+f)^2-1]=475.1(万元)$

因此,建设期的涨价预备费:

$$PF=191.8+987.9+475.1=1654.8(万元)$$

2.6.2 固定资产投资方向调节税

固定资产投资方向调节税是指国家对在我国境内进行固定资产投资的单位和个人,就其固定资产投资的各种资金征收的一种税。1991 年 4 月 16 日国务院发布《中华人民共和国固定资产投资方向调节税暂行条例》,从 1991 年起施行。自 2000 年 1 月 1 日起新发生的投资额,暂停征收固定资产投资方向调节税。

投资方向调节税以固定资产投资项目实际完成投资额为计税依据,根据工程的性质及划分的单位工程情况,确定其适用税率。即

$$投资方向调节税=(建筑安装工程费+设备及工器具购置费+$$
$$工程建设其他费+预备费)\times税率 \tag{2.35}$$

2.6.3 贷款利息

建设期贷款利息包括向国内银行和其他非银行金融机构贷款、出口信贷、外国政府贷款、国际商业银行贷款以及在境内外发行的债券等在建设期间内应偿还的贷款利息。建设期借款利息实行复利计算。

当贷款在年初一次性贷出且利率固定时,建设期贷款利息计算如下:

$$I=P(1+i)^n-P \tag{2.36}$$

式中 P—— 一次性贷款额;

i—— 年利率;

n—— 计息期;

I—— 贷款利息。

当总贷款分年均衡发放时,建设期利息的计算可按当年借款在年中支用考虑,即当年贷款按半年计息,上年贷款按全年计息。计算公式如式(2.37)所示。

$$P_j=\left(P_{j-1}+\frac{1}{2}A_j\right)\times i \tag{2.37}$$

式中　P_j——建设期第 j 年应计利息；

　　　P_{j-1}——建设期第 $(j-1)$ 年末贷款累计金额与利息累计金额之和；

　　　A_j——建设期第 j 年贷款金额；

　　　i——年利率。

例 2.4　某新建项目，建设期 3 年，第一年贷款 300 万元，第二年贷款 600 万元，第三年没有贷款。贷款在年度内均衡发放，年利率为 6%，贷款本息均在项目投产后偿还，试计算项目第三年的贷款利息和建设期贷款利息。

解：根据式(2.37)得

第一年贷款利息为　$P_1 = 300 \times 1/2 \times 6\% = 9$（万元）

第二年贷款利息为　$P_2 = (300+9+600/2) \times 6\% = 36.54$（万元）

第三年贷款利息为　$P_3 = (300+9+600+36.54) \times 6\% = 56.73$（万元）

建设期贷款利息为　$P = 9+36.54+56.73 = 102.27$（万元）

2.7　案例分析

【案例一】

背景材料

某拟建项目资料为：建筑安装工程费用为 3 000 万元，设备及工器具购置费用为 2 800 万元，工程建设其他费用为 3 000 万元，建设期为 3 年，实施进度分别为 20%、30%、50%；基本预备费费率为 8%，涨价预备费费率为 4%，固定资产投资方向调节税按规定暂停征收；建设期 3 年中的项目银行贷款 5 000 万元，分别按照实施进度贷入，贷款年利率为 7%。

问题

计算基本预备费、涨价预备费、建设期贷款利息和固定资产投资总额。

参考答案

(1)估算项目投资的基本预备费

基本预备费 =（建筑安装工程费用+设备及工器具购置费用+

　　　　　　　工程建设其他费用）×基本预备费费率

　　　　　 =（3 000+2 800+3 000）×8% = 704（万元）

(2)计算涨价预备费

建设项目计划投资额 =（建筑安装工程费用+设备及工器具购置费用+

　　　　　　　　　　工程建设其他费用）+基本预备费

　　　　　　　　　 =（3 000+2 800+3 000）+704 = 9 504（万元）

根据式(2.34)得

第一年的涨价预备费 = $9\,504 \times 20\% \times [(1+4\%)^{0.5}-1] = 37.64$（万元）

第二年的涨价预备费 = $9\,504 \times 30\% \times [(1+4\%)^{0.5}(1+4\%)-1] = 172.77$（万元）

第三年的涨价预备费 = $9\,504 \times 50\% \times [(1+4\%)^{0.5}(1+4\%)^2-1] = 489.55$（万元）

涨价预备费 = $37.64+172.77+489.55 = 699.96$（万元）

固定资产投资额=建设项目静态投资+涨价预备费

$$=9\ 504+699.96=10\ 203.96(万元)$$

(3)计算建设期贷款利息 根据式(2.37)得

第一年贷款利息=$(5\ 000\times20\%\times1/2)\times7\%=35(万元)$

第二年贷款利息=$[(5\ 000\times20\%+35)+5\ 000\times30\%\times1/2]\times7\%=124.95(万元)$

第三年贷款利息=$[(5\ 000\times20\%+35)+(5\ 000\times30\%+124.95)+5\ 000\times50\%\times1/2]\times7\%$

$$=273.70(万元)$$

建设期贷款利息=$35+124.95+273.70=433.65(万元)$

(4)固定资产投资总额=建设项目静态投资+涨价预备费+建设期贷款利息

$$=9\ 504+699.96+433.65=10\ 637.61(万元)$$

【案例二】

背景材料

由美国公司引进年产6万吨全套工艺设备和技术的某精细化工项目,在我国某港口城市建设。该项目占地10 hm²,绿化覆盖率为36%。建设期为2年,固定资产投资11 800万元,流动资产投资3 600万元。引进部分的合同总价682万美元,用于主要生产工艺装置的外购费用。厂房、辅助生产装置、公用工程、服务项目、生活福利及厂外配套工程等均由国内设计配套。引进合同价款的细项如下。

(1)硬件费620万美元,其中工艺设备购置费460万美元,仪表60万美元,电气设备56万美元,工艺管道36万美元,特种材料8万美元。

(2)软件费62万美元,其中计算关税的项目有设计费、非专利技术及技术秘密费48万美元,不计算关税的有技术服务及资料费14万美元(不计海关监管手续费)。

人民币兑换美元的外汇牌价均按1美元=6.5元人民币计算。

(3)中国远洋公司的现行海运费费率6%,海运保险费费率3.5‰,现行外贸手续费费率、中国银行财务手续费费率、增值税税率和关税税率分别按1.5%、5‰、9%、25%计取。

(4)国内供销手续费费率0.4%,运输、装卸和包装费费率0.1%,采购保管费费率1%。

问题

1.该工程项目造价应包括哪些投资内容?

2.对于引进工程项目中的引进部分硬件、软件从属费用有哪些?应如何计算?

3.本项目引进部分购置投资的估算价格是多少?

4.该引进工程项目中,有关引进技术和进口设备的其他费用应包括哪些内容?

分析要点

本案例主要考核引进工程项目工程造价构成、其中从属费用的计算内容和计算方法、引进设备国内运杂费和设备购置费的计算方法、有关引进技术和进口设备的其他费用内容等。本案例应解决以下几个主要概念性问题。

(1)编制一个引进工程项目的工程造价与编制一个国内工程项目的工程造价在编制内容上是一样的。不同的是增加了一些由于引进而引起的费用和特定的计算规则。所以编制时应考虑这方面的投资费用,先将引进部分和国内配套部分的投资内容分别编制再进行汇总。

(2)引进项目减免关税的技术资料、技术服务等软件部分不计国外运输费、国外运输保险费、外贸手续费和增值税。

(3)外贸手续费、关税计算依据是硬件到岸价和应计关税软件的货价之和;银行财务费计算依据是全部硬件、软件的货价;本例是引进工艺设备,故增值税的计算保证质量关税完税价与关税之和,不考虑消费税。

(4)引进部分的购置投资=引进部分的原价+国内运杂费。

引进部分的原价=货价+国外运输费+外贸手续费+银行财务费+关税+增值税(不考虑进口车辆的消费税和附加费)。

引进部分的国内运杂费包括供销手续费、运输装卸费和包装费(原价中未包括的)、采购保管费等内容。按以下公式计算:引进设备国内运杂费=引进设备原价×国内运杂费费率。

参考答案

问题 1 的答案

该引进工程项目的工程造价应包括以下内容:第一,引进国外技术、设备和材料的投资费用;第二,引进国外设备和材料在国内的安装费用;第三,国内进行配套的设备制造及安装费用;第四,厂房等国内所有配套工程的建造费用;第五,与工程项目建设有关的其他费用;第六,工程项目的预备费、建设期贷款利息和投资方向调节税等。

问题 2 的答案

本案例引进部分为工艺设备的硬件、软件,其价格组成除货价外的从属费用包括国外运输费、国外运输保险费、外贸手续费、银行财务费、关税和增值税等费用。各项费用的计算方法如表 2.2 所示。

表 2.2 引进项目硬件、软件货价、从属费用计算表

费用名称	计算公式	备注
货价	货价=合同中硬软件离岸价外币金额×外汇牌价	合同生效,第一次付款日期的兑汇牌价
国外运输费	国外运输费=合同中硬件货价×国外运输费费率	海运费费率通常取 6% 空运费费率通常取 8.5% 铁路运输费费率通常取 1%
国外运输保险费	国外运输保险费=(合同中硬件货价+国外运输费)×运输保险费费率÷(1-运输保险费费率)	海运保险费费率通常取 3.5% 空运保险费费率通常取 4.55% 铁路运输保险费费率通常取 2.66%

续表 2.2

费用名称	计算公式	备注
关税	硬件关税=（合同中硬件货价+运费+运输保险费）×关税税率=合同中硬件到岸价×关税税率 软件关税=合同中应计关税软件的货价×关税税率	计关税的软件指设计费、技术秘密、专利许可证、专利技术等
消费税（价内税）	消费税=（到岸价+关税）×消费税税率÷（1-消费税税率）（进口车辆才有此税）	越野车、小汽车取5%；小轿车取8%
增值税	增值税=（硬件到岸价+完关税软件货价+关税）×增值税税率	增值税税率取9%
银行财务费	合同中硬软件的货价×银行财务费费率	银行财务费费率取4‰～5‰
外贸手续费	（合同中硬件到岸价+完关税软件货价）×外贸手续费费率	外贸手续费费率取1.5%

问题 3 的答案

本项目引进部分购置投资=引进部分的原价+国内运杂费

式中，引进部分的价格（抵岸价）是指引进部分的货价和从属费用之和，如表 2.3 所示。

表 2.3　引进设备硬、软件原价计算表　　　　　　　　　单位：万元

序号	费用名称	计算公式	费用
1	货价	货价=620×6.5+62×6.5=4 433.00	4 433.00
2	国外运输费	国外运输费=620×6.5×6%=241.80	241.80
3	国外运输保险费	国外运输保险费=（4 030+241.80）×3.5%/（1-3.5%）=154.94	154.94
4	关税	硬件关税=（4 030+241.80+154.94）×25%=1 106.68 软件关税=48×6.5×25%=78.00	1 184.68
5	增值税	增值税=（4 433+241.80+154.94+1 184.68）×9%=541.30	541.30
6	银行财务费	银行财务费=4 433×5‰=22.17	22.17
7	外贸手续费	外贸手续费=（4 030+48×6.5+241.80+154.94）×1.5%=71.08	71.08
8	引进设备价格（合计）	上述7项费用之和	6 648.97

由表 2.3 得知，引进设备的原价为 6 648.97 万元。

国内运杂费=6 648.97×（0.4%+0.1%+1%）=99.73（万元）

引进设备购置投资=6 648.97+99.73=6 748.70（万元）

问题4的答案

该引进工程项目中,有关引进技术和进口设备的其他费用应包括以下内容:第一,国外工程技术人员来华费用(差旅费、生活费、接待费和办公费等);第二,出国人员费用;第三,技术引进费以及引进设备、材料的检验鉴定费;第四,引进项目担保费;第五,延期或分期付款利息等。

小结

本章主要介绍了工程造价的构成。

我国现行工程造价的构成主要包括建筑安装工程费、设备及工器具购置费、工程建设其他费用、预备费、建设贷款利息等。

设备购置费是指工程建设项目购置或自制达到的固定资产标准的各种国产或进口设备、工具、器具的费用。它包括设备原价和设备运杂费。工器具及生产家具购置费是指新建项目或扩建项目按初步设计规定所必须购置的达不到固定资产标准的设备、仪器、器具、生产家具的费用。

工程建设其他费用是指从工程筹建起到工程竣工验收交付使用止的整个建设期间,除建筑安装工程费用和设备及工器具购置费用以外的,为保证工程建设顺利完成和交付使用后能够正常发挥作用而发生的各项费用的总和。按其内容可分为七大类:建设单位管理费、用地与工程准备费、市政公用配套设施费、技术服务费、建设期计列的生产经营费、工程保险费及税费。

习题

一、单项选择题
二、多项选择题
三、案例分析题　第2章选择题

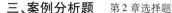

背景材料

A企业拟建一工厂,计划建设期三年,第四年工厂投产,投产当年的生产负荷达到设计生产能力的60%,第五年达到设计生产能力的85%,第六年达到设计生产能力。项目运营期20年。

该项目所需设备分为进口设备与国产设备两部分。

进口设备重1 000 t,其装运港船上交货价为600万美元,海运费为300美元/t,海运保险费和银行财务费分别为货价的2‰和5‰,外贸手续费费率为1.5%,增值税税率为17%,关税税率为25%,美元对人民币汇率为1∶6.5。设备从到货口岸至安装现场500 km,运输费为0.5元/(t·km),装卸费为50元/t,国内运输保险费费率为抵岸价的1‰,设备的现场保管费费率为抵岸价的2‰。

国产设备均为标准设备,其带有备件的订货合同价为9 500万元人民币,运杂费费率为3‰。

该项目的工具、器具及生产家具购置费费率为4%。

该项目建筑安装工程费用估计为 5 000 万元人民币,工程建设其他费用估计为 3 100 万元人民币,建设期间的基本预备费费率为5%,涨价预备费为 2 000 万元人民币,流动资金估计为 5 000 万元人民币。

项目的资金来源分为自有资金与贷款。其贷款计划为:建设期第一年贷款 2 500 万人民币、350 万美元;第二年贷款 4 000 万人民币、250 万美元。贷款的人民币部分从中国建设银行获得,年利率10%(每半年计息一次),贷款的外汇部分从中国银行获得,年利率为8%(按年计息)。

问题

1. 估算设备及工器具购置费用。

2. 估算建设期贷款利息。

3. 估算工厂建设的总投资。

第 3 章

决策阶段的工程造价管理

　　从本章开始进入全过程工程造价管理——决策阶段的工程造价管理,主要讲述决策阶段的划分以及决策阶段影响工程造价的主要因素。重点学习决策阶段投资估算的主要内容及计算方法,以及决策阶段的工程造价控制,使学生明确建设项目投资决策的正确性是工程造价管理的前提与必要条件。

3.1 概述

3.1.1 投资决策阶段影响工程造价的因素

决策阶段影响工程造价的主要因素

建设项目投资决策是选择和决定投资行动方案的过程,指对拟建项目的必要性和可行性进行技术经济论证,对不同建设方案进行技术经济分析、比较及做出判断和决定的过程。项目投资决策是投资行动的前提和准则。项目决策的正确与否,是合理确定与控制工程造价的前提,它关系到工程造价的高低及投资效果的好坏,并直接影响到项目建设的成败。

建设项目投资决策阶段影响工程造价的因素主要有项目建设规模、项目建设标准、项目建设地点、项目生产工艺、设备选用方案和环境保护措施等五个方面。

3.1.1.1 项目建设规模

合理确定项目的建设规模,不仅要考虑项目内部各因素之间的数量匹配、能力协调,还要使所有生产力因素共同形成的经济实体在规模上大小适应,以合理确定和有效控制工程造价。

(1)建设项目的生产规模 建设项目的生产规模指生产要素与产品在一个经济实体中的集中程度。通俗地讲也是解决"生产多少"的问题,通常以该建设项目的年生产(完成)能力来表示。生产规模的大小,必将影响建设项目的生产工艺、设备选型、建设资源等方面的决策,进而影响投资规模的大小。

生产规模过大或过小,均得不到较好的投资效益。以工业项目为例,一般来讲规模过小,单位生产能力的能耗就高,原料利用率较低,效益差;而规模过大,使得资源供给不足,生产能力得不到有效发挥,或产品供给超过需求,导致价格的下滑,对项目的投资和原有的市场均将产生巨大的损害。

(2)规模经济 规模经济是指伴随生产规模扩大引起单位成本下降而带来的经济效益,也称规模效益。当项目单位产品的报酬为一定时,项目的经济效益与项目的生产规模成正比,也即随着生产规模的扩大会出现单位成本下降和收益递增的现象。规模经济的客观存在对项目规模的合理选择有重大影响,可以充分利用规模经济来合理确定和有效控制工程造价,提高项目的经济效益。

3.1.1.2 项目建设标准

项目建设标准是指包括项目建设规模、占地面积、工艺装备、建筑标准、配套工程、劳动定员等方面的标准或指标。项目建设标准是编制、评估、审批项目可行性研究和初步设计的重要依据,是衡量工程造价是否合理及监督检查项目建设的客观尺度。

项目建设标准能否起到控制工程造价、指导建设的作用,关键在于标准水平定得是否合理。在建筑方面应坚持适用、经济、安全、美观的原则。项目建设标准水平应从我国目前的经济发展水平出发,区别不同地区、不同规模、不同等级、不同功能,合理确定。标准定得过高,会脱离实际情况和财力、物力的承受能力,增加造价;标准定得过低,将会妨碍技术进步,影响经济发展和人民生活水平的改善。

3.1.1.3　项目建设地点

项目建设地点选择要从项目投资费用和项目建成后的使用费用两个方面权衡考虑,使项目全寿命费用最低,包括建设地区和具体厂址的选择。建设地区的选择是指在几个不同地区之间对拟建项目适宜建设在哪个区域范围的选择,厂址的选择是指对项目具体坐落位置的选择。

建设地区的选择对于该项目的建设工程造价和建成后的生产成本,以及国民经济均有直接的影响。建设地区的合理与否,很大程度上决定着拟建项目的命运,影响着工程造价、建设工期和建设质量,甚至影响建设项目投资目的成功与否。因此,要根据国民经济发展的要求和市场需要以及各地社会经济、资源条件等,认真选择合适的建设地区。具体要考虑符合国民经济发展战略规划;要靠近基本投入物,如原料、燃料的提供地和产品消费地;要考虑工业项目适当聚集的原则。

建设项目厂址的选择应分析的主要内容有厂址的位置、占地面积、地形地貌、气象条件、工程地质及水文地质条件、当地资源供应情况、征地拆迁移民安置条件、交通运输条件、水电供应条件、环境保护条件、生活设施依托条件、施工条件等。

3.1.1.4　项目生产工艺和设备选用方案

(1)项目生产工艺　生产工艺是指生产产品所采用的工艺流程和制作方法。工艺流程是指投入物(原料或半成品)经过有次序的生产加工,成为产出物(产品或加工品)的过程。选定不同的工艺流程,建设项目的工程造价将会不同,项目建成后的生产成本与经济效益也不同。一般把工艺先进适用、经济合理作为选择工艺流程的基本标准。

(2)设备选用方案　为了有效地控制工程造价,主要设备的选用应遵循以下原则:凡国内能够制造,并能保证质量、数量和按期供货的设备,或者引进一些关键技术国内就能生产的设备,尽量选用国内制造;只引进关键设备就能由国内配套使用的,就不必成套引进;已引进设备并根据引进设备或资料能国产的,就不再重复引进。

引进设备时要注意配套问题:注意引进设备之间以及国内外设备之间的配套衔接问题;注意引进设备与本厂原有设备的工艺、性能是否配套问题;注意进口设备与原材料、备品备件及维修能力之间的配套问题。

选用设备时要选用满足工艺要求和性能好的设备。满足工艺要求是选择设备的最基本原则,如不能符合工艺要求,设备再好也无用,即造成巨大的浪费。要选用低耗能又高效率的设备;要尽量选用维修方便、适用性和灵活性强的设备;尽可能选用标准化设备,以便配套和更新零部件。

3.1.1.5　环境保护措施

建设项目一般会引起项目所在地自然环境、社会环境和生态环境的变化,对环境状况、环境质量产生不同程度的影响。因此,需要在确定厂址方案和技术方案时,对所在地的环境条件进行充分的调查研究,识别和分析拟建项目影响环境的因素,并提出治理和保护环境的措施,比选和优化环境保护方案。

环境保护的基本要求:工程建设项目应注意保护厂址及其周围地区的水土资源、海洋资源、矿产资源、森林植被、文物古迹、风景名胜等自然环境和社会环境。

环境治理措施方案:对于在项目建设过程中涉及的污染源和排放的污染物等,应根据其性质的不同,采用有针对性的治理措施。

环境治理方案比选:对环境治理的各局部方案和总体方案进行技术经济比较,作出综合评价,并提出推荐方案。

3.1.2 建设项目可行性研究

3.1.2.1 可行性研究的概念和意义

可行性研究是指对某工程项目在做出是否投资的决策之前,先对该项目的技术、经济、社会、环境等方面进行调查研究,对项目的拟建方案进行技术经济分析论证,研究项目在技术上是否先进,经济上是否合理,财务上是否盈利,对项目建成投产后的经济效益、社会效益、环境效益等进行科学的预测和评价,据此提出项目是否应该投资建设及选定最佳投资建设方案等结论性意见,为投资决策提供科学的依据。

在建设项目投资决策之前,通过项目的可行性研究,使项目的投资决策工作建立在科学性、可靠性的基础之上,从而实现项目投资决策科学化,减少和避免投资决策的失误,提高项目投资的经济效益。

3.1.2.2 可行性研究的作用

可行性研究是建设项目前期工作的重要组成部分,其主要作用有以下几方面:

(1)作为建设项目投资决策的依据 可行性研究对于建设项目有关的各方面都进行了调查研究和分析,并以大量数据论证了项目的先进性、合理性、经济性,以及其他方面的可行性,这是建设项目投资建设的首要环节。项目投资者主要根据项目可行性研究的评估结果,并结合国家的财政经济条件和国民经济发展的需要,做出该项目是否投资和如何进行投资的决定。

(2)作为筹集资金和向银行贷款的依据 由于可行性研究报告详细预测了建设项目的财务效益、经济效益和社会效益,银行只有通过审查项目可行性研究报告,确认项目的经济效益水平和偿还能力后,在不承担过大风险时才能同意贷款。

(3)作为项目进行科研试验、机构设置、职工培训、生产组织等的依据 为了确保项目建设的顺利开展,根据批准的可行性研究报告,进行必要的科研试验,设置合适的组织机构,进行职工培训,合理地组织生产等工作安排。

(4)作为向当地政府和有关部门申请审批的依据 建设项目在建设过程中和建成后的运营过程中对市政建设、环境及生态都有影响,因此项目的开工建设需要当地市政、规划及环保部门的审批和认可。在可行性研究报告中,对选址、总图布置、环境及生态保护方案等诸方面都做了论证,为申请和批准建设执照提供了依据。

(5)作为对建设项目考核的依据 建设项目竣工和正式投产后的生产考核,应以可行性研究所制定的生产纲领、技术标准以及经济效果指标作为考核标准进行比较。

(6)可行性研究是项目建设的重要基础资料 建设项目的可行性研究报告,是项目建设的重要基础资料,在项目建设过程中的技术性更改,都应以可行性研究报告为依据,认真分析其对项目的技术、经济、效益和环境的影响。

3.1.2.3　可行性研究的阶段划分

可行性研究工作分为投资机会研究、初步可行性研究、详细可行性研究三个阶段。各个研究阶段的目的、任务、要求以及所需费用和时间各不相同,其研究的深度和可靠程度也不同。可行性研究工作,可由建设单位的相关部门或建设单位委托工程咨询单位承担。可行性研究各阶段的目的及有关费用等方面的要求如表 3.1 所示。

表 3.1　可行性研究各阶段的深度要求

研究阶段	深度要求			
	目的	总投资额误差	研究费用占投资比例	所需时间/月
投资机会研究	鉴别与选择项目,寻找投资机会	±30%	0.2%～1.0%	1～2
初步可行性研究	对项目进行初步技术经济分析,筛选项目方案	±20%	0.25%～1.5%	2～4
详细可行性研究	进行深入细致的技术经济分析,多方案优选,提出结论性意见	±10%	1.0%～3.0%	3～8

3.1.2.4　可行性研究报告的内容

可行性研究工作对投资机会研究、初步可行性研究、详细可行性研究三个阶段有不同的工作内容。

63

可行性研究报告的内容可概括为三大部分:第一部分是市场调研,包括产品的市场调查和预测研究,主要是解决项目建设的"必要性"问题;第二部分是技术研究,主要是解决项目建设在技术上的"可行性"问题;第三部分是效益研究,主要是解决项目建设在经济上的"合理性"问题。其中效益研究是可行性研究的核心内容。

下面以工业建设项目为例,可行性研究内容主要包括以下内容:

(1)总论　主要说明项目提出的背景、项目概况、投资的必要性和意义。

(2)市场供需预测　主要内容包括项目产品在国内外市场的有关品种、质量、数量等方面的供需情况,项目产品的市场形势和价格变化趋势,诸如销售策略、广告宣传等影响市场渗透的因素,项目产品在国内外市场的市场风险分析。

(3)资源及公共设施条件分析　主要内容包括资源可利用量、资源品质情况、资源储存条件和资源开发价值、原材料和燃料及动力供应。

(4)建设规模与产品方案　主要内容包括建设规模与产品方案构成、建设规模与产品方案的比选、原有设施利用情况。

(5)项目建设条件和位置选择　主要内容包括厂址现状、厂址方案比选、推荐的厂址方案以及现有厂址的利用情况。

(6)技术方案、设备方案和工程方案　主要内容包括技术方案选择、主要设备方案选择、工程方案选择和技术改造项目改造前后的比较。

(7)节能措施　主要内容包括节能措施和能耗指标分析。

（8）环境保护　主要内容包括环境条件调查、影响环境因素分析、环境保护措施。

（9）劳动、安全、卫生与消防　主要内容包括危险因素与危害程度分析、安全防范措施、卫生保健措施和消防设施。

（10）机构设置与人力资源配置　主要内容包括组织机构设置及其适应性分析、人力资源配置和员工培训。

（11）项目实施方案　主要内容包括建设工期、质量要求、技术改造项目建设与生产的衔接。

（12）投资估算和资金筹措　主要内容包括建设投资估算、流动资金估算、资金来源、筹措方式、资金成本及贷款的偿还方式。

（13）项目经济评价　主要内容包括财务评价和国民经济评价,通过有关指标的计算,进行项目盈利能力分析、偿债能力分析、不确定性分析,得出经济评价结论。

（14）社会评价　主要内容包括项目对社会影响分析、项目所在地互适性分析、社会风险分析和社会评价结论。

（15）风险分析　主要内容包括项目主要风险识别、风险程度分析和防范风险对策。

（16）研究结论与建议　主要内容包括推荐方案总体描述、推荐方案优缺点描述、主要对比方案以及结论与建议。

3.1.2.5　可行性研究报告的编制

（1）编制程序

根据国家发展改革委《投资项目可行性研究指南》及其相关规定,可行性研究报告编制的步骤如下:

①签订委托协议。可行性研究报告编制单位与委托单位,就项目可行性研究报告编制工作的范围、重点、深度要求、完成时间、费用预算和质量要求交换意见,并签订委托协议,据以开展可行性研究各阶段的工作。

②组建工作小组。根据委托项目可行性研究的工作量、内容、范围、技术难度、时间要求等组建项目可行性研究工作小组。一般工业项目和交通运输项目可分为市场组、工艺技术组、设备组、工程组、总图运输及公用工程组、环保组、技术经济组等专业组。为使各专业组协调工作,保证报告总体质量,一般应由总工程师、总经济师负责统筹协调。

③制订工作计划。内容包括研究工作的范围、重点、深度、进度安排、人员配置、费用预算及报告编制大纲,并与委托单位交换意见。

④调查研究收集资料。各专业组根据报告编制大纲进行实地调查,收集整理有关资料,包括向市场和社会调查,向行发包人管部门调查,向项目所在地区调查,向项目涉及的有关企业、单位调查,收集项目建设、生产运营等各方面所必需的信息资料和数据。

⑤方案编制与优化。在调查研究收集资料的基础上,对项目的建设规模与产品方案、场址方案、技术方案、设备方案、工程方案、原材料供应方案、总图布置与运输方案、公用工程与辅助工程方案、环境保护方案、组织机构设置方案、实施进度方案以及项目投资与资金筹措方案等研究编制备选方案,进行方案论证比选优化后,提出推荐方案。

⑥项目评价。对推荐方案进行环境评价、财务评价、国民经济评价、社会评价及风险分析,以判别项目的环境可行性、经济可行性、社会可行性和抗风险能力。当有关评价指

标结论不足以支持项目方案成立时,应对原设计方案进行调整或重新设计。

⑦编写报告。项目可行性研究各专业方案,经过技术经济论证和优化之后,由各专业组分工编写。经项目负责人衔接协调综合汇总,提出报告初稿。

⑧与委托单位交换意见。报告初稿形成后,与委托单位交换意见,修改完善,形成正式报告。

（2）编制依据

①项目建议书(初步可行性研究报告),对于政府投资项目还需要项目建议书的批复文件;

②国家和地方的国民经济和社会发展规划、相关领域专项规划、行业部门的产业发展规划、产业政策等,如江河流域开发治理规划、铁路公路路网规划、电力电网规划、森林开发规划,以及企业发展战略规划等;

③有关法律、法规和政策;

④有关机构发布的工程建设方面的标准、规范、定额;

⑤拟建场(厂)址的自然、经济、社会概况等基础资料;

⑥合资、合作项目各方签订的协议书或意向书;

⑦并购项目、混改项目、PPP等类项目各方有关的协议或意向书等;

⑧与拟建项目有关的各种市场信息资料或社会公众要求等;

⑨有关专题研究报告,如市场研究、竞争力分析、场(厂)址比选、风险分析等。

（3）可行性研究报告的深度要求

可行性研究报告的内容和深度可根据项目性质结合国家、行业、地区或公司规范、规定等参照执行,并依据项目具体情况对内容和深度适当增加或简化。通常为满足项目决策要求,可行性研究及其报告应达到以下深度要求:

①可行性研究报告应达到内容齐全、数据准确、论据充分、结论明确的要求,以满足决策者定方案、定项目的需要。

②可行性研究要以市场为导向,围绕增强核心竞争力做工作,以经济效益或投资效果为中心,最大限度地优化方案,提高投资效益或效果。对项目可能的风险作出必要的提示。

③可行性研究中选用的主要设备的规格、参数应能满足预订货的要求,引进技术设备的资料应能满足合同谈判的要求。

④可行性研究中的重大技术、财务方案,应有两个以上方案的比选。

⑤可行性研究中确定的主要工程技术数据,应能满足项目初步设计的要求。

⑥可行性研究阶段对投资和成本费用的估算应采用分项详细估算法。投资估算的准确度应能满足决策者的要求。

⑦可行性研究确定的融资方案,应能满足项目资金筹措及使用计划对投资数额、时间和币种的要求,并能满足银行等金融机构信贷决策的需要。

⑧可行性研究报告应反映可行性研究过程中出现的某些方案的重大分歧及未被采纳的理由,以供决策者权衡利弊进行决策。

⑨可行性研究报告应符合国家、行业、地方或公司有关法律、法规和政策,符合投资

65

方或出资人有关规定和要求,应附有供评估、决策审批所必需的合同、协议和相应行政许可文件。报告中采用的法规文件应是最新的和有效的。

3.1.2.6 可行性研究报告的审批

政府采取直接投资方式、资本金注入方式投资的项目(政府投资项目),项目单位应当编制项目可行性研究报告,按照政府投资管理权限和规定的程序,报投资主管部门或者其他有关部门审批。经投资主管部门或者其他有关部门核定的投资概算是控制政府投资项目总投资的依据。初步设计提出的投资概算超过经批准的可行性研究报告提出的投资估算 10% 的,项目单位应当向投资主管部门或者其他有关部门报告,投资主管部门或者其他有关部门可以要求项目单位重新报送可行性研究报告。

企业投资项目同样是企业投资决策过程中的重要一环,可行性研究的结论既是投资决策的重要依据,也是指导下一步工作的重要参考,为初步设计、环评、安评、能评、社会稳定性风险分析、融资等提供方案、参数与数据等。

可行性研究不是可批性研究,政府投资项目要求项目单位应当加强政府投资项目的前期工作,保证前期工作的深度达到规定的要求,并对项目可行性报告以及依法应当附具的其他文件的真实性负责。企业投资项目亦理应如此,有关行发包人管部门和一些大型企业集团对可行性研究报告的内容和深度以及可行性研究工作都有明确的要求和规定。

可行性研究报告不是可行性报告,是否可行是研究的主要目的,并应给出明确的结论,其结论包括可行、有条件可行、风险提示或不可行等清晰的结论。

3.2 项目的投资估算

投资估算

3.2.1 投资估算的阶段划分与内容

投资估算是在对项目的建设规模、产品方案、工艺技术及设备方案、工程方案及项目实施进度等进行研究并基本确定的基础上,估算项目所需资金总额并测算建设期各年资金使用计划的过程。投资估算是拟建项目编制项目建议书、可行性研究报告的重要组成部分,是项目决策的重要依据之一。

投资估算的准确程度不仅影响到可行性研究工作的质量和经济评价结果,而且也直接影响到项目的建设投资方案、基建规模、工程设计方案、投资经济效果,甚至影响到项目建设能否顺利进行。因此,全面准确地估算建设项目的工程造价,是可行性研究乃至整个决策阶段造价管理的重要任务。

3.2.1.1 投资估算的阶段划分与精度要求

我国建设项目的投资估算分为以下几个阶段:

(1)项目规划阶段的投资估算 建设项目规划阶段是指有关部门根据国家经济发展规划、地区发展规划和行业发展规划的要求,编制一个建设项目的建设规划。

(2)项目建议书阶段的投资估算 在项目建议书阶段,是按项目建议书中的产品方案、项目建设规模、产品主要生产工艺、企业车间组成、初选建厂地点等,估算建设项目所需要的投资额。

（3）初步可行性研究阶段的投资估算　初步可行性研究阶段是在掌握了更详细、更深入的资料条件下,估算建设项目所需的投资额。

（4）详细可行性研究阶段的投资估算　详细可行性研究阶段的投资估算至关重要,因为这个阶段的投资估算经审查批准之后,便是工程设计任务书规定的项目投资限额,并可据此列入项目年度基本建设计划。

项目投资估算的阶段划分、精度要求及其作用如表 3.2 所示。

表 3.2　投资估算的阶段划分、精度要求与作用

投资估算阶段划分	估算误差率	投资估算的主要作用
项目规划阶段	≥±30%	按规划的要求和内容,粗估项目所需投资额; 否定或决定项目是否进行深入研究的依据
项目建议书阶段	±30% 内	主管部门审批项目建议书的依据; 否定或判断项目是否需要进行下阶段的工作
初步可行性研究阶段	±20% 内	确定项目是否进行详细可行性研究
详细可行性研究阶段	±10% 内	决定项目是否可行; 可据此列入项目年度基建计划

67

3.2.1.2　投资估算的内容

根据国家规定,从满足建设项目投资设计和投资规模的角度,建设项目投资的估算包括固定资产投资估算和流动资金估算两部分。建设项目投资估算构成如图 3.1 所示。

固定资产投资可分为静态部分和动态部分。涨价预备费、建设期贷款利息和固定资产投资方向调节税构成动态投资部分,其余部分为静态投资部分。

流动资金是指生产经营性项目投产后,用于购买原材料、燃料、支付工资及其他经营费用等所需的周转资金。

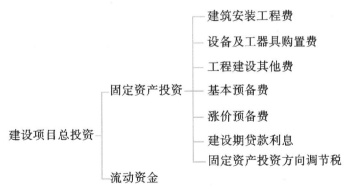

图 3.1　建设项目投资估算构成

投资估算的
编制

3.2.2 投资估算的编制方法

3.2.2.1 固定资产的投资估算

（1）静态部分投资估算 固定资产静态部分的投资包括建筑安装工程费、设备及工器具购置费、工程建设其他费（不含流动资金）、基本预备费。

固定资产静态部分的投资估算，要按某一确定的时间来进行，一般以开工的前一年为基准年，以这一年的价格为依据估算，否则就会失去基准作用。

估算固定资产静态部分投资的方法主要有生产能力指数法、系数估算法、指标估算法、资金周转率法、单位生产能力估算法、比例估算法。

1）生产能力指数法 这种方法是根据已建成的、性质类似的建设项目的投资额和生产能力及拟建项目的生产能力估算拟建项目的投资额。计算公式如式（3.1）所示。

$$C_2 = C_1 \left(\frac{Q_2}{Q_1} \right)^n f \qquad (3.1)$$

式中 C_1——已建类似项目的投资额；

C_2——拟建项目的投资额；

Q_1——已建类似项目的生产能力；

Q_2——拟建项目的生产能力；

n——生产能力指数；

f——不同时期、不同地点的定额、单价、费用变更等的综合调整系数。

生产能力指数估算法中生产能力指数是一个关键因素。不同行业、性质、工艺流程、建设水平、生产率水平的项目，应取不同的指数值。选择原则如下：靠增大设备或装置的尺寸扩大生产规模时，取 0.6 ~ 0.7；靠增加相同的设备或装置的数量扩大生产规模时，取 0.8 ~ 0.9。另外，拟估投资项目的生产能力与原有已知资料项目的生产能力的比值有一定限制范围，一般这一比值不超过 50 倍，而且在 10 倍内效果较好。

这种方法计算简单、速度快，但要求类似工程的资料可靠，条件基本相同，否则误差就会增大。

例 3.1 已知年产 20 万吨某产品装置的投资额为 40 000 万元，估算拟建年产 50 万吨该产品装置的投资额。若将拟建项目的生产能力提高一倍，投资额将增加多少？（设生产能力指数为 0.7，综合调整系数 1.1）

解： 拟建年产 50 万吨某产品装置的投资额为：

$$C_2 = C_1 \left(\frac{Q_2}{Q_1} \right)^n f = 40\,000 \times \left(\frac{50}{20} \right)^{0.7} \times 1.1 = 83\,562.36（万元）$$

将拟建项目的生产能力提高一倍，投资额将增加：

$$40\,000 \times \left(\frac{2 \times 50}{20} \right)^{0.7} \times 1.1 - 40\,000 \times \left(\frac{50}{20} \right)^{0.7} \times 1.1 = 52\,185.09（万元）$$

2）系数估算法 系数估算法是以拟建项目的主要设备费或主体工程费为基数，以其他工程费占主要设备费或主体工程费的百分比为系数估算项目的总投资。系数估算法简单易行,但精度较低,常用于项目建议书阶段的投资估算。

①设备系数法。以拟建项目的设备费为基数,根据已建成的同类项目的建筑安装工程费和其他工程费占设备价值的百分比,求出拟建项目建筑安装工程费和其他工程费,进而求出建设项目总投资。计算公式如式(3.2)所示。

$$C = E(f + f_1 p_1 + f_2 p_2 + f_3 p_3 + \cdots) + I \tag{3.2}$$

式中　C——拟建项目的总投资;

　　　E——根据拟建项目的设备清单按已建项目当时、当地的价格计算的设备费(包括运杂费)的综合;

　　　p_1、p_2、p_3……——已建项目中建筑、安装及其他工程费用等占设备费的百分比;

　　　f、f_1、f_2、f_3……——因时间因素引起的定额、价格、费用标准等变化的综合调整系数;

　　　I——拟建项目的其他费用。

例 3.2　A 地于 2019 年 11 月拟兴建一年产 30 万吨甲产品的工厂,现获得 B 地 2016 年 10 月投产的年产 20 万吨甲产品类似厂的建设投资资料。B 地类似厂的设备费 10 400 万元,建筑工程费 5 000 万元,安装工程费 3 500 万元,工程建设其他费 2 500 万元。若拟建项目的其他费用为 2 000 万元,考虑因 2016—2019 年时间因素导致的对设备费、建筑工程费、安装工程费、工程建设其他费的综合调整系数分别为 1.15、1.25、1.05、1.10,生产能力指数为 0.6,估算拟建项目的静态投资。

解: 求建筑工程费、安装工程费、工程建设其他费占设备费的百分比。

建筑工程费为 $5\,000 \div 10\,400 = 0.480\,8$

安装工程费为 $3\,500 \div 10\,400 = 0.336\,5$

工程建设其他费为 $2\,500 \div 10\,400 = 0.240\,4$

估算拟建项目的静态投资:

$$
\begin{aligned}
C &= E(f + f_1 p_1 + f_2 p_2 + f_3 p_3 + \cdots) + I \\
&= 10\,400 \times \left(\frac{30}{20}\right)^{0.6} \times (1.15 + 1.25 \times 0.480\,8 + 1.05 \times 0.336\,5 + \\
&\quad 1.10 \times 0.240\,4) + 2\,000 \\
&= 33\,418.815\,8\,(\text{万元})
\end{aligned}
$$

②主体专业系数法。以拟建项目中的最主要的、投资比重较大并与生产能力直接相关的工艺设备的投资(包括运杂费和安装费)为基数,根据同类型的已建项目的有关统计资料,计算出拟建项目的各专业工程(总图、土建、暖通、给排水、管道、电气、自控等)占工艺设备投资的百分比,据以求出各专业的投资,然后把各部分投资费用(包括工艺设备费用)相加求和,再加上工程其他有关费用,即为项目的总费用。其计算公式如式(3.3)所示。

$$C = E(1 + f_1 p_1 + f_2 p_2 + f_3 p_3 + \cdots) + I \tag{3.3}$$

式中　p_1、p_2、p_3……——拟建项目中各专业工程费用占工艺设备总费用的百分比。

69

③朗格系数法。这种方法以设备费为基础,乘以适当系数来推算项目的静态投资。计算公式如式(3.4)所示。

$$C = E(1 + \sum K_i)K_c \qquad (3.4)$$

式中　C——建设项目静态投资;

　　　E——主要设备费;

　　　K_i——管线、仪表、建筑物等项费用的估算系数;

　　　K_c——管理费、合同费、应急费等项目费用的总估算系数。

静态投资与设备费用之比为朗格系数。即:

$$K_L = (1 + \sum K_i)K_c \qquad (3.5)$$

朗格系数包含的内容如表3.3所示。

表3.3　朗格系数包含的内容

	项目	固体流程	固流流程	液体流程
	朗格系数 K_L	3.10	3.63	4.74
内容	(a)包括基础、设备、绝热、油漆及设备安装		$E×1.43$	
	(b)包括上述内容和配管工程费	(a)×1.10	(a)×1.25	(a)×1.60
	(c)装置直接费		(b)×1.50	
	(d)包括上述内容和间接费	(c)×1.31	(c)×1.35	(c)×1.38

例3.3　某拟建项目为年产20万件橡胶产品的工厂,已知该工厂的设备到达工地的费用为14 040万元,计算各阶段费用并估算工厂的静态投资。

解:该工厂产品的生产流程基本属于固体流程,因此采用朗格系数法时,全部数据应采用固体流程的数据。

基础、设备、绝热、油漆及设备安装费:

14 040 ×1.43－14 040＝6 037.20(万元)

配管工程费:

14 040×1.43×1.1－14 040－6 037.2＝2 007.72(万元)

装置直接费:

14 040×1.43×1.1×1.5＝33 127.38(万元)

工厂的静态投资:

33 127.38×1.31＝43 396.87(万元)

3)指标估算法　这种方法是把建设项目划分成建筑工程、设备安装工程、设备购置费、其他基本建设费用项目或单位工程,再根据具体的投资估算指标,进行各项费用项目或单位工程投资的估算,在此基础上可汇总成每一单项工程的投资。

投资估算的指标形式较多,如以元/m、元/m²、元/m³、元/t等表示。根据这些投资估

投资估算
指标

算指标,乘以所需的面积、体积等,就可求出相应的建筑工程、设备安装工程等各单位工程的投资。

采用指标估算法时,要根据国家的有关规定、投资主管部门或地区颁布的估算指标,结合工程的具体情况编制。一方面要注意,若套用的指标与具体工程之间的标准或条件有差异时,应加以必要的换算或调整;另一方面要注意,使用的指标单位应密切结合每个单位工程的特点,能正确反映其设计参数,不要盲目地单纯套用一种指标。

（2）动态部分投资估算　建设项目的动态投资包括价格变动可能增加的投资额、建设期利息等,如果是涉外项目,还应计算汇率的影响。在实际估算时,主要考虑涨价预备费、建设期贷款利息、投资方向调节税、汇率变化四个方面。

汇率变化对涉外建设项目动态投资的影响主要体现在升值与贬值上。外币对人民币升值,会导致从国外市场上购买材料设备所支付的外币金额不变,但换算成人民币的金额增加。估计汇率的变化对建设项目投资的影响,是通过预测汇率在项目建设期内的变动程度,以估算年份的投资额为基数计算求得。

涨价预备费、建设期贷款利息、投资方向调节税的估算问题可参见本书第 2 章工程造价的构成部分。

3.2.2.2　流动资金的投资估算

流动资金是指生产经营性项目投产后,为保证正常生产运营,用于购买原材料、燃料,支付工资及其他经营费用等所用的周转资金。

在工业项目决策阶段,为了保证项目投产后能正常生产经营,往往需要有一笔最基本的周转资金,这笔最基本的周转资金被称为铺底流动资金。铺底流动资金一般为流动资金总额的30%,其在项目正式建设前就应该落实。

流动资金估算一般采用分项详细估算法,个别情况或小型项目可采用扩大指标估算法。

（1）分项详细估算法　流动资金的显著特点是在生产过程中不断周转,其周转额的大小与生产规模及周转速度直接相关。分项详细估算法是根据周转额与周转速度之间的关系,对构成流动资金的各项流动资产和流动负债分别进行估算。在可行性研究中,为简化计算,仅对存货、现金、应收账款和应付账款四项内容进行估算,计算公式如式(3.6)、式(3.7)和式(3.8)所示。

$$流动资金 = 流动资产 - 流动负债 \tag{3.6}$$
$$流动资产 = 现金 + 应收账款 + 存货 \tag{3.7}$$
$$流动负债 = 应付账款 + 预收账款 \tag{3.8}$$

1）现金估算　项目流动资金中的现金是指货币资金,即企业生产运营活动中停留于货币形态的那部分资金,包括企业库存现金和银行存款。

$$现金 = \frac{年工资及福利 + 年其他费用}{现金周转次数} \tag{3.9}$$

$$年其他费 = 制造费 + 管理费用 + 财务费用 - (以上三项费用中所含的\\工资及福利费、折旧费、维简费、摊销费、修理费) \tag{3.10}$$

$$现金周转次数 = \frac{360 \text{ 天}}{\text{最低周转天数}} \qquad (3.11)$$

2)应收账款估算 应收账款是指企业对外赊销商品、劳务而占用的资金。应收账款的周转额应为全年赊销销售收入。在可行性研究时,用销售收入代替赊销收入。

$$应收账款 = \frac{\text{销售收入}}{\text{应收账款周转次数}} \qquad (3.12)$$

3)存货估算 存货是企业为销售或生产而储备的各种物资,主要有原材料、辅助材料、燃料、低值易耗品、维修备件、包装物、在产品、自制半成品和产成品等。为简化计算,仅考虑外购原材料、外购燃料、在产品和产成品,并分项进行计算。

$$存货 = 外购原材料 + 外购燃料 + 在产品 + 产成品 \qquad (3.13)$$

$$外购原材料 = \frac{\text{年外购原材料总费用}}{\text{原材料周转次数}} \qquad (3.14)$$

$$外购燃料 = \frac{\text{年外购燃料费用}}{\text{按种类分项周转次数}} \qquad (3.15)$$

$$在产品 = \frac{\text{年外购原材料和燃料费用} + \text{年工资及福利} + \text{年修理费} + \text{年其他制造费}}{\text{在产品周转次数}}$$
$$\qquad (3.16)$$

$$产成品 = \frac{\text{年经营成本} - \text{年其他营业费用}}{\text{产成品周转次数}} \qquad (3.17)$$

4)流动负债估算 流动负债是指在一年或超过一年的一个营业周期内,需要偿还的各种债务。在可行性研究中,流动负债的估算仅考虑应付账款一项。

$$应付账款 = \frac{\text{外购原材料、燃料动力费及其他材料年费用}}{\text{应付账款周转次数}} \qquad (3.18)$$

根据流动资金各项估算结果,编制流动资金估算表,如表3.4所示。

表3.4 流动资金估算表

序号	项目	最低周转天数	周转次数	投产期			达产期		
				3	4	5	6	...	n
1	流动资产								
1.1	应收账款								
1.2	存货								
1.2.1	原材料								
1.2.2	燃料								
1.2.3	在产品								
1.2.4	产成品								

续表3.4

序号	项目	最低周转天数	周转次数	投产期			达产期		
				3	4	5	6	…	n
1.3	现金								
2	流动负债								
2.1	应付账款								
2.2	预收账款								
3	流动资金(1-2)								
4	流动资金本年增加额								

（2）扩大指标估算法　扩大指标估算法是根据现有同类企业的实际资料,求得各种流动资金率指标,亦可依据行业或部门给定的参考值或经验确定比率。将各类流动资金率乘以相对应的费用基数来估算流动资金。一般常用的基数有销售收入、经营成本、总成本费用和固定资产投资等,究竟采用何种基数依行业习惯而定。扩大指标估算法简便易行,但准确度不高,可用于项目建议书阶段的估算。扩大指标估算法计算流动资金的公式如式(3.19)和式(3.20)所示。

$$年流动资金额=年费用基数×各类流动资金率 \qquad (3.19)$$
$$年流动资金额=年产量×单位产品产量占用流动资金额 \qquad (3.20)$$

（3）铺底流动资金的估算　一般按上述流动资金的30%估算。

（4）流动资金投资估算中应注意的问题

①在采用分项详细估算法时,应根据项目实际情况分别确定现金、应收账款、存货、应付账款的最低周转天数,并考虑一定的保险系数,对于存货中的外购原材料、燃料要根据不同品种和来源,考虑运输方式和运输距离等因素确定。

②不同生产负荷下的流动资金是按相应负荷时的各项费用金额和给定的公式计算出来的,不能按100%负荷下的流动资金乘以负荷百分数求得。

③流动资金属于长期性（永久性）资金,流动资金的筹措可通过长期负债和资本金（权益融资）的方式解决。流动资金借款部分的利息应计入财务费用,项目计算期末收回全部流动资金。

3.2.3　投资估算的审查

为了保证项目投资估算的准确性,以便确保其应有的作用,必须加强对项目投资估算的审查工作。项目投资估算的审查部门和单位,在审查项目投资估算时,应注意到可信性、一致性和符合性,并据此进行审查。

3.2.3.1　审查投资估算编制依据的可信性

（1）审查投资估算方法的科学性和适用性　因为投资估算方法很多,而每种投资估算方法都各有其适用条件和范围,并具有不同的精确度。如果使用的投资估算方法与项

73

目的客观条件和情况不相适应,或者超出了该方法的适用范围,那就不能保证投资估算的质量。

(2)审查投资估算数据资料的时效性和准确性 估算项目投资所需的数据资料很多,如已运行同类型项目的投资,设备和材料价格,运杂费费率,有关的定额、指标、标准,以及有关规定等都与时间有密切关系,都可能随时间的推移而发生变化。因此,必须注意其时效性和准确性。

3.2.3.2 审查投资估算的编制内容与规定、规划要求的一致性

(1)项目投资估算是否漏项 审查项目投资估算包括的工程内容与规定要求是否一致,是否漏掉了某些辅助工程、室外工程等的建设费用。

(2)项目投资估算是否符合规划要求 审查项目投资估算的项目产品的生产装置先进水平与自动化程度等,与规划要求的先进程度是否相符合。

(3)项目投资估算是否按环境等因素的差异进行调整 审查是否对拟建项目与已运行项目在工程成本、工艺水平、规模大小、环境因素等方面的差异做了适当的调整。

3.2.3.3 审查投资估算费用项目的符合性

(1)审查"三废"处理情况 审查"三废"处理所需投资是否进行了估算,其估算数额是否符合实际。

(2)审查物价波动变化幅度是否合适 审查是否考虑了物价上涨和汇率变动对投资额的影响,以及物价波动变化幅度是否合适。

(3)审查是否采用"三新"技术 审查是否考虑了采用新技术、新材料以及新工艺(简称"三新"),采用现行新标准和规范与已运行项目的要求提高所需增加的投资额,所增加的额度是否合适。

(4)审查费用项目与规定要求、实际情况是否相符 是否有漏项或多项现象,估算的费用是否符合国家规定。

例3.4 某拟建项目生产规模为年产A产品400万吨。根据统计资料,生产规模为年产300万吨同类产品的设备投资额为2 000万元,设备投资的综合调整系数为1.08,生产能力指数为0.7。该项目年销售收入估算为11 000万元,存货资金占用估算为3 700万元,全部职工人数为800人,每人每年工资及福利费估算为9.46万元,年其他费用估算为2 800万元,年外购原材料、燃料及动力费为12 000万元。各项资金的周转天数:应收账款为30天,现金为15天,应付账款为30天。估算该拟建项目的设备投资额、流动资金额及铺底流动资金。

解: 拟建项目设备投资额的估算(采用生产能力指数法计算):

$$C_2 = C_1 \left(\frac{Q_2}{Q_1}\right)^n f = 2\ 000 \times \left(\frac{400}{300}\right)^{0.7} \times 1.08 = 2\ 641.87(万元)$$

流动资金额的估算(采用分项详细估算法计算):

流动资金额=流动资产-流动负债

流动资产=应收及预付账款+存货+现金

应收账款=销售收入/周转次数=11 000/(360÷30)=916.67(万元)

存货资金 = 3 700 万元

现金 = (年工资及福利 + 年其他费用)/现金周转次数

$\quad$ = (9.46×800+2 800)/(360÷15) = 10 368/24 = 432(万元)

流动资产 = 916.67 + 3 700 + 432 = 5 048.67(万元)

流动负债 = 应付账款 = (年外购原材料费用 + 年外购燃料费用)/应付账款周转次数

$\quad$ = 12 000/(360÷30) = 1 000(万元)

流动资金 = 5 048.67 - 1 000 = 4 048.67(万元)

流动资金额的估算:

铺底流动资金 = 流动资金×30% = 1 214.60(万元)

3.3　投资决策阶段的工程造价控制

3.3.1　投资决策与工程造价的关系

3.3.1.1　建设项目投资决策的正确性是工程造价管理的前提

建设项目投资决策正确,意味着对项目建设做出科学的决断,优选出最佳投资行动方案,达到资源的合理配置,这样才能合理确定工程造价,并且在实施最优投资方案过程中,有效地控制工程造价。如果建设项目投资决策失误,例如项目建设地点的选择错误,或者投资方案的确定不合理等,必然造成不必要的人力、物力及财力的浪费,甚至造成不可弥补的损失。在这种情况下,进行工程造价的计价与控制将毫无意义。因此,工程造价管理的前提是事先保证项目决策的正确性,避免决策失误。

3.3.1.2　建设项目投资决策的工作内容是决定工程造价的基础

虽然工程造价的计价与控制贯穿于建设项目的全过程,但项目决策阶段对工程造价的影响程度最高,可达到70%~80%。特别是投资决策阶段建设标准的确定、建设地点的选择、技术工艺的评选、生产设备的选用等,直接关系到工程造价的高低,因此,项目投资决策阶段是决定工程造价的基础阶段,直接影响着投资决策阶段之后的各个建设阶段工程造价的计价与控制。

3.3.1.3　工程造价的高低也影响项目的最终决策

投资决策阶段对工程造价的估算即投资估算结果的高低是投资方案选择的重要依据之一,同时也是决定投资项目是否可行及主管部门进行项目审批的参考依据。所以,建设项目工程造价的高低也能够对项目的决策产生影响。

3.3.1.4　项目投资决策的深度影响投资估算的精确度,也影响工程造价的控制效果

由于在建设项目的建设过程中,相对应于决策阶段、初步设计阶段、技术设计阶段、施工图设计阶段、工程招投标及承发包阶段、施工阶段,通过工程造价的确定与控制,相应形成投资估算、设计概算、修正概算、施工图预算、承包合同价、结算价及竣工决算价。这些造价形式之间存在着前者控制后者,后者补充前者这样的相互作用关系。按照"前者控制后者"的制约关系,意味着投资估算对其后面的各种形式的造价起着制约作用,是

75

限额目标。由此可见,只有加强项目投资决策的深度,采取科学的估算方法和可靠的数据资料,合理进行投资估算,才能保证其他阶段的造价被控制在合理范围,才能使投资控制目标得以实现。

3.3.2 决策阶段的工程造价控制内容

项目投资决策阶段工程造价管理,主要从整体上把握项目的投资,分析确定建设项目工程造价的主要影响因素,编制建设项目的投资估算,对建设项目进行经济财务分析,考查建设项目的国民经济评价与社会效益评价,结合建设项目的决策阶段的不确定性因素并对建设项目进行风险管理等。具体内容如下所述。

3.3.2.1 分析确定影响建设项目投资决策的主要因素

(1)确定建设项目的资金来源 我国建设项目的资金来源有国内资金和国外资金两大筹集渠道。国内资金来源一般包括国内贷款、国内证券市场筹集、国内外汇资金和其他投资等;国外资金来源一般包括国外直接投资、国外贷款、融资性贸易、国外证券市场筹集等。

不同的资金来源其筹集资金的成本不同,应根据建设项目的实际情况及所处环境选择恰当的资金来源。

(2)选择资金筹集方法 从全社会来看,筹资方法主要有利用财政预算投资、利用自筹资金安排的投资、利用银行贷款安排的投资、利用外资、利用债券和股票等。各种筹资方法的筹资成本不尽相同,对建设项目工程造价均有影响,应选择适当的几种筹资方法进行组合,使建设项目的资金筹集不仅可行,而且经济。

(3)合理处理影响建设项目工程造价的主要因素 在建设项目投资决策阶段,应对直接影响项目工程造价和全寿命成本的因素进行详细认真的分析和确定,如建设规模、建设地址、建设标准、生产工艺和设备。

3.3.2.2 建设项目决策阶段的投资估算

投资估算是一个项目决策阶段的主要造价文件,它是项目可行性研究报告和项目建议书的组成部分,投资估算对于项目的决策及投资的成败十分重要。编制工程项目的投资估算时,应根据项目的具体内容及国家有关规定和估算指标等,以估算编制时的价格进行编制,并应按照有关规定,合理地预测估算编制后至竣工期间的价格、利率、汇率等动态因素的变化对投资的影响,确保投资估算的编制质量。

3.3.2.3 建设项目决策阶段的经济分析

建设项目的经济分析是指以建设工程和技术方案为对象的经济方面的研究。它是可行性研究的核心内容,是建设项目决策的主要依据。其主要内容是对建设项目的经济效益和投资效益进行分析。进行项目经济评价即在项目决策的可行性研究和评价过程中,采用现代化经济分析方法,对拟建项目计算期(包括建设期和生产期)内投入产出等诸多经济因素进行调查、预测、研究、计算和论证,做出全面的经济评价,提出投资决策的经济依据,确定最佳投资方案。

(1)现阶段建设项目经济评价的基本要求

①动态分析与静态分析相结合,以动态分析为主;

②定量分析与定性分析相结合,以定量分析为主;

③全过程经济效益分析与阶段性经济效益分析相结合,以全过程经济效益分析为主;

④宏观效益分析与微观效益分析相结合,以宏观效益分析为主;

⑤价值量分析与实物量分析相结合,以价值量分析为主;

⑥预测分析与统计分析相结合,以预测分析为主。

(2)财务评价

财务评价是项目可行性研究中经济评价的重要组成部分,它是根据国家现行财税制度和价格体系,分析、计算项目直接发生的财务效益和费用,编制财务报表,计算评价指标,考察项目的盈利能力、清偿能力以及外汇平衡等财务状况,据以判别项目的财务可行性。其评价结果是决定项目取舍的重要决策依据。

1)盈利能力分析　财务评价的盈利能力分析主要是考察项目投资的盈利水平,主要指标有:第一,财务内部收益率(FIRR),这是考察项目盈利能力的主要动态评价指标;第二,投资回收期(P_t),这是考察项目在财务上投资回收能力的主要静态评价指标;第三,财务净现值(FNPV),这是考察项目在计算期内盈利能力的动态评价指标;第四,投资利润率,这是考察项目单位投资盈利能力的静态指标;第五,投资利税率,这是判别单位投资对国家积累的贡献水平高低的指标;第六,资本金利润率,这是反映投入项目的资本金盈利能力的指标。

2)清偿能力分析　项目清偿能力分析主要是考察计算期内各年的财务状况及偿债能力,主要指标有:第一,固定资产投资国内借款偿还期;第二,利息备付率,表示使用项目利润偿付利息的保证倍数;第三,偿债备付率,表示可用于还本付息的资金偿还借款本息的保证倍率。

3)外汇效果分析　建设项目涉及产品出口及替代进口节汇时,应进行项目的外汇效果分析。在分析时,计算财务外汇净现值、财务换汇成本、财务节汇成本等指标。

3.3.2.4　国民经济评价与社会效益评价

(1)国民经济评价　国民经济评价是按照资源合理配置的原则,从国家整体角度考虑项目的效益和费用,用货物影子价格、影子工资、影子汇率和社会折现率等经济参数分析、计算项目对国民经济的净贡献,评价项目的经济合理性。

1)国民经济评价指标　国民经济评价的主要指标是经济内部收益率。另外,根据建设项目的特点和实际需要,可计算经济净现值和经济净现值率指标。初选建设项目时,可计算静态指标投资净效益率。其中经济内部收益率(EIRR)是反映建设项目对国民经济贡献程度的相对指标。经济净现值(ENPV)反映建设项目对国民经济所做贡献,是绝对指标。经济净现值率(ENPVR)是反映建设项目单位投资为国民经济所做净贡献的相对指标;投资净效益率是反映建设项目投产后单位投资对国民经济所做年净贡献的静态指标。

2)国民经济评价外汇分析　涉及产品出口创汇及替代进口节汇的建设项目,应进行外汇分析,计算经济外汇净现值、经济换汇成本、经济节汇成本等指标。

(2)社会效益评价　目前,我国现行的建设项目经济评价指标体系中,还没有规定出社会效益评价指标。社会效益评价以定性分析为主,主要分析项目建成投产后,对环境保护和生态平衡的影响,对提高地区和部门科学技术水平的影响,对提供就业机会的影响,对产品用户的影响,对提高人民物质文化生活及社会福利生活的影响,对城市整体改造的影响,对提高资源利用率的影响等。

3.3.2.5 建设项目决策阶段的风险管理

风险,通常指产生不良后果的可能性。在工程项目的整个建设过程中,决策阶段是进行造价控制的重点阶段,也是风险最大的阶段,因而风险管理的重点也在建设项目投资决策阶段,所以在该阶段,要及时通过风险辨识和风险分析,提出建设投资决策阶段的风险防范措施,提高建设项目的抗风险能力。

3.4 案例分析

【案例一】

背景材料

某拟建项目为年生产甲产品 30 万吨的生产性项目。现已知与其同类型的某已建项目年生产能力 15 万吨,设备投资额为 200 万元,经测算设备投资的综合调整系数为 1.2。该已建项目中建筑工程、安装工程及其他工程费用占设备投资的百分比分别为 60% 、30% 、8% ,相应的综合调整系数分别为 1.1、1.1、1.05,生产能力指数为 0.5。

问题

1. 估算拟建项目的设备投资额。

2. 估算固定资产投资中静态投资。

参考答案

问题 1 的答案

生产能力指数法是根据已建成的同类建设项目或生产装置的投资额和生产能力及拟建项目或生产装置的生产能力,估算拟建项目的投资额。该方法既可用于估算整个项目的静态投资,也可用于估算静态投资中的设备投资。本问题用于估算设备投资。其基本公式为:

$$C_2 = C_1 \left(\frac{Q_2}{Q_1} \right)^n f$$

根据背景资料可知:

$C_1 = 200$ 万元; $Q_1 = 15$ 万吨; $Q_2 = 30$ 万吨; $n = 0.5$; $f = 1.2$

则拟建项目的设备投资估算值为:

$$C_2 = 200 \times \left(\frac{30}{15} \right)^{0.5} \times 1.2 = 339.411\ 3\ (万元)$$

问题 2 的答案

固定资产静态投资的估算采用设备系数法进行估算。设备系数法的计算公式为:

$$C = E(f + f_1 p_1 + f_2 p_2 + f_3 p_3 + \cdots) + I$$

根据背景资料可知：

$$E = 200 \times \left(\frac{30}{15}\right)^{0.5} = 282.842\,7\,(万元)$$

$f = 1.2$；$f_1 = 1.1$；$f_2 = 1.1$；$f_3 = 1.05$；$p_1 = 60\%$；$p_2 = 30\%$；$p_3 = 8\%$；$I = 0$

所以，拟建项目静态投资的估算值为：

$282.842\,7 \times (1.2 + 1.1 \times 60\% + 1.1 \times 30\% + 1.05 \times 8\%) = 643.184\,3\,(万元)$

【案例二】

背景材料

某公司计划投资建设一个建筑用板材加工厂，该项目建成后的年生产规模为 200 万平方米。相关资料表明，当地一个生产规模为 300 万平方米并已建成投产的同类工厂的设备投资额为 250 万元，设备投资的综合调整系数为 1.07，生产能力指数为 0.6。据估计，该项目建成后的销售收入为 900 万元，生产存货占用流动资金为 500 万元，全厂职工人数为 80 人，每人每年工资及福利费估算为 6.0 万元，每年的其他费用估算为 200 万元，每年外购原材料、燃料及动力费为 1 000 万元。各项流动资金的周转天数分别为：应收账款为 30 天，现金为 20 天，应付账款为 40 天。

问题

1. 估算该拟建项目的设备投资额。

2. 分项估算流动资金额及铺底流动资金。

参考答案

问题 1 的答案

拟建项目设备投资额的估算（采用生产能力指数法计算）

$$C_2 = C_1 \left(\frac{Q_2}{Q_1}\right)^n f = 250 \times \left(\frac{200}{300}\right)^{0.6} \times 1.07 = 209.73\,(万元)$$

问题 2 的答案

流动资金额的估算（采用分项详细估算法计算）

流动资金额 = 流动资产 − 流动负债

流动资产 = 应收及预付账款 + 存货 + 现金

应收账款 = 销售收入/周转次数 = 900 / (360 ÷ 30) = 75.00（万元）

存货资金 = 500.00 万元

现金 = (年工资及福利 + 年其他费用)/现金周转次数

    = (80 × 6.0 + 200)/(360 ÷ 20) = 37.78（万元）

流动资产 = 75.00 + 500.00 + 37.78 = 612.78（万元）

流动负债 = 应付账款 = (年外购原材料费用 + 年外购燃料费用)/应付账款周转次数

                = 1 000/(360 ÷ 40) = 111.11（万元）

流动资金 = 612.78 − 111.11 = 501.67（万元）

铺底流动资金 = 流动资金 × 30% = 150.50（万元）

【案例三】

背景材料

某企业计划投资建设一年生产能力为 40 万吨的建筑涂料厂。根据当地有关部门提供的资料显示,与其同类型的某已建项目年生产能力为 30 万吨,设备投资额为 300 万元,经测算设备投资的综合调整系数为 1.1,生产能力指数为 0.6。该已建项目中建筑工程、安装工程及其他工程费用占设备投资的百分比分别为 55%、35%、7%,相应的综合调整系数分别为 1.05、1.1、1.05。

据估算,该涂料厂建成后的年销售收入为 1 200 万元,生产存货占用流动资金为 600 万元,全部职工每年工资及福利费估算为 500 万元,每年的其他费用估算为 200 万元,每年外购原材料、燃料及动力费为 800 万元。各项流动资金的周转天数分别为:应收账款为 30 天,现金为 20 天,应付账款为 30 天。

问题

1. 估算拟建项目的设备投资额。
2. 估算固定资产投资中静态投资。
3. 分项估算流动资金额及铺底流动资金。

参考答案

问题 1 的答案

拟建项目设备投资额的估算(采用生产能力指数法计算)。其基本公式为:

$$C_2 = C_1 \left(\frac{Q_2}{Q_1}\right)^n f$$

根据背景资料可知:

$C_1 = 300$ 万元;$Q_1 = 30$ 万吨;$Q_2 = 40$ 万吨;$n = 0.6$;$f = 1.1$

则拟建项目的设备投资估算值为:

$$C_2 = C_1 \left(\frac{Q_2}{Q_1}\right)^n f = 300 \times \left(\frac{40}{30}\right)^{0.6} \times 1.1 = 392.17(万元)$$

问题 2 的答案

固定资产静态投资的估算采用设备系数法进行估算。设备系数法的计算公式为:

$$C = E(f + f_1 p_1 + f_2 p_2 + f_3 p_3 + \cdots) + I$$

根据背景资料可知:

$$E = 300 \times \left(\frac{40}{30}\right)^{0.6} = 356.52(万元)$$

$f = 1.1$;$f_1 = 1.05$;$f_2 = 1.1$;$f_3 = 1.05$;$p_1 = 55\%$;$p_2 = 35\%$;$p_3 = 7\%$;$I = 0$

所以,拟建项目静态投资的估算值为:

$356.52 \times (1.1 + 1.05 \times 55\% + 1.1 \times 35\% + 1.05 \times 7\%) = 761.53(万元)$

问题 3 的答案

流动资金额的估算(采用分项详细估算法计算)

流动资金额 = 流动资产 - 流动负债

流动资产 = 应收及预付账款 + 存货 + 现金

应收账款 = 销售收入 / 周转次数 = 1 200 / (360 ÷ 30) = 100.00(万元)

存货资金 = 600.00 万元

现金 = (年工资及福利 + 年其他费用) / 现金周转次数

　　　= (500 + 200) / (360 ÷ 20) = 700 / 18 = 38.89(万元)

流动资产 = 100 + 600 + 38.89 = 738.89(万元)

流动负债 = 应付账款 = (年外购原材料费用 + 年外购燃料费用) / 应付账款周转次数

　　　　　= 800 / (360 ÷ 30) = 66.67(万元)

流动资金 = 738.89 - 66.67 = 672.22(万元)

铺底流动资金 = 流动资金 × 30% = 672.22 × 30% = 201.67(万元)

 小结

　　建设项目决策的正确与否,是合理确定与控制工程造价的前提,它关系到工程造价的高低及投资效果的好坏。该阶段的主要工作是进行市场、技术、经济三方面的可行性研究。影响建设项目投资决策阶段工程造价的因素主要有项目建设规模、项目建设标准、项目建设地点、项目生产工艺和设备方案等方面。

　　我国建设项目的投资估算分为项目规划阶段的投资估算、项目建议书阶段的投资估算、初步可行性研究阶段的投资估算、详细可行性研究阶段的投资估算。估算固定资产静态部分投资的方法主要有生产能力指数法、系数估算法、指标估算法、资金周转率法、单位生产能力估算法、比例估算法。流动资金估算一般采用分项详细估算法,个别情况或小型项目可采用扩大指标估算法。

　　项目投资决策分阶段的工程造价管理,主要是分析确定建设工程项目工程造价的主要影响因素,编制建设工程项目的投资估算,对建设项目进行经济财务分析,考查建设工程项目的国民经济评价与社会效益评价,结合建设工程项目的决策阶段的不确定因素对建设工程项目进行风险管理。

 习题

 一、单项选择题
 二、多项选择题
 三、案例分析题　 第 3 章选择题

背景材料

　　某公司计划投资一年生产能力为 100 万块的砌块厂,有关资料表明,当地已建成投产的某同类型项目年生产能力为 130 万块,设备投资额为 500 万元,经测算设备投资的综合调整系数为 1.2,生产能力指数为 0.5。该已建项目中建筑工程、安装工程及其他工程费用占设备投资的百分比分别为 60%、30%、5%,相应的综合调整系数分别为 1.05、

1.10、1.10。

该公司预测,砌块厂建成后的年销售收入为 800 万元,生产存货占用流动资金为 300 万元,全厂职工总数为 40 人,每个职工每年工资及福利费结算为 5.79 万元,每年的其他费用估算为 100 万元,每年外购原材料、燃料及动力费为 400 万元。各项流动资金的周转天数分别为:应收账款为 30 天,现金为 30 天,应付账款为 30 天。

问题

1. 估算拟建项目的设备投资额。

2. 估算固定资产投资中静态投资。

3. 分项估算流动资金额及铺底流动资金。

第 4 章

设计阶段的工程造价管理

本章进入全过程工程造价管理——设计阶段的工程造价管理,主要讲述工程设计的概念与阶段划分以及设计阶段的工程造价控制。重点掌握设计概算的内容及编制方法(概算定额法、概算指标法、类似工程预算法等),熟悉设计概算的审查内容及方法,设计阶段影响工程造价的因素,掌握设计方案的评价方法以及优化设计方案的方法,并通过例题及案例分析重点讲述价值工程优化设计方案的步骤、重点、难点,使学生对技术与经济相结合的工程造价管理有更深刻的认识与理解。

4.1　概述

4.1.1　工程设计的含义及其阶段划分

工程设计与
工程造价的
关系

4.1.1.1　工程设计的含义

工程设计是指在工程开始施工之前,设计者根据已批准的设计任务书,为实现拟建项目在技术、经济上的要求,拟定建筑、安装及设备制造等所需的规划、设计图、数据等技术文件的工作。设计是建设项目由计划变为现实具有决定意义的工作阶段。设计文件是建筑安装施工的依据。拟建工程在建设过程中能否保证进度、保证质量和节约投资,在很大程度上取决于设计质量的优劣。工程建成后,能否获得满意的经济效果,除了项目决策之外,设计工作起着决定性的作用。设计工作的重要原则之一是保证设计的整体性,为此设计工作必须按一定的程序分阶段进行。

4.1.1.2　工程设计的阶段划分

工程设计是分阶段、逐步深入进行的一项工作,通常要经历初步设计、技术设计、施工图设计等阶段。初步设计是研究拟建项目在技术上的可靠性和经济上的合理性,对设计的项目做出基本技术决定,并通过编制总概算确定总的建设费用和主要技术经济指标。技术设计是对初步设计中的重大技术问题进一步开展工作,在进行科研、试验、设备试制取得可靠数据和资料的基础上,具体地确定初步设计中所采用的工艺、土建结构等方面的主要技术问题,并编制修正总概算。施工图设计是按照初步设计或技术设计所确定的设计原则、结构方案和控制性尺寸,根据建筑安装施工和非标准设备制造的需要,绘制施工详图,并编制施工图预算。

(1)工业项目设计　根据国家有关文件的规定,一般工业项目设计可按初步设计和施工图设计两个阶段进行,称为"两阶段设计"。对于技术上复杂、在设计时有一定难度的工程,根据项目相关管理部门的意见和要求,可以按初步设计、技术设计和施工图设计三个阶段进行,称之为"三阶段设计"。小型工程建设项目,技术上较简单的,经项目相关管理部门同意可以简化为施工图设计一阶段进行。对于有些牵涉面较广的大型建设项目,如大型矿区、油田、大型联合企业的工程除按上述规定分阶段进行设计外,还应进行总体规划设计或总体设计。总体设计是对一个大型项目中的每个单项工程根据生产运行上的内在联系,在相互配合、衔接等方面进行统一规划、部署和安排,使整个工程在布置上紧凑、流程上顺畅、技术上先进可靠、生产上方便、经济上合理。

(2)民用项目设计　根据住房和城乡建设部文件《建筑工程设计文件编制深度规定(2016 年版)》的有关要求,民用建筑工程一般可分为方案设计、初步设计和施工图设计三个阶段。对于技术要求简单的民用建筑工程,经相关管理部门同意,且设计委托合同中有不做初步设计的约定,可在方案设计审批后直接进入施工图设计。

4.1.1.3　设计阶段工程造价管理的程序

设计阶段工程造价管理的程序如图 4.1 所示。

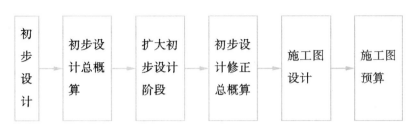

图 4.1 设计阶段工程造价管理的程序图

在初步设计阶段,设计单位根据批准的可行性研究报告、投资估算或设计承包合同进行初步设计。在此阶段应根据初步设计图和说明书及概算定额编制初步设计总概算。概算一经批准,即为控制拟建项目工程造价的最高限额。

在技术设计阶段(扩大初步设计阶段),应根据批准的初步设计文件进行扩大初步设计。在此阶段应根据技术设计的图样和说明书及概算定额编制初步设计修正总概算。

在施工图设计阶段,应根据批准的初步设计文件或扩大初步设计文件和主要设备订货情况进行施工图设计。此阶段应根据施工图和说明书及预算定额编制施工图预算,用以核实施工图阶段造价是否超过批准的初步设计概算。

设计阶段工程造价管理的意义

设计阶段的造价控制是一个有机联系的整体,各设计阶段的造价(估算、概算、预算)相互制约、相互补充,前者控制后者,后者补充前者,共同组成工程造价的控制系统。

4.1.2 设计阶段工程造价管理的重要意义

85

(1)在设计阶段控制工程造价效果最显著 工程造价控制贯穿于项目建设全过程,而设计阶段的工程造价控制是整个工程造价控制的龙头。一般来说,初步设计阶段对投资的影响约为 45%,技术设计阶段对投资的影响约为 40%,施工图设计准备阶段对投资的影响约为 25%。因此控制工程造价的关键是在设计阶段,在此阶段控制造价能起到事半功倍的作用。长期以来,我国普遍忽视工程建设项目设计阶段的造价控制,结果出现有些设计粗糙,初步设计深度不够,设计概算质量不高,有些项目甚至不要概算,概算审批走过场,造成"三超"(概算超估算、预算超概算、结算超预算)现象严重。要有效地控制建设工程造价,就要坚决地把控制重点转到设计阶段,在设计一开始就将控制投资的思想植根于设计人员的头脑中,保证选择恰当的设计标准和合理的功能,从源头上控制工程造价水平。

鸟巢瘦身

(2)在设计阶段控制工程造价便于技术与经济相结合 由于体制和传统习惯的原因,我国的工程设计工作往往是由建筑师等专业技术人员来完成的。他们在设计过程中往往更关注工程的使用功能,力求采用比较先进的技术方法实现项目所需功能,而对经济因素考虑较少。如果在设计阶段吸收造价工程师参与全过程设计,使设计从一开始就建立在健全的经济基础之上,在做出重要决定时就能充分认识其经济后果。另外,投资限额一旦确定以后,设计只能在确定的限额内进行,有利于建筑师发挥个人创造力,选择一种最经济的方式实现技术目标,从而确保设计方案能较好地体现技术与经济的结合。

(3)在设计阶段控制工程造价使控制工作更主动 长期以来,人们把控制理解为目标值与实际值的比较,以及当实际值偏离目标值时分析产生差异的原因,确定下一步对策。这对于批量性生产的制造业而言,是一种有效的管理方法。但是对于建筑业而言,由于建筑产品具有单件性的特点,这种管理方法只能发现差异,不能消除差异,也不能预防差异的发生,而且差异一旦发生,损失往往很大,因此是一种被动的控制方法。而如果在设计阶段控制工程造价,可以先按一定的标准,开列新建建筑物每一部分或分项的计划支出费用的报表,即造价计划,然后当详细设计制订出来以后,对工程的每一部分或分项估算造价,对照造价计划中所列的指标进行审核,预先发现差异,主动采取一些控制方法消除差异,使设计更经济。

(4)在设计阶段工程造价的计价与控制可以提高资金利用效率 设计阶段工程造价的计价形式是编制设计概(预)算,通过设计概(预)算可以了解工程造价的构成,分析资金分配的合理性,并可以利用价值工程理论分析项目各个组成部分功能与成本的匹配程度,调整项目功能与成本使其更趋于合理。

(5)在设计阶段工程造价的计价与控制可以提高投资控制效率 编制设计概算并进行分析,可以了解工程各组成部分的投资比例。对于投资比例比较大的部分应作为投资控制的重点,这样可以提高投资控制效率。

4.2　设计概算

4.2.1　设计概算的基本概念

4.2.1.1　设计概算的含义

设计概算是指在投资估算的控制下,由设计单位根据初步设计或扩大初步设计的设计图及说明,利用国家或地区颁发的概算指标、概算定额、预算定额、设备材料预算价格等资料,概略地计算建设项目造价的文件。设计概算是初步设计文件的重要组成部分,采用两阶段设计的建设项目,初步设计阶段必须编制设计概算;采用三阶段设计的建设项目,技术设计阶段必须编制修正概算。在报请审批初步设计或技术设计时,作为完整的技术文件必须附有相应的设计概算。

4.2.1.2　设计概算的作用

(1)设计概算是编制建设项目投资计划、确定和控制建设项目投资的依据 按照国家规定,政府投资项目需编制年度固定资产投资计划,确定计划投资总额及其构成数额,要以批准的初步设计概算为依据,没有批准的初步设计文件及其概算,建设工程就不能列入年度固定资产投资计划。

政府投资项目设计概算一经批准,将作为控制建设项目投资的最高限额。竣工结算不能突破施工图预算,施工图预算不能突破设计概算。如果由于设计变更等原因建设费用超过概算,必须重新审查批准。

(2)设计概算是签订建设工程合同和贷款合同的依据 在国家颁布的《中华人民共和国民法典》合同编中明确规定,建设工程合同价款是以设计概算价、预算价为依据,且总承包合同不得超过设计总概算的投资额。银行贷款或各单项工程的拨款累计总额不能超过设计概算,如果项目投资计划所列支投资额与贷款突破设计概算时,必须查明原因,之后由建设单位报请上级主管部门调整或追加设计概算总投资,凡未批准之前,银行对其超支部分不予拨付。

(3)设计概算是控制施工图设计和施工图预算的依据　设计单位必须按照批准的初步设计和总概算进行施工图设计,施工图预算不得突破设计概算,如确需突破总概算时,应按规定程序报批。

(4)设计概算是衡量设计方案技术经济合理性和选择最佳设计方案的依据　设计部门在初步设计阶段要选择最佳设计方案,设计概算是从经济角度衡量设计方案经济合理性的重要依据。

(5)设计概算是考核建设项目投资效果的依据　通过设计概算与竣工决算对比,可以分析和考核投资效果的好坏,同时还可以验证设计概算的准确性,有利于加强设计概算管理和建设项目的造价管理工作。

4.2.1.3　设计概算的内容

设计概算分为单位工程概算、单项工程综合概算、建设项目总概算三级。

单位工程概算是确定各单位工程建设费用的文件,是编制单项工程综合概算的依据,是单项工程综合概算的组成部分。单位工程概算按其工程性质分为建筑工程概算和设备及安装工程概算两大类。建筑工程概算包括土建工程概算,给排水、采暖工程概算,通风、空调工程概算,电气照明工程概算,弱电工程概算,特殊构筑物工程概算等;设备及安装工程概算包括机械设备及安装工程概算,电气设备及安装工程概算,热力设备及安装工程概算,工具、器具及生产家具购置费概算等。

单项工程综合概算是确定一个单项工程所需建设费用的文件,是建设项目总概算的组成部分。单项工程综合概算分为单位建筑工程概算和单位设备及安装工程概算。

建设工程总概算是确定整个建设工程从立项到竣工验收全过程所需费用的文件。它是由各单项工程综合概算、工程建设其他费用概算、预备费、建设期贷款利息和投资方向调节税概算汇总编制而成的。

若干个单位工程概算组成一个单项工程概算,若干个单项工程概算和工程建设其他费用、预备费、建设期利息等概算文件组成一个建设项目总概算。单项工程概算和建设项目总概算仅是一种归纳、汇总性文件,因此最基本的计算文件是单位工程概算书。建设项目若为一个独立单项工程,则建设项目总概算书与单项工程综合概算书可合并编制。

4.2.2　设计概算的编制

4.2.2.1　设计概算的编制原则

(1)严格执行国家的建设方针和经济政策的原则　设计概算是一项重要的技术经济工作,要严格按照党和国家的方针、政策办事,坚决执行勤俭节约的方针,严格执行规定的设计标准。

(2)完整、准确地反映设计内容的原则　编制设计概算时,要认真了解设计意图,根

设计概算的
编制

据设计文件、图纸准确计算工程量,避免重算和漏算。设计修改后,要及时修正概算。

(3)要坚持结合拟建工程的实际,反映工程所在地当时价格水平的原则 为提高设计概算的准确性,要求实事求是地对工程所在地的建设条件、可能影响造价的各种因素进行认真的调查研究,在此基础上正确使用定额、指标、费率和价格等各项编制依据,按照现行工程造价的构成,根据有关部门发布的价格信息及价格调整指数,考虑建设期的价格变化因素,使概算尽可能地反映设计内容、施工条件和实际价格。

4.2.2.2 设计概算的编制依据

概算编制依据涉及面很广,一般指编制项目概算所需要的一切基础资料。对于不同项目,其概算编制依据不尽相同,主要有以下几种:①国家、行业和地方政府发布的有关政策、法律、法规、规章、规程、规定等;②批准的建设项目的设计任务书(或可行性研究文件)、投资估算等;③项目涉及的概算定额、预算定额、单位估价表、费用定额、其他有关取费标准等;④能满足编制设计概算的各专业设计图纸、文字说明和主要设备表;⑤相关人工、材料、机械台班、设备等价格;⑥类似工程概算及技术经济指标等;⑦项目所在地区有关的气候、水文、地质地貌等的自然条件和施工条件;⑧资金筹措方式;⑨建设单位提供的有关工程造价的其他资料;⑩有关合同、协议等其他资料。

4.2.2.3 设计概算的编制方法

建设项目设计概算最基本的计算文件是单位工程概算书,因此首先编制单位工程的设计概算,然后形成单项工程综合概算及建设项目总概算。下面将分别介绍单位工程设计概算、单项工程综合概算和建设项目总概算的编制方法。

(1)单位工程设计概算的编制方法 单位工程概算包括单位建筑工程概算和单位设备及安装工程概算两类。单位建筑工程概算常用的编制方法有概算定额法、概算指标法、类似工程预算法等。单位设备及安装工程概算常用的编制方法有设备购置费概算法、预算单价法、扩大单价法、设备价值百分比法、综合吨位指标法等。

1)概算定额法 概算定额法又叫扩大单价法或扩大结构定额法,是采用概算定额编制建筑工程概算的一种方法。首先根据初步设计图纸资料和概算定额的项目划分计算出工程量,然后套用概算定额单价,计算汇总后,再计取有关费用,便可得出单位工程概算造价。

概算定额法编制设计概算的步骤:①收集基础资料,熟悉设计图纸和了解有关施工条件和施工方法;②按照概算定额子目,列出单位工程中分部分项工程项目名称并计算工程量;③确定各分部分项工程费;④计算措施项目费;⑤计算汇总单位工程概算造价;⑥编写概算编制说明。

概算定额法适用于初步设计达到一定深度,建筑结构比较明确,能按照设计的平面、立面、剖面图计算出楼地面、墙身、门窗和屋面等分部工程(或扩大结构件)项目的工程量的情况,这种方法编制出的概算精度较高。

例4.1 某公司拟建一座 8 000 m² 办公楼,表4.1已给出各分部工程的扩大单价和工程量,采用全费用综合单价编制出该办公楼土建工程设计概算造价。按有关规定标准计算得到措施费为 638 000 元。

概算定额和
概算指标

表 4.1　某办公楼土建工程量和扩大单价

分部分项工程名称	工程量	扩大单价/元
基础工程/10 m³	165	2 800
混凝土及钢筋混凝土/10 m³	160	8 500
砌筑工程/10 m³	275	4 000
地面工程/100 m²	40	6 000
楼面工程/100 m²	40	5 000
卷材屋面/100 m²	40	4 000
门窗工程/100 m²	38	15 000

解：根据已知条件，求得该办公楼土建工程概算造价见表4.2。

表 4.2　某办公楼土建工程概算造价计算表

序号	分部分项工程或费用名称	工程量	单价/元	合价/元
一	分部分项工程费			4 092 000
1	基础工程/10 m³	165	2 800	462 000
2	混凝土及钢筋混凝土工程/10 m³	160	8 500	1 360 000
3	砌筑工程/10 m³	275	4 000	1 100 000
4	地面工程/100 m²	40	6 000	240 000
5	楼面工程/100 m²	40	5 000	200 000
6	卷材屋面/100 m²	40	4 000	160 000
7	门窗工程/100 m²	38	15 000	570 000
二	措施项目费			638 000
	合计			4 730 000

89

2)概算指标法　概算指标法是指采用拟建的厂房、住宅的建筑面积(或体积)乘以技术条件相同或基本相同工程的概算指标，得出人材机费，然后按规定计算出企业管理费、利润、规费和税金等，编制出单位工程概算的方法。

概算指标法的适用范围是初步设计深度不够，不能准确地计算出工程量，但工程设计技术比较成熟而又有类似工程概算指标可以利用。概算指标法主要适用初步设计阶段的建筑工程土建、给排水、暖通、电气等设计概算的编制，计算出的费用精确度不高，往往起到控制性作用。

由于拟建工程往往与类似工程的概算指标的技术条件不尽相同，而且概算指标编制年份的设备、材料、人工等价格与拟建工程当时当地的价格也不会一样，因此，为了提高精确度，必须对其进行调整。其调整方法如下。

①设计对象的结构特征与概算指标有局部差异时的调整。

$$结构变化修正概算指标(元/m^2) = J + Q_1 P_1 - Q_2 P_2 \qquad (4.1)$$

式中　J——原概算指标；

　　　Q_1——换入新结构的数量；

　　　Q_2——换出旧结构的数量；

　　　P_1——换入新结构的单价；

　　　P_2——换出旧结构的单价。

②设备、人工、材料、机械台班费用的调整。

$$\begin{aligned}
\genfrac{}{}{0pt}{}{设备、人工、材料、}{机械台班概算费用} &= \genfrac{}{}{0pt}{}{原概算指标的设备、}{人工、材料、机械费用} + \sum \left(\genfrac{}{}{0pt}{}{换入设备、人工、}{材料、机械消耗量} \times \genfrac{}{}{0pt}{}{拟建地区}{相应单价} \right) - \\
&\sum \left(\genfrac{}{}{0pt}{}{换出设备、人工、}{材料、机械消耗量} \times \genfrac{}{}{0pt}{}{原概算指标设备、}{人工、材料、机械单价} \right)
\end{aligned} \qquad (4.2)$$

3)类似工程预算法　类似工程预算法是指利用技术条件与设计对象相类似的已完工程或在建工程的工程造价资料来编制拟建工程设计概算的方法。

类似工程预算法适用范围是拟建工程初步设计与已完工程或在建工程的设计相类似而又没有概算指标可以采用。类似工程预算法也必须对建筑结构差异和价差进行调整。建筑结构差异的调整方法与概算指标法的调整方法相同,类似工程造价的价差调整有两种方法。

第一种方法:类似工程造价资料有具体的人工、材料、机械台班的用量时,可按类似工程预算造价资料中的主要材料用量、工日数量、机械台班用量乘以拟建工程所在地的主要材料预算价格、人工单价、机械台班单价,计算出人材机费,再计算企业管理费、利润、规费和税金,即可得出所需的综合。

第二种方法:类似工程造价资料只有人工、材料、施工机具使用费和企业管理费等费用或费率时,可按下面公式进行调整。

$$D = AK \qquad (4.3)$$

$$K = a\% K_1 + b\% K_2 + c\% K_3 + d\% K_4 \qquad (4.4)$$

式中　D——拟建工程单方概算造价；

　　　A——类似工程单方预算造价；

　　　K——综合调整系数；

　　　$a\%$、$b\%$、$c\%$、$d\%$——类似工程预算的人工费、材料费、施工机具使用费、企业管理费占预算造价的百分比,如 $a\% = ($类似工程人工费/类似工程预算成本$) \times 100\%$,$b\%$、$c\%$、$d\%$类同；

　　　K_1、K_2、K_3、K_4——拟建工程地区与类似工程预算造价在人工费、材料费、施工机具使用费、企业管理费之间的差异系数,如 $K_1 = $拟建工程概算的人工费(或工资标准)/类似工程预算人工费(或地区工资标准),K_2、K_3、K_4类同。

例4.2　某拟建教学楼,建筑面积为6 000 m²,试用类似工程预算法编制概算。已知类似工程施工图预算的有关数据为:类似工程的建筑面积为3 200 m²,预算成本为1 638 000元。类似工程各种费用占预算造价的百分比为:人工费12%,材料费55%,机械费8%,企业管理费25%。差异系数分别为:$K_1 = 1.03$、$K_2 = 1.04$、$K_3 = 0.98$、$K_4 = 0.97$。计算该拟建教学楼的概算造价。

解:

综合调整系数为:$K = 12\% \times 1.03 + 55\% \times 1.04 + 8\% \times 0.98 + 25\% \times 0.97 = 1.0165$

类似工程单方造价为:1 638 000/3 200 = 511.88(元/m²)

拟建教学楼的概算造价为:511.88×1.016 5×6 000 = 3 121 956.12(元)

4)设备购置费概算法　设备购置费是根据初步设计的设备清单计算出设备原价,并汇总求出设备总原价,然后按有关规定的设备运杂费费率乘以设备总原价,两项相加即为设备购置费概算。

5)预算单价法　当初步设计较深,有详细的设备清单时,可直接按安装工程预算定额单价编制安装工程概算,概算编制程序基本同于安装工程施工图预算。该法具有计算较具体、精确性较高的优点。其具体操作与建筑工程概算相类似。

6)扩大单价法　当初步设计深度不够,设备清单不完备,只有主体设备或仅有成套设备重量时,可采用主体设备、成套设备的综合扩大安装单价来编制概算。其具体操作与建筑工程概算相类似。

7)设备价值百分比法　又叫安装设备百分比法。当初步设计深度不够,只有设备出厂价而无详细规格、重量时,安装费可按占设备费的百分比计算。其百分比值(即安装费率)由相关管理部门制定或由设计单位根据已完类似工程确定。该法常用于价格波动不大的定型产品和通用设备产品。其数学表达式为:

$$设备安装费 = 设备原价 \times 安装费费率(\%) \qquad (4.5)$$

8)综合吨位指标法　当初步设计提供的设备清单有规格和设备重量时,可采用综合吨位指标编制概算,其综合吨位指标由相关主管部门或由设计院根据已完类似工程资料确定。该法常用于设备价格波动较大的非标准设备和引进设备的安装工程概算。其数学表达式为:

$$设备安装费 = 设备吨重 \times 每吨设备安装费指标(元/t) \qquad (4.6)$$

(2)单项工程综合概算的编制方法　单项工程综合概算是确定单项工程建设费用的综合性文件,它是由该单项工程各专业单位工程概算汇总而成的,是建设项目总概算的组成部分。

单项工程综合概算文件一般包括编制说明、综合概算表两大部分。当建设项目只有一个单项工程时,综合概算文件还应包括工程建设其他费用、建设期贷款利息、预备费和固定资产投资方向调节税等费用项目。单项工程综合概算表如表4.3所示。

表4.3　单项工程综合概算表

综合概算编号：　　　　　工程名称(单项工程)：　　　　单位:万元　　共　页　第　页

序号	概算编号	工程项目或费用名称	设计规模或主要工程量	建筑工程费	设备及工器具购置费	安装工程费	合计	其中:引进部分		主要技术经济指标		
								美元	折合人民币	单位	数量	单位价值
一		主要工程										
1	…	…										
2	…	…										
二		辅助工程										
1	…	…										
2	…	…										
三		配套工程										
1	…	…										
2	…	…										
		单项工程概算费用合计										

编制人：　　　　　　　　审核人：　　　　　　　　审定人：

(3)建设项目总概算的编制方法　建设项目总概算是确定整个建设项目从立项到竣工交付使用所预计花费的全部费用的文件。它是由各单项工程综合概算、工程建设其他费用、建设期贷款利息、预备费、固定资产投资方向调节税和经营性项目的铺底流动资金概算所组成,按照主管部门规定的统一表格进行编制而成的。

设计总概算文件一般包括编制说明、总概算表、各单项工程综合概算表、工程建设其他费用概算表、主要建筑安装材料汇总表。

1)编制说明　编制说明要求表述准确、简练,内容具体确切,一般由工程概况、编制依据、编制方法、主要技术经济指标及其他必要说明组成。

2)总概算表　总概算表格式及内容如表4.4所示。

3)工程建设其他费用概算表　工程建设其他费用概算按国家或地区或部委所规定的项目和标准确定,并按同一格式编制。

4)单项工程综合表,见表4.3。

5)主要建筑安装材料汇总表　针对每一个单项工程列出钢筋、型钢、水泥、木材等主要建筑安装材料的消耗量。

表4.4　总概算表

总概算编号：　　　　　工程名称：　　　　　单位：万元　　　共　页　第　页

序号	概算编号	工程项目或费用名称	建筑工程费	设备及工器具购置费	安装工程费	其他费用	合计	其中：引进部分		占总投资比例/%
								美元	折合人民币	
一		工程费用								
1		主要工程								
2		辅助工程								
3		配套工程								
二		工程建设其他费用								
1										
2										
三		预备费								
四		建设期利息								
五		固定资产投资方向调节税（暂停征收）								
六		铺底流动资金								
		建设项目概算总投资								

编制人：　　　　　　审核人：　　　　　　审定人：

4.2.3　设计概算的审查

4.2.3.1　设计概算审查的意义

①审查设计概算,有利于合理确定和有效控制工程造价。设计概算编制得偏高或偏低,都会影响投资计划的真实性,影响投资资金的合理分配。

②审查设计概算,有利于核定建设项目投资规模,力求将建设项目总投资做到准确、完整,防止任意扩大投资规模或出现漏项,从而缩小概算与预算之间的差距,避免故意压低概算投资,搞钓鱼项目,最后导致实际造价大大超出概算。

③审查设计概算,有助于促进概算编制人员严格执行国家有关概算的编制规定和费用标准,提高概算的编制质量。

④审查设计概算,有助于促进设计的技术先进性与经济合理性的统一。概算中的技术经济指标是概算水平的综合反映,合理、准确的设计概算是技术经济协调统一的具体体现。

4.2.3.2　设计概算审查的内容

(1)审查设计概算的编制范围　审查编制范围是否与主管部门批准的建设项目范围及具体工程内容一致;审查分期建设项目的建筑范围及具体工程内容有无重复交叉,是否重复计算或漏算;各项费用应用的项目是否符合法律法规及工程建设标准等。

(2)审查设计概算的编制依据　审查编制依据的合法性、时效性及适用范围。

(3)审查设计概算的编制深度　一般大中型项目的设计概算,应有完整的编制说明和"三级概算"(即总概算表、单项工程综合概算表、单位工程概算表)。审查是否有符合规定的"三级概算",各级概算的编制是否按规定签署,有无随意简化,有无把"三级概算"简化为"二级概算",甚至"一级概算"。

(4)审查综合概算、总概算的编制内容　审查编制内容是否完整地包括建设项目从筹建到竣工投产的全部费用组成,是否设计文件外项目,是否有将非生产性项目以生产性项目列入。

(5)审查技术经济指标　审查技术经济指标的计算方法和程序是否正确,综合指标和单项指标与同类型工程指标相比是否适中。

(6)审查建筑安装工程概算的编制内容　审查工程量是否正确,工程量的计算是不是根据初步设计图纸、概算定额、工程量计算规则和施工组织设计的要求进行,有无多算、重算和漏算,尤其对工程量大、造价高的项目要重点审查;审查材料用量和预算价格,审查主要材料(钢材、木材、水泥、砖)的用量数据是否正确,材料预算价格是否符合工程所在地的价格水平,材料价差调整是否符合现行规定及其计算是否正确等;审查各项费用的计取是否符合国家或地方有关部门的现行规定,计算程序和取费标准是否正确。

(7)审查设备及安装工程概算的编制内容　审查设备规格、数量和配置是否符合设计要求,是否与设备清单相一致,设备预算价格是否真实,设备原价和运杂费的计算是否正确,非标准设备原价的计价方法是否符合规定,进口设备的各项费用的组成及其计算程序、方法是否符合国家主管部门的规定等。

4.2.3.3　设计概算审查的方法

(1)对比分析法　该方法是通过项目建设规模、标准与立项批文对比,工程量与设计图纸对比,综合范围、内容与编制方法、规定对比,各项取费标准与相关规定对比,材料、人工单价与市场信息对比,引进设备、技术投资与报价要求对比,各项技术经济指标与同类工程对比等,发现设计概算中存在的主要问题和偏差,并加以纠正的方法。

(2)查询核实法　该方法是对一些关键设备和设施、重要装置、引进的工程图纸不全、难以核算的较大投资进行多方查询核对,逐项落实的方法。主要设备的市场价向设备供应部门或招标公司查询核实,重要生产装置、设施向此类企业(工程)查询了解,引进设备价格及有关税费向进出口公司调查落实,复杂的建安工程向同类工程的建设、承包、施工单位征求意见,深度不够或不清楚的问题直接向原概算编制人员、设计者询问清楚。

(3)联合会审法 该方法是通过由发包人、审批单位、设计单位、各有关专家组成的联合审查组,组织召开联合审查会,审查设计概算出现的问题和偏差,经过充分协商,提出审查意见的一种方法。会审前,可先采取多种形式分头审查,包括设计单位自审,主管、建设、承包单位初审,工程造价咨询公司评审,邀请同行专家预审,审批部门复审等。

通过联合会审,对审查中发现的问题和偏差,按照单项、单位工程的顺序,先按设备费、安装费、建筑费和工程建设其他费用分类整理;然后按照静态投资部分、动态投资部分和铺底流动资金三大类,汇总核增或核减的项目及其投资额;最后将具体审核数据,按照"原编概算""审核结果""增减投资""增减幅度"四栏列表,并按照原总概算表汇总顺序,将增减项目逐一列出,相应调整所属项目投资合计数,再依次汇总审核后的总投资及增减投资额。对于差错较多、问题较大或不能满足要求的,责成按会审意见修改返工后,重新报批;对于无重大原则问题、深度基本满足要求、投资增减不多的,当场核定概算投资额,并提交审批部门复核后,正式下达审批概算。

4.3 施工图预算

4.3.1 施工图预算的基本概念

4.3.1.1 施工图预算的含义

施工图预算是在施工图设计完成后,根据已批准的施工图纸、现行的预算定额、费用定额、地区人工、材料、设备与机械台班等预算价格和施工方案或施工组织设计,编制的单位工程建筑安装工程造价文件。

预算定额

根据同一套施工图,各单位编制的施工图预算价格是不可能完全一致的。因为施工图预算价格既可以是按照政府统一规定的预算单价、取费标准、计价程序计算而得到的属于计划或预期性质的施工图预算价格,也可以是施工企业根据自身的实力即企业定额、资源市场单价以及市场供求及竞争状况计算得到的反映市场性质的施工图预算价格。

4.3.1.2 施工图预算的作用

①对于投资方来说,施工图预算是控制造价及资金合理使用的依据,是确定工程最高投标限价的依据,也是拨付工程款及办理工程结算的依据。

②对于施工单位来说,施工图预算是施工单位投标报价的参考依据,是施工单位安排调配施工力量、组织材料供应等的依据,是施工单位编制进度计划、统计完成工作量的参考依据,是施工单位控制工程成本,进行经济核算的依据。

③对于工程造价管理部门来说,施工图预算是其监督检查执行定额标准、合理确定

工程造价、测算造价指数及审定工程最高投标限价的重要依据。

4.3.1.3 施工图预算的内容

施工图预算有单位工程预算、单项工程综合预算和建设项目总预算。单位工程预算是编制单项工程综合预算的依据,而单项工程综合预算是建设项目总预算的组成部分。单项工程综合预算和建设项目总预算仅是一种归纳、汇总性文件,因此施工图预算有时也称为单位工程预算。

单位工程预算包括建筑工程预算和设备安装工程预算两大类。建筑工程预算按其工程性质分为一般土建工程预算、给排水工程预算、采暖通风工程预算、煤气工程预算、电气照明工程预算、弱电工程预算、特殊构筑物工程预算和工业管道工程预算等。设备安装工程预算可分为机械设备安装工程预算、电气设备安装工程预算和热力设备安装工程预算等。

4.3.2 施工图预算的编制

4.3.2.1 施工图预算的编制依据

①国家、行业和地方政府有关工程建设和造价管理的法律、法规和相关规定;

②经过批准和会审的施工图设计文件和有关标准图集;

③施工组织设计或施工方案;

④建筑工程和安装工程预算定额、费用定额、企业定额及有关取费标准等;

⑤相关人工、材料、机械台班、设备单价、工程造价指标指数等;

⑥经批准的拟建项目的概算文件;

⑦工程承包合同、招标文件;

⑧建设场地中的自然条件和施工条件;

⑨预算工作手册和有关参考资料。

4.3.2.2 施工图预算的编制方法

施工图预算是以单位工程进行编制的,所以施工图预算编制的关键在于编制好单位工程施工图预算,本节重点讲解单位工程施工图预算的编制方法。

施工图预算的编制方法按分项工程单价的综合程度来分,可采用工料单价法和综合单价法,其中工料单价法是传统的定额计价模式下的施工图预算编制方法,而综合单价法是适应市场经济条件的工程量清单计价模式下的施工图预算编制方法。按计算程序的不同,可分为单价法和实物法。

(1)工料单价法 工料单价法是根据建筑安装工程施工图和建筑安装工程预算定额(或单位估价表),按分部分项工程的顺序,先计算出单位工程的各分项工程量,然后再乘以对应的定额基价,求出各分项工程直接工程费。将各分部分项工程直接工程费汇总为单位工程直接工程费,单位工程的直接工程费汇总后另加措施费、间接费、差价(包括人工、机械、材料)、利润、税金生成单位工程施工图预算。

工料单价法编制施工图预算的基本步骤如下:

1)熟悉图纸和预算定额 图纸是编制施工图预算的基本依据,只有对设计图纸较全面详细地了解之后,才能结合预算定额项目划分,正确而全面地分析该工程中各分部分项的工程项目,才可能有步骤地按照既定的工程项目计算其工程量并正确地计算出工程造价。预算定额是编制施工图预算的主要依据,要对其适用范围、工程量计算规则及定额系数等充分了解,才能结合施工图纸,迅速而准确地确定相应的工程项目和工程量。

2)了解施工组织设计和施工现场情况　编制施工图预算前,应全面了解现场的地质条件、施工条件、施工方法、技术规范要求、技术组织措施、施工设备、材料供应等情况,并通过踏勘施工现场补充有关资料,正确计算工程量和正确套用或确定某些分项工程的基价,因此了解施工组织设计和施工现场情况对于正确计算工程造价,提高施工图预算质量具有重要意义。

3)划分工程项目和计算工程量　划分的工程项目必须和定额规定的项目一致,这样才能正确地套用定额。不能重复列项计算,也不能漏项少算。计算工程量要严格按照工程量计算规则的规定进行计算,特别注意应该扣除和不应该扣除、应该增加和不应该增加的相关规定。工程量全部计算完以后,要对工程项目和工程量进行整理,即合并同类项和按序排列,为套用定额、计算直接工程费和进行工料分析打下基础。

4)套单价,计算定额直接费　按照定额分项工程的排列顺序,在表格中逐项填写分项工程项目名称、工程量、计量单位、定额编号及定额基价等,并将基价乘以工程量得出合价,将结果填入合价栏。在选用定额基价时,要特别注意定额子目的换算和补充。

5)工料分析　工料分析是指在计算工程量和编制预算表之后,对单位工程所需用的人工工日、机械台班及各种材料需要量进行的分析计算。工料分析是计算人工、机械和材料差价的重要准备工作。工料分析的方法是从定额项目表中分别将各分项工程消耗的每项材料和人工的定额消耗量查出,然后分别乘以该工程项目的工程量,得到分项工程工料消耗量,最后将各分项工程工料消耗量加以汇总,得出单位工程人工、材料的消耗数量。

6)工料价差调整　实物量法采用的是当时当地的各类人工工日、材料、施工机具台班的实际单价,工料单价法采用的是定额编制时期的各类人工工日、材料、施工机具台班单价,需要用市场价、调价系数或指数进行调整。

7)按费用定额取费　即按有关规定计取措施费,以及按当地费用定额的取费规定计取间接费、利润、税金等。

8)计算汇总工程造价　将定额直接费、间接费、价差、利润和税金汇总即为单位工程预算总造价。

(2)综合单价法　综合单价法是工程量清单计价模式出现后的一个新概念,其综合单价综合了人工费、材料费、机械使用费、管理费、利润以及风险因素等。综合单价法是根据建筑安装工程施工图和《建设工程工程量清单计价规范》的规定,按分部分项工程的顺序,先计算出单位工程的各分项工程量,然后再乘以对应的综合单价,求出各分项工程的综合费用。将各分部分项工程的综合费用汇总为单位工程的综合费用,单位工程的综合费用汇总后另加措施项目费、其他项目费、规费和税金生成单位工程施工图预算。

这种方法与工料单价法相比较,主要区别在于:将差价(包括人工、机械、材料)、管理费和利润等分摊到各分项工程单价中,从而组成分部分项工程综合单价。分项工程综合单价乘以其工程量即为该分项工程的完全价格。

（3）实物法　用实物法编制单位工程施工图预算，就是根据施工图计算出的各分项工程量分别乘以预算定额中人工、材料、施工机械台班的定额消耗量，分类汇总得出该单位工程所需的全部人工、材料、施工机械台班消耗数量，然后再乘以预算编制期的人工工日单价、各种材料单价、施工机械台班单价，求出相应的人工费、材料费、机械使用费，再加上措施费，就可以求出该工程的直接费。间接费、利润及税金等费用计取方法与工料单价法相同。

与单价法相比，用实物法编制施工图预算的优点是工料消耗比较清晰，其人工、材料、施工机械台班价格更能体现市场价格，更能真实地反映工程产品的实际价格水平，工程造价的准确性高；缺点是分项工程单价不直观，计算、统计和价格采集工作量较大，但可以通过采用相关计价软件进行计算得到解决。

4.3.3　施工图预算的审查

4.3.3.1　审查施工图预算的意义

①审查施工图预算，有利于提高施工图预算的准确性，更好地控制工程造价，克服和防止预算超概算。

②审查施工图预算，有利于积累和分析各项技术经济指标，不断提高设计水平。通过审查工程预算，核实了预算价值，为积累和分析技术经济指标，提供了准确数据，进而通过有关指标的比较，找出设计中的薄弱环节，以便及时改进，不断提高设计水平。

4.3.3.2　审查施工图预算的内容

审查施工图预算的重点，应该放在工程量计算，定额的使用，设备、材料预算价格取定是否正确，各项费用标准是否符合现行规定等方面。

（1）审查工程量　工程量计算是施工图预算的基础，对施工图预算的审查首先应从工程量计算开始，然后才能进行后续工作。审查工程量一般按照预算定额分部分项划分的顺序进行。

（2）审查设备、材料的预算价格　设备、材料的预算价格是施工图预算造价所占比例最大，变化最大的内容，市场上同种类设备或材料价格差别也较大，应当重点审查。具体审查内容为：审查设备、材料的预算价格是否符合工程所在地的真实价格及价格水平，若是采用市场价，要核实其真实性，可靠性，若是采用有关部门公布的信息价，要注意信息价的时间、地点是否符合要求，是否要按规定调整。设备、材料的原价确定方法是否正确。非标准设备原价的计价依据、方法是否正确、合理。设备运杂费率及其运杂费的计算是否正确，材料预算价格各项费用的计算是否符合规定、有无差错。

（3）审查定额子目套用和换算　审查定额子目套用和换算是否正确，是审查预算工作的主要内容之一。具体审查内容为：定额子目的套用是否准确；换算的单价是不是定额中允许换算的，应该换算的单价是否换算，换算的结果是否正确；补充的定额子目及其单价，审查其人工、材料、机械的消耗量是否合理，需要报批时是否按程序报批。

（4）审查有关费用项目及其计取　审查各项费用的选取是否符合国家和地方有关规定，审查费用的计算和计取基数是否正确合理。

4.3.3.3 审查施工图预算的方法

审查施工图预算方法较多,主要有全面审查法、标准预算审查法、分组计算审查法、对比审查法、筛选审查法、重点抽查法、利用手册审查法和分解对比审查法等 8 种。

(1)全面审查法 全面审查法又叫逐项审查法,是指按预算定额顺序或施工的先后顺序,对各分项工程中的工程细目逐一地全面详细审查的方法。其具体方法和审查过程与编制施工图预算基本相同。此方法的优点是全面、细致,审查质量比较高;缺点是工作量大,耗时较长。全面审查法适用于工程量比较小、工艺比较简单、编制施工图预算的力量较薄弱的工程。

(2)标准预算审查法 指对于利用标准图纸或通用图纸施工的工程,先集中力量编制标准预算,以此为标准审查预算的方法。其具体方法是,由于按标准图纸设计或通用图纸施工的工程一般上部结构和做法相同,仅对基础部分进行局部改变,因此以标准预算为准,对局部不同部分做单独审查即可,不需逐一详细审查。此方法的优点是时间短、效果好,缺点是适用范围小。标准预算审查法适用于采用标准图的工程。

(3)分组计算审查法 指把预算中的项目划分为若干组,并把相邻且有一定内在联系的项目编为一组,审查或计算同一组中某个分项工程量,利用工程量之间具有相同或相似计算基础的关系,判断同组中其他几个分项工程量计算的准确程度的方法。一般土建工程可分为:第一组是地槽挖土、基础砌体、基础垫层、槽坑回填土、运土;第二组是底层建筑面积、地面面层、地面垫层、楼面面层、楼面找平层、楼板体积、天棚抹灰、天棚刷浆、屋面层;第三组是内墙外抹灰、外墙内抹灰、外墙内面刷浆、外墙上的门窗和圈过梁、外墙砌体。以第二组为例,先计算底层建筑面积或楼(地)面面积,从而得知楼面找平层面积、天棚抹灰的面积以及垫层的体积等。此方法的特点是审查速度快、工作量小。

(4)对比审查法 指用已建成工程的预算或虽未建成但已审查修正的工程预算对比审查拟建工程预算的一种方法。对比审查法应根据工程的不同条件,区别对待。

①两个工程采用同一个施工图,但基础部分和现场条件不同,相同部分可采用对比审查法。

②两个工程设计相同,但建筑面积不同。根据两个工程建筑面积之比与两个工程分部分项工程量的比例基本一致的特点,可审查新建工程各分部分项工程的工程量。或者用两个工程每平方米建筑面积造价以及每平方米建筑面积的各分部分项工程量,进行对比审查。

③两个工程的面积相同,但设计图纸不完全相同,可把相同的部分进行工程量的对比审查,不能对比的分部分项工程按图纸计算。

(5)筛选审查法 建筑工程虽然有建筑面积和高度的不同,但是它们的各个分部分项工程的工程量、造价、用工量在每个单位面积上的数值变化不大,我们把这些数据加以汇集、优选,归纳为工程量、造价(价值)、用工三个单方基本值表,并注明其适用的建筑标准。这些基本值犹如"筛子孔",用来筛选各分部分项工程,筛下去的就不审查了,没有筛下去的就意味着此分部分项的单位建筑面积数值不在基本值范围之内,应对该分部分项工程详细审查。此方法的优点是简单易懂,便于掌握,审查速度快,便于发现问题;缺点是解决差错、分析其原因需继续审查。筛选法适用于住宅工程或不具备全面审查条件的工程。

（6）重点抽查法　指抓住工程预算中的重点进行审查的方法。审查的重点一般是工程量大或造价较高、工程结构复杂的工程，补充单位估价表，计取各项费用（计费基础、取费标准等）。重点抽查法的优点是重点突出，审查时间短、效果好。

（7）利用手册审查法　指把工程中常用的构件、配件，事先整理成预算手册，按手册对照审查的方法。工程常用的预制构配件如洗脸池、坐便器、检查井、化粪池、碗柜等，把这些按标准图集计算出工程量，套上单价，编制成预算手册使用，可大大简化预结算的编审工作。

（8）分解对比审查法　一个单位工程，按直接费与间接费进行分解，然后再把直接费按工种和分部工程进行分解，分别与审定的标准预算进行对比分析的方法。

4.4　设计阶段的工程造价控制

4.4.1　加强设计方案评价

4.4.1.1　设计方案评价原则

设计方案的评价

建设项目设计方案评价就是对设计方案进行技术与经济的分析、计算、比较和评价，从而选出环境上自然协调、功能上适用、结构上坚固耐用、技术上先进、造型上美观和经济合理的最优设计方案，为决策提供科学的依据。

设计方案评价是一项复杂的工作，涉及的因素很多，考虑的角度也不同，因此设计方案优选要遵循以下原则。

（1）设计方案必须要处理好经济合理性与技术先进性之间的关系　技术先进性与经济合理性有时相互矛盾，设计者应妥善处理好两者的关系。一般情况下，要在满足使用者要求的前提下，尽可能降低工程造价，或在资金限制范围内，尽可能提高项目功能水平。

（2）设计方案必须兼顾建设与使用，考虑项目全寿命费用　造价水平的变化，会影响到项目将来的使用成本。如果单纯降低造价，建造质量得不到保障，就会导致使用过程中的维修费用很高，甚至有可能发生重大事故，给社会财产和人民安全带来严重损害。在设计过程中应兼顾建设过程和使用过程，力求项目寿命周期费用最低。

（3）设计必须兼顾近期与远期的要求　项目建成后，往往会在很长的时期内发挥作用。如果仅按照目前的要求设计，可能会出现以后由于项目功能水平无法满足需要而重新建造的情况。但是如果按照未来的需要设计工程，又会出现由于功能水平过高而造成资源闲置浪费的现象。所以，设计时要兼顾近期和远期的要求，选择项目合理的功能水平。同时也要根据远景发展需要，适当留有发展余地。

为了提高建设项目投资效果，从选择建设场地和工程总平面布置开始，直至建筑节点的设计，都应进行多方案评价和选择，从中选取技术先进、经济合理的最佳设计方案。下面根据工程项目的使用领域不同，分别介绍工业建设项目设计评价和民用建设项目设计评价。

4.4.1.2 工业建设项目设计评价

工业项目设计由总平面设计、工艺设计及建筑设计三部分组成,它们之间是相互关联和制约的。各部分设计方案侧重点不同,评价内容也略有差异。因此分别对各部分设计方案进行技术经济分析与评价,是保证总设计方案经济合理的前提。此外,影响工业建设项目工程造价的主要因素还有材料选用和设备选用。

设计阶段影响工程造价的因素

(1)总平面设计评价

总平面设计是指总图运输设计和总平面布置,主要对厂区内的建筑物、构筑物、露天堆场、运输线路、管线、绿化及美化设施等做全面合理的配置。

1)总平面图设计的基本要求

①合理的功能分区。合理的功能分区既可以使建筑物的各项功能充分发挥,又可以使总平面布置紧凑、安全,避免深挖深填,减少土石方量和节约用地,降低工程造价。同时合理的功能分区还可以使生产工艺流程顺畅,运输简便,降低项目建成后的运营成本。

②合理的用地规划。占地面积的大小一方面影响征地费用的高低,另一方面也会影响管线布置成本及项目建成运营的运输成本。要合理确定拟建项目的生产规模,妥善处理建设项目长远规划与近期建设的关系,近期建设项目的布置应集中紧凑,并适当留有发展余地。在符合相关规范并满足使用功能的前提下,应尽量减少建筑物、生产区之间的距离,尽量考虑多层厂房或联合厂房等合并建筑,尽可能设计外形规整的建筑,以增加场地的有效使用面积。

③合理的厂内外运输组织及运输方式。应根据生产工艺和各功能区的要求以及建设地点的具体自然条件,合理布置运输线路,力求运距短、无交叉、无反复运输现象,并尽可能避免人流与物流交叉。厂区道路布置应满足人流、物流和消防的要求,使建筑物、构筑物之间的联系最便捷。在运输工具的选择上,尽可能不选择有轨运输,以减少占地,节约投资。但如果运输量很大,考虑项目运营成本的需要,可以适当选择有轨运输。

④必须满足生产工艺流程的要求。生产总工艺流程走向是企业生产的主动脉,因此生产工艺过程也是工业项目总平面设计中一个最根本的设计依据。总平面设计首先应进行功能分区,根据生产性质、工艺流程、生产管理的要求,将一个项目内所包含的各类车间和设备,按照生产上、卫生上和使用上的特征分组合并于一个特定区域内,使各区功能明确、运输管理方便、生产协调、互不干扰,同时又可节约用地,缩短设备管线和运输线路长度。然后,在每个生产区内,依据生产使用要求布置建筑物和构筑物,保证生产过程的连续性,主要生产作业无交叉、无逆流现象,使生产线最短、最简洁。

⑤必须符合城市规划的要求。工业建筑总平面布置的空间处理,应在满足生产功能的前提下,力求使厂区建筑物、构筑物组合设计整齐、简洁、美观,并与同一工业区内相邻厂房在造型、色彩等方面相互协调。在城镇的厂房应与城镇建设规划统一协调,使厂区建筑成为城镇总体建设面貌的一个良好组成部分。

2)总平面设计的评价指标

①有关面积的指标,包括厂区占地面积、建筑物和构筑物占地面积、永久性堆场占地面积、建筑占地面积(建筑物和构筑物占地面积+永久性堆场占地面积)、厂区道路占地面积、工程管网占地面积、绿化面积等。

②比率指标,包括反映土地利用率和绿化率的指标,主要有建筑系数(建筑密度)、土地利用系数、绿化系数三大指标,计算公式如下所示。

$$建筑系数 = \frac{建筑占地面积}{厂区占地面积} \qquad (4.7)$$

$$土地利用系数 = \frac{建筑占地面积+厂区道路占地面积+工程管网占地面积}{厂区占地面积} \qquad (4.8)$$

$$绿化系数 = \frac{绿化面积}{厂区占地面积} \qquad (4.9)$$

其中建筑系数反映了总平面设计用地是否经济合理,建筑系数大表明布置紧凑,节约用地,又可缩短管线距离,降低工程造价;土地利用系数综合反映了总平面布置的经济合理性和土地利用效率;绿化系数综合反映了厂区的环境质量水平。

③工程量指标,包括场地平整土石方量、地上及地下管线工程量、防洪设施工程量等。这些指标综合反映了总平面设计中功能分区的合理性及设计方案对地势地形的适应性。

④功能指标,包括生产流程短捷、流畅、连续程度,场内运输便捷程度,安全生产满足程度等。

⑤经济指标,包括每吨货物运输费用、经营费用等。

3)总平面设计的评价方法　总平面设计方案的评价方法很多,有价值工程理论、模糊数学理论、层次分析理论等不同的方法,操作比较复杂。常用的方法是多指标对比法。

(2)工艺设计评价

工艺设计是工程设计的核心,它是根据企业生产的特点、生产性质和功能来确定的。工艺设计一般包括生产设备的选择、工艺流程设计、工艺定额的制定和生产方法的确定。工艺设计标准高低,不仅直接影响工程建设投资的大小和建设进度,而且还决定着未来企业的产品质量、数量和经营费用。

1)工艺设计的基本要求

①合适的生产方式。选择的生产方式应该符合所采用的原料路线,符合环保的要求,同时应该既先进又适用。

②合理的工艺流程。合理的工艺流程应保证主要生产工艺流程无交叉、无逆流现象,并使生产线路尽可能短,从而节省占地,减少技术管线的工程量,节约造价。

③合理的设备选型。主要设备方案应与拟选的建设规模和生产工艺相适应,满足投产后生产(或使用)的要求;主要设备之间、主要设备与辅助设备之间的能力要相互配套;设备质量、性能要成熟,以保证生产的稳定和产品质量;设备选择应在保证质量性能的前提下,力求经济合理;选用设备时,应符合国家和有关部门颁布的相关技术标准要求。

2)工艺设计的评价指标　工艺设计的评价指标主要有技术的先进程度、技术的可靠程度、技术对产品质量性能的保证程度、技术对原料的适应程度、工艺流程的合理性、技术获得的难易程度、对环境的影响程度、技术转让费或专利费。

3)工艺设计的评价方法　工艺设计的评价方法很多,主要是多指标评价法和投资效益评价法。

（3）建筑设计评价

建筑设计部分,应在兼顾施工过程的合理组织和施工条件的同时,重点考虑工程的平面立体设计和结构方案及工艺要求等因素。

1）建筑设计影响工程造价的因素

①平面布置。一般来说,建筑物平面形状越简单、越接近方形,建筑物流通空间越小,单位面积造价就越低。因为不规则的建筑物将导致室外工程、排水工程、砌砖工程及屋面工程等复杂化,从而增加工程费用。当然,平面形状的选择除考虑造价因素外,还应考虑美观、采光、使用要求等方面的影响。

②建筑物层数。建筑物层数对造价的影响,因建筑类型、形式和结构不同而不同。如果增加一个楼层不影响建筑物的结构形式,单位建筑面积的造价可能会降低。但是当建筑物超过一定层数时,结构形式就要改变,单位造价通常会增加。另外当建筑层数增加时,单位建筑面积所分摊的土地费用及外部流通空间费用将有所降低。

工业厂房层数的选择应该重点考虑生产性质和生产工艺的要求。对于需要跨度大和层高高,拥有重型生产设备和起重设备,生产时有较大振动及大量热和气散发的重型工业设备,采用单层厂房是经济合理的。而对于工艺过程紧凑,设备和产品质量不大,并要求恒温条件的各种轻型车间,宜采用多层厂房,以充分利用土地,节约基础工程量,缩短交通线路和工程管线的长度,降低单方造价。

确定多层厂房的经济层数主要有两个因素:一是厂房展开面积的大小,展开面积越大,经济层数越能增加;二是厂房宽度和长度,宽度和长度越大,经济层数越能增加。

③建筑物层高。在建筑面积不变的情况下,建筑层高增加会引起各项费用的增加,如墙与隔墙的砌筑、粉刷费用的增加,建筑装饰费用的增加,水、电、暖通的空间体积与线路费用的增加,楼梯间与电梯间设备费用的增加,起重运输设备及其有关费用的增加等。

决定厂房高度的因素是厂房内的运输方式、设备高度和加工尺寸,其中以运输方式选择较灵活。因此,为降低厂房高度,特别是当起重量较小时,应考虑采用悬挂式运输设备来代替桥式吊车。

④柱网选择。柱网布置是确定柱子的行距(跨度)和间距的依据。柱网布置是否合理,对工程造价和厂房面积的利用效率都有较大的影响。由于科学技术的飞跃发展,生产设备和生产工艺都在不断地变化。为适应这种变化,厂房柱距和跨度应适当扩大,以保证厂房有更大的灵活性,避免生产设备和工艺的改变受到柱网布置的限制。

柱网的选择与厂房中有无吊车、吊车的类型及吨位、屋顶的承重结构以及厂房的高度等因素有关。对于单跨厂房,当柱间距不变时,跨度越大单位面积造价越低。因为除屋架外,其他结构件分摊在单位面积上的平均造价随跨度的增大而减小。对于多跨厂房,当跨度不变时,中跨数目越多越经济,这是因为柱子和基础分摊在单位面积上的造价减少。

⑤建筑物的体积与面积。随着建筑物体积和面积的增加,工程总造价也相应增加。因此,在满足工艺要求和生产能力的前提下,厂房、设备布置尽量紧凑合理,尽量采用大跨度、大柱距的大厂房平面设计形式,以提高平面利用系数。

⑥建筑结构形式。建筑结构形式选择是否合理,直接影响建筑物的使用功能、使用

103

寿命、耐火抗震性能、建设工期、工程总造价等。

2）建筑设计的评价指标

①单位面积造价。建筑物平面布置、层数、层高、柱网布置、建筑结构形式等因素都会影响单位面积造价。因此,单位面积造价是一个综合性很强的指标。

②建筑物周长与建筑面积比。即单位建筑面积所占的外墙长度,用指标 $K_周$ 表示,$K_周$ 按圆形、正方形、矩形、T 形、L 形的次序依次增大。该指标主要用于评价建筑物平面形状是否经济。该指标越低,平面形状越经济。

③厂房展开面积。主要用于确定多层厂房的经济层数,展开面积越大,经济层数越可能增加。

④厂房有效面积与建筑面积比。该指标主要用于评价柱网布置是否合理。合理的柱网布置可以提高厂房有效使用面积。

⑤工程全寿命成本。工程全寿命成本包括工程造价及工程建成后的使用成本,这是一个评价建筑物功能水平是否合理的综合性指标。一般来讲,功能水平低,工程造价低,但是使用成本高;功能水平高,工程造价高,但是使用成本低。工程全寿命成本最低时,功能水平最合理。

3）建筑设计的评价方法　建筑设计的评价方法有多指标评价法、投资效益评价法和价值系数法等。

（4）材料选用

建筑材料的选择是否合理不仅直接影响到工程质量、使用寿命、耐火抗震性能,而且对施工费用、工程造价有很大的影响。建筑材料一般占直接费的 70%,降低材料费用,不仅可以降低直接费,还可以降低间接费。因此,设计阶段合理选择建筑材料,控制材料单价或工程量,是控制工程造价的有效途径。

（5）设备选用

现代建筑越来越依赖于设备。对于住宅来说,楼层越多设备系统越庞大,例如,高层建筑物内部空间的交通工具电梯,室内环境的调节设备如空调、通风、采暖等,各个系统的分布占用空间都在考虑之列,既有面积、高度的限额,又有位置的优选和规范的要求。因此,设备配置是否得当直接影响建筑产品整个寿命周期的成本。

设备选用的重点因设计形式的不同而不同,应选择能满足生产工艺和生产能力要求的最适用的设备和机械。此外,根据工程造价资料的分析,设备安装工程造价占工程总投资的 20% ~50%,由此可见设备方案设计对工程造价的影响。设备的选用应充分考虑自然环境对能源节约的有利条件,如果能从建筑产品的整个寿命周期分析,能源节约是一笔不可忽略的费用。

4.4.1.3　民用建设项目设计评价

民用建设项目设计是根据建筑物的使用功能要求,确定建筑标准、结构形式、建筑物空间与平面布置以及建筑群体的配置等。民用建筑设计包括住宅设计、公共建筑设计以及住宅小区设计。住宅建筑是民用建筑中最大量、最主要的建筑形式。因此,本书主要介绍住宅建筑设计方案评价。

（1）住宅小区建设规划

我国城市居民点的总体规划一般分为居住区、小区和住宅组三级布置，其中小区是由几个住宅组组成，居住区是由几个小区组成。住宅小区是人们日常生活相对完整、独立的居住单元，是城市建设的组成部分，所以小区布置是否合理，直接关系到居民生活质量和城市建设发展等重大问题。

1）住宅小区建设规划影响工程造价的因素

①占地面积。居住小区的占地面积不仅直接决定着土地费用的高低，而且影响着小区内道路、工程管线长度和公共设备的多少，而这些费用对小区建设投资的影响通常很大。

②建筑群体的布置形式。建筑群体的布置形式对用地的影响不容忽视，通过采取高低搭配、点条结合、前后错列以及局部东西向布置、斜向布置或拐角单元等手法可节省用地。在保证小区居住功能的前提下，适当集中公共设施，合理布置道路，充分利用小区内的边角用地，有利于提高建筑密度，降低小区的总造价。

2）住宅小区设计方案评价指标　住宅小区设计方案评价指标有建筑毛密度、居住建筑净密度、居住面积密度、居住建筑面积密度、人口毛密度、人口净密度和绿化比率等，计算公式如下所示。

$$建筑毛密度 = \frac{居住和公共建筑基底面积}{居住小区占地面积} \times 100\% \tag{4.10}$$

$$居住建筑净密度 = \frac{居住建筑基底面积}{居住建筑占地面积} \times 100\% \tag{4.11}$$

$$居住面积密度(m^2/hm^2) = \frac{居住面积}{居住建筑占地面积} \tag{4.12}$$

$$居住建筑面积密度(m^2/hm^2) = \frac{居住建筑面积}{居住建筑占地面积} \tag{4.13}$$

$$人口毛密度(人/hm^2) = \frac{居住人数}{居住小区占地总面积} \tag{4.14}$$

$$人口净密度(人/hm^2) = \frac{居住人数}{居住建筑占地面积} \tag{4.15}$$

$$绿化比率 = \frac{居住小区绿化面积}{居住小区占地总面积} \times 100\% \tag{4.16}$$

其中，居住建筑净密度是衡量用地经济性和保证居住区必要卫生条件的主要技术经济指标，其数值的大小与建筑层数、房屋间距、层高、房屋排列方式等因素有关。居住面积密度是反映建筑布置、平面设计与用地之间关系的重要指标，其数值的大小主要与房屋的层数有关，随着层数增加其数值就增大。

（2）民用住宅建筑设计评价

1）民用住宅建筑设计影响工程造价的因素

①住宅平面形状。一般来说，建筑物平面形状越简单，其单位面积造价就越低。因此，住宅形状多选择矩形和正方形，既有利于施工，又能降低造价和方便使用。在矩形住宅建筑中，又以长∶宽＝2∶1为佳。一般以3～4个住宅单元、房屋长度60～80 m较为经

济。在满足住宅功能和质量前提下,可以适当加大住宅宽度。这是由于宽度加大,墙体面积系数相应减少,有利于降低造价。

②住宅层数。建筑物层数对单位建筑面积造价有直接影响,但各个部分的影响程度是不同的。屋盖部分,不管层数多少,都共用一个屋盖,并不因层数增加而使屋盖的投资增加,因此,屋盖部分的单位面积造价随层数增加而明显下降。基础部分,各层共用基础,随着层数增加,基础结构的荷载加大,必须加大基础的承载力,虽然基础部分的单位面积造价随层数增加而有所降低,但不如屋盖那样显著。承重结构如墙、柱、梁等,随层数增加而要增强承载能力和抗震能力,这些分部结构的单位面积造价将有所提高。门窗、装修等部分的造价几乎不受层数的影响,但会因为结构的改变而变化。

民用建筑按层数划分为低层住宅(1~3层)、多层住宅(4~6层)、中层住宅(7~9层)和高层住宅(10层以上)。因此中小城市以建造多层住宅较为经济,对于土地特别昂贵的地区,为了降低土地费用,中、高层住宅是比较经济的选择。

③住宅层高。住宅的层高和净高,直接影响工程造价。根据不同性质的工程综合测算住宅层高,每降低10 cm,可降低造价1.2%~1.5%。层高降低还可提高住宅区的建筑密度,节约征地费、拆迁费及市政设施费。但是,层高设计中还需考虑采光与通风问题,层高过低不利于采光及通风,因此民用住宅的层高一般为2.5~2.8 m。

④住宅单元组成、户型和住户面积。衡量单元组成、户型设计的指标是结构面积系数(住宅结构面积与建筑面积之比),这个系数越小设计方案越经济。因为结构面积小,有效面积就增加。结构面积系数除了与房屋结构有关外,还与房屋外形及其长度和宽度有关,同时也与房间平均面积大小和户型组成有关。房屋平均面积越大,内墙、隔墙在建筑面积中所占比例就越小。据统计,三居室住宅的设计比两居室的设计降低1.5%左右的工程造价,四居室的设计又比三居室的设计降低3.5%的工程造价。

⑤住宅建筑结构。建筑结构的选择,对建筑工程造价的影响很大。应根据工程项目的特点,选择合理的建筑结构形式。

2)民用住宅建筑设计的基本要求　民用住宅建筑设计的基本要求为:平面布置合理,长度和宽度比例适当;合理确定户型和住户面积;合理确定层数与层高;合理选择结构方案。

3)民用住宅建筑设计的评价指标

①平面指标。该指标用来衡量平面布置的紧凑性、合理性。

$$平面系数\ K=\frac{居住面积}{建筑面积}\times100\% \tag{4.17}$$

$$平面系数\ K_1=\frac{居住面积}{有效面积}\times100\% \tag{4.18}$$

$$平面系数\ K_2=\frac{辅助面积}{有效面积}\times100\% \tag{4.19}$$

$$平面系数\ K_3=\frac{结构面积}{建筑面积}\times100\% \tag{4.20}$$

其中,有效面积指建筑平面中可供使用的面积,结构面积指建筑平面中结构所占的面积,有效面积+结构面积=建筑面积,居住面积=有效面积-辅助面积。对于民用建筑,应尽量减少结构面积比例,增加有效面积。

②建筑周长指标。该指标为墙长与建筑面积之比。居住建筑进深加大,则单元周长缩小,可节约用地,减少墙体,降低造价。

$$单元周长指标(m/m^2) = \frac{单元周长}{单元建筑面积} \qquad (4.21)$$

$$建筑周长指标(m/m^2) = \frac{建筑周长}{建筑占地面积} \qquad (4.22)$$

③建筑体积指标。该指标是用来衡量层高的指标。

$$建筑体积指标(m^3/m^2) = \frac{建筑体积}{建筑面积} \qquad (4.23)$$

④面积定额指标。该指标用来控制设计面积。

$$户均建筑面积 = \frac{建筑总面积}{总户数} \qquad (4.24)$$

$$户均使用面积 = \frac{使用总面积}{总户数} \qquad (4.25)$$

$$户均面宽指标 = \frac{建筑物总长度}{总户数} \qquad (4.26)$$

⑤户型比。它指不同居室数的户数占总户数的比例。该指标用来评价户型结构是否合理。

4.4.1.4　设计方案的评价方法

多指标评价法是指通过对反映建筑产品功能和耗费特点的若干技术经济指标的计算、分析、比较,从而评价设计方案的经济效果,又可分为多指标对比法和多指标综合评分法。

(1)多指标对比法　这是目前采用比较多的一种方法。其基本特点是使用一组适用的指标体系,将对比方案的指标值列出,然后逐一进行对比分析,根据指标值的高低分析判断方案优劣。

多指标对比法在运用中,首先需要将指标体系中的各个指标,按其在评价中的重要性,分为主要指标和辅助指标。主要指标是指能够比较充分地反映工程的技术经济特点的指标,是确定工程项目经济效果的主要依据。辅助指标在技术经济分析中处于次要地位,是主要指标的补充,当主要指标不足以说明方案的技术经济效果优劣时,辅助指标就成为进一步进行技术经济分析的依据。

多指标对比法的优点是指标全面、分析确切,可通过各种技术经济指标定性或定量直接反映方案技术经济性能的主要方面。其缺点是容易出现不同指标的评价结果相悖的情况,使分析工作复杂化。有时也会因方案的可比性而产生客观标准不统一的现象。因此在进行综合分析时,要特别注意检查对比方案在使用功能和工程质量方面的差异,并分析这些差异对各指标的影响,避免导致错误的结论。

107

多指标对比法通过对比分析,最后应得出如下几个结论:第一,分析对象的主要技术经济特点及适用条件;第二,现阶段实际达到的经济效果水平;第三,找出提高经济效果的潜力和途径以及相应采取的主要技术措施;第四,预期经济效果。

例4.3 以内浇外砌建筑体系为对比标准,用多指标对比法评价内外墙全现浇建筑体系。评价结果见表4.5。

表4.5 内浇外砌与全现浇对比表

	项目名称		对比标准	评价对象	比较	备注
建筑特征	设计型号		内浇外砌	全现浇大模板	—	
	建筑面积/m²		8 500	8 500	0	
	有效面积/m²		7 140	7 215	+75	
	层数		6	6	—	
	外墙厚度/cm		36	30	-6	浮石混凝土外墙
	外墙装修		勾缝,一层水刷石	干粘石,一层水刷石	—	
技术经济指标	±0.000 m 以上土建造价/（元/m² 建筑面积）		80	90	+10	
	±0.000 m 以上土建造价/（元/m² 有效面积）		95.2	106	+10.8	
	主要材料消耗量/(kg/m²)	水泥	130	150	+20	
		钢材	9.17	20	+10.83	
	施工周期/d		220	210	-10	
	±0.000 m 以上用工/(工日/m²)		2.78	2.23	-0.55	
	建筑自重/(kg/m²)		1 294	1 070	-224	
	房屋服务年限/a		100	100	—	

由表4.5可知,两类建筑体系的建筑特征具有可比性,然后比较其技术经济特征可以看出,与内浇外砌建筑体系比较,全现浇建筑体系的优点是有效面积大、用工省、自重轻、施工周期短。其缺点是造价高、主要材料消耗量多等。

(2)多指标综合评分法 这种方法首先对需要进行分析评价的设计方案设定若干个评价指标,并按其重要程度确定各指标的权重,然后确定评分标准,并就各设计方案对各指标的满足程度打分,最后计算各方案的加权得分,以加权得分高者为最优设计方案。其计算公式表示如下。

$$S = \sum_{i=1}^{n} \omega_i \cdot S_i \qquad (4.27)$$

式中　S——设计方案总得分;

　　　S_i——某方案在评价指标 i 上的得分;

　　　ω_i——评价指标 i 的权重;

　　　n——评价指标数。

多指标综合评分法非常类似于价值工程中的加权评分法,区别就在于:价值工程的加权评分法中不将成本作为一个评价指标,而将其单独拿出来计算成本系数;多指标综合评分法则不将成本单独剔除,如果需要,成本也是一个评价指标。

多指标综合评分法的优点是避免了多指标对比法指标间可能发生相互矛盾的现象,评价结果是唯一的。但是在确定权重及评分过程中存在主观臆断成分。同时由于分值是相对的,因而不能直接判断各方案的各项功能实际水平。

例 4.4　某建筑工程有四个设计方案,选定评价指标为实用性、平面布置、经济性、美观性四项,各指标的权重及各方案的得分为 10 分制,试选择最优设计方案。计算结果见表 4.6。

表 4.6　多指标综合评分法计算表

评价指标	权重	方案 A		方案 B		方案 C		方案 D	
		得分	加权得分	得分	加权得分	得分	加权得分	得分	加权得分
实用性	0.4	9	3.6	8	3.2	7	2.8	6	2.4
平面布置	0.2	8	1.6	7	1.4	8	1.6	9	1.8
经济性	0.3	9	2.7	7	2.1	9	2.7	8	2.4
美观性	0.1	7	0.7	9	0.9	8	0.8	9	0.9
合计	—		8.6		7.6		7.9		7.5

由表 4.6 可知,方案 A 的加权得分最高,因此方案 A 最优。

4.4.2　优化设计方案

上节从工程设计组成的角度分别介绍了工程设计优化的具体措施。但是工程设计的整体性原则要求我们不仅要追求工程设计各个部分的优化,而且要注意各个部分的协调配套,因此,我们还必须从整体上优化设计方案。

设计方案的
优化

优化设计方案是设计阶段的重要步骤,是控制工程造价的有效方法。优化设计方案的内容有整个项目设计方案的优化、项目局部设计方案的优化、项目局部结构设计优化等。优化设计方案的方法有通过设计招投标和设计方案竞选优化设计方案、运用价值工程优化设计方案、推广标准化设计优化设计方案等。

4.4.2.1　通过设计招标和设计方案竞选优化设计方案

建设单位首先将拟建工程设计任务信息通过报刊、信息网络或其他媒介发布公告,吸引设计单位参加设计投标或设计方案竞选,以获得众多的设计方案;然后组织专家评定小组,由专家评定小组采用科学的方法,按照经济、适用、美观的原则,以及技术先进、功能全面、结构合理、安全适用、满足建设节能及环境等要求,综合评定各设计方案优劣,从中选择最优的设计方案,或者以中选方案作为设计方案的基础,把其他方案的优点加以吸收综合,取长补短,提出最佳方案。通过设计招标和设计方案竞选优化设计方案,有利于控制建设工程造价,使投资概算控制在投资者限定的投资范围内。

4.4.2.2 运用价值工程优化设计方案

价值工程又称价值分析,是指通过研究产品或系统的功能与成本之间的关系来改进产品或系统,以提高其经济效益的现代管理技术。价值工程的目标是提高产品价值,价值工程的核心就是功能分析,而价值工程的基础是有组织的团队性创造活动。价值工程可以用式(4.28)来表示。

$$价值(V) = 功能(F) / 成本(C) \tag{4.28}$$

价值工程法是一种相当成熟和行之有效的管理技术与经济分析方法,一切发生费用的地方都可以用其进行经济分析和方案选择。工程建设需要大量的人、财、物,因而价值工程方法在工程建设领域得到了较广泛的应用,并取得了较好的经济效益。

(1)价值工程在设计阶段应用的意义

1)实施价值工程可使建筑产品的功能更合理 工程设计实质上就是对建筑产品的功能进行设计,而价值工程的核心就是功能分析。通过实施价值工程,可以使设计人员更准确地了解用户所需及建筑产品各项功能之间的比例,同时还可以考虑设计、建筑材料和设备制造、施工技术专家的建议,从而使设计更加合理。

2)实施价值工程可以有效地控制工程造价 价值工程需要对研究对象的功能与成本之间的关系进行系统分析。设计人员参与价值工程,就可以避免在设计过程中只重视功能而忽视成本的倾向,在明确功能的前提下,发挥设计人员的创造精神,提出各种实现功能的方案,从中选取最合理的方案。这样既保证了用户所需功能的实现,又有效地控制了工程造价。

3)实施价值工程可以节约社会资源 价值工程着眼于寿命周期成本,即研究对象在其寿命期内所发生的全部费用。对于建设工程而言,寿命周期成本包括工程造价和工程使用成本。价值工程的目的是以研究对象的最低寿命周期成本可靠地实现使用者所需功能,使工程造价、使用成本及建筑产品功能合理匹配,节约社会资源。

(2)价值工程在新建项目设计方案优选中的应用

在新建项目设计中应用价值工程与一般工业产品中应用价值工程略有不同,因为建设项目具有单件性和一次性的特点。利用其他项目的资料选择价值工程研究对象,效果较差。而设计主要是对项目的功能及其实现手段进行设计,因此整个设计方案就可以作为价值工程的研究对象。在设计阶段实施价值工程的步骤如下:

1)功能分析 建筑功能是指建筑产品满足社会需要的各种性能的总和。不同的建筑产品有不同的使用功能,它们通过一系列建筑因素体现出来,反映建筑物的使用要求。建筑产品的功能一般分为社会性功能、适用性功能、技术性功能、物理性功能和美学功能五类。功能分析首先应明确项目各类功能具体有哪些,哪些是主要功能,并对功能进行定义和整理,绘制功能系统图。

2)功能评价 功能评价主要是比较各项功能的重要程度,用 0~1 评分法、0~4 评分法、环比评分法等方法,计算各项功能的功能评价系数,作为该功能的重要度权数。

3)方案创新 根据功能分析的结果,提出各种实现功能的方案。

4)方案评价 对方案创新提出的各种方案的各项功能的满足程度打分,然后以功能评价系数作为权数计算各方案的功能评价得分,最后再计算各方案的价值系数,以价值系数最大者为最优。

例 4.5 某厂有三层砖混结构住宅 14 幢。随着企业的不断发展,职工人数逐年增加,职工住房条件日趋紧张。为改善职工居住条件,该厂决定在原有住宅区内新建住宅。

a. 新建住宅功能分析。为使住宅扩建工程达到投资少、效益高的目的,价值工程小组工作人员认真分析了住宅扩建工程的功能,认为增加住房户数(F_1)、改善居住条件(F_2)、增加使用面积(F_3)、利用原有土地(F_4)、保护原有林木(F_5)等五项功能为主要功能。

b. 功能评价。经价值工程小组集体讨论,认为增加住房户数是最重要的功能,其次改善居住条件与增加使用面积有同等重要的功能,再次是利用原有土地与保护原有林木有同等重要的功能。即 $F_1 > F_2 = F_3 > F_4 = F_5$,利用 0~4 评分法,各项功能的评价系数见表4.7。

表 4.7 0~4 评分法

功能	F_1	F_2	F_3	F_4	F_5	得分	功能评价系数
F_1	×	3	3	4	4	14	0.35
F_2	1	×	2	3	3	9	0.225
F_3	1	2	×	3	3	9	0.225
F_4	0	1	1	×	2	4	0.10
F_5	0	1	1	2	×	4	0.10
合计						40	1.00

c. 方案创新。在对该住宅功能评价的基础上,为确定住宅扩建工程设计方案,价值工程人员走访了住宅原设计施工负责人,调查了解住宅的居住情况和建筑物自然状况,认真审核住宅楼的原设计图纸和施工记录,最后认定原住宅地基条件较好,地下水位深且地耐力大,原建筑虽经多年使用,但各承重构件尤其原基础十分牢固,具有承受更大荷载的潜力。价值工程人员经过严密计算分析和征求各方面意见,提出两个不同的设计方案。

方案甲:在对原住宅楼实施大修理的基础上加层。工程内容包括:屋顶地面翻修,内墙粉刷、外墙抹灰,增加厨房、厕所(333 m²),改造给排水工程,增建两层住房(605 m²)。工程需投资 50 万元,工期 4 个月,施工期间住户需全部迁出。工程完工后,可增加住户 18 户,原有绿化林木 50% 被破坏。

方案乙:拆除旧住宅,建设新住宅。工程内容包括:拆除原有住宅两栋,可新建一栋,新建住宅每栋 60 套,每套 80 m²,工程需投资 100 万元,工期 8 个月,施工期间住户需全部迁出。工程完工后,可增加住户 18 户,原有绿化林木全部被破坏。

d. 方案评价。利用加权评分法对甲乙两个方案进行综合评价,结果见表4.8和表4.9。

表4.8　各方案的功能评价表

项目功能	重要度权数	方案甲		方案乙	
		功能得分	加权得分	功能得分	加权得分
F_1	0.35	10	3.5	10	3.5
F_2	0.225	7	1.575	10	2.25
F_3	0.225	9	2.025	9	2.025
F_4	0.10	10	1	6	0.6
F_5	0.1	5	0.5	1	0.1
方案加权得分和		8.6		8.475	
方案功能评价系数		0.503 7		0.496 3	

表4.9　各方案价值系数计算表

方案名称	功能评价系数	成本费用/万元	成本指数	价值系数
修理加层	0.503 7	50	0.333	1.513
拆旧建新	0.496 3	100	0.667	0.744
合计	1.000	150	1.000	

经计算可知,修理加层方案价值系数较大,据此选定方案甲为较优方案。

(3)价值工程在设计阶段工程造价控制中的应用　价值工程在设计阶段工程造价控制中应用的程序如下:

1)对象选择　在设计阶段应用价值工程控制工程造价,应以对控制造价影响较大的项目作为价值工程的研究对象。因此,可以应用ABC分析法,将设计方案的成本分解并分成A、B、C三类,A类成本比重大,品种数量少,作为实施价值工程的重点。

2)功能分析　分析研究对象具有哪些功能,各项功能之间的关系如何。

3)功能评价　评价各项功能,确定功能评价系数,并计算实现各项功能的现实成本是多少,从而计算各项功能的价值系数。价值系数小于1的,应该在功能水平不变的条件下降低成本,或在成本不变的条件下,提高功能水平;价值系数大于1的,如果是重要的功能,应该提高成本,保证重要功能的实现。如果该项功能不重要,可以不做改变。

4)分配目标成本　根据限额设计的要求,确定研究对象的目标成本,并以功能评价系数为基础,将目标成本分摊到各项功能上,与各项功能的现实成本进行对比,确定成本改进期望值。成本改进期望值大的,应首先重点改进。

5)方案创新及评价　根据价值分析结果及目标成本分配结果的要求,提出各种方案,并用加权评分法选出最优方案,使设计方案更加合理。

例4.6　某房地产开发公司拟用大模板工艺建造一批高层住宅。设计方案完成后，造价超标。须运用价值工程分析，降低工程造价。

a. 对象选择。分析其造价构成，发现结构造价占土建工程的 70%，而外墙造价又占结构造价的 1/3，外墙体积在结构混凝土总量中只占 1/4。从造价构成上看，外墙是降低造价的主要矛盾，应作为实施价值工程的重点。

b. 功能分析。通过调研和功能分析，了解到外墙的功能主要是抵抗水平力(F_1)、挡风防雨(F_2)、隔热防寒(F_3)。

c. 功能评价。目前该设计方案中，使用的是长330 cm、高290 cm、厚28 cm，重约4 t的配钢筋陶粒混凝土墙板，造价345元，其中抵抗水平力功能的成本占60%，挡风防雨功能的成本占16%，隔热防寒功能的成本占24%。这三项功能的重要程度比为F_1 : F_2 : F_3 = 6 : 1 : 3，各项功能的价值系数计算结果如表4.10和表4.11所示。

表4.10　功能评价系数计算结果

功能	重要度比	得分	功能评价系数
F_1	F_1 : F_2 = 6 : 1	2	0.6
F_2	F_2 : F_3 = 1 : 3	1/3	0.1
F_3		1	0.3
合计		10/3	1.00

表4.11　各项功能价值系数计算结果

功能	功能评价系数	成本指数	价值系数
F_1	0.6	0.6	1.0
F_2	0.1	0.16	0.625
F_3	0.3	0.24	1.25

由表4.10和表4.11可知，抵抗水平力功能与成本匹配较好；挡风防雨功能不太重要，但是成本比重偏高，应降低成本；隔热防寒功能比较重要，但是成本比重偏低，应适当增加成本。假设相同面积的墙板，根据限额设计的要求，目标成本是320元，则各项功能的成本改进期望值计算结果见表4.12。

表4.12　目标成本的分配及成本改进期望值的计算

功能	功能评价系数	成本指数	目前成本	目标成本	成本改进期望值
F_1	0.6	0.6	207	192	15
F_2	0.1	0.16	55.2	32	23.2
F_3	0.3	0.24	82.8	96	−13.2

注：目前成本=345×成本指数；目标成本=320×功能评价系数；成本改进期望值=目前成本−目标成本。

由以上计算结果可知,应首先降低 F_2 的成本,其次是 F_1,最后适当增加 F_3 的成本。

4.4.3 推行限额设计

4.4.3.1 限额设计的概念

限额设计就是按照设计任务书批准的投资估算额进行初步设计,按照初步设计概算造价限额进行施工图设计,按照施工图预算造价限额对施工图设计的各个专业设计文件做出决策。其包括两方面的内容:一方面是项目的下一阶段按照上一阶段的造价限额达到设计技术要求,另一方面是项目局部按设定造价限额达到设计技术要求。

限额设计是建设项目投资控制系统中的一个重要环节,是设计阶段控制造价的有效方法。在整个设计过程中,设计人员与造价管理人员密切配合,做到技术与经济的统一。设计人员在设计时考虑经济支出,作出方案比较,有利于强化设计人员的工程造价意识,优化设计。造价管理人员及时进行造价计算,为设计人员提供信息,使设计小组内部形成有机整体,克服相互脱节现象,改变了设计过程不算账、设计完成见分晓的现象,达到动态控制投资的目的。

4.4.3.2 限额设计的目标

限额设计应该以合理的限额为目标。如果目标值过低,这个目标值就会被突破,限额设计将无法实施,限额设计也就失去了意义;如果目标值过高,就会造成投资巨大浪费。在确定合理的限额设计目标时,应该注意以下几方面的内容:

①提高投资估算的合理性与准确性是进行限额设计目标设置的关键环节。因为限额设计目标是在初步设计开始前,根据批准的可行性研究报告及其投资估算确定的。

②限额设计目标值的提出,绝不是建设单位或权力部门随意提出的限额,而是对整个建设项目进行投资分解后,对各个单项工程、单位工程、分部分项工程的各个技术经济指标提出科学、合理、可行的控制额度。

③工程设计是一个从概念到实施的不断认识的过程,控制限额的提出难免会产生偏差或错误。因此,在设计过程中一方面要严格按照限额控制目标,选择合理的设计标准进行设计;另一方面要不断分析限额的合理性,若设计限额确定不合理,必须重新进行投资分解,修改或调整限额设计目标值。

4.4.3.3 限额设计的全过程

限额设计的全过程实际上就是建设项目投资目标管理的过程,即目标分解与计划、目标实施、目标实施检查、信息反馈的控制循环过程。具体包括以下几个部分:

(1)投资分配　设计任务书获批准后,设计单位在设计之前应在设计任务书的总框架内将投资先分解到各专业,然后再分配到各单项工程和单位工程,作为进行初步设计的造价控制目标。这种分配往往不是只凭设计任务书就能办到的,而是要进行方案设计,在此基础上作出决策。

(2)限额初步设计　初步设计应严格按分配的造价控制目标进行设计。在初步设计开始之前,项目总设计师应将设计任务书规定的设计原则、建设方针和投资限额向设计人员交底,将投资限额分专业下达到设计人员,发动设计人员认真研究实现投资限额的可能性,切实进行多方案比选,对各个技术经济方案的关键设备、工艺流程、总图方案、总图建筑和各项费用指标进行比较和分析,从中选出既能达到工程要求又不超过投资限额的方案作为初步设计方案。如果发现重大设计方案或某项费用指标超出任务书的投资限额,应及时反映,并提出解决问题的办法。不能等到设计概算编制后才发觉投资超限额,再被迫压低造价、减项目、减设备,这样不但影响设计进度,而且造成设计上的不合理,给施工图设计超投资埋下隐患。

(3)限额施工图设计　施工图设计必须严格按照批准的初步设计及初步设计概算进行。在设计过程中,要对设计结果进行技术经济分析,看是否有利于造价目标的实现。每个单位工程施工图设计完成后,要做出施工图预算,判断是否满足单位工程造价限额要求,如果不满足,应修改施工图设计,直到满足限额要求。

(4)设计变更　在初步设计阶段,由于外部条件的制约和人们主观认识的局限,往往会造成施工图设计阶段甚至施工过程中的局部修改和变更,引起已经确认的概算价值产生变化。这种正常的变化在一定范围内是允许的,但必须经过核算与调整。当建设规模、产品方案、工艺方案、工艺流程或设计方案发生重大变更时,原初步设计已失去指导施工图设计的意义,必须重新编制或修改初步文件并报原审批单位审批。对于非发生不可的设计变更,应尽量提前,以减少变更对工程造成的损失。

4.4.3.4　限额设计的控制

限额设计控制工程造价可以从两个角度入手:一个是按照限额设计过程从前往后依次进行控制,称为纵向控制;另一个是对设计单位及其内部各专业、科室及设计人员进行考核,实施奖惩,进而保证设计质量,称为横向控制。

横向控制首先必须明确各设计单位以及设计单位内部各专业科室对限额设计所负的责任,将工程投资按专业进行分配,并分段考核,下段指标不得突破上段指标,责任落实越接近于个人,效果就越明显,并赋予责任者履行责任的权利;其次要建立健全奖惩制度,设计单位在保证工程安全和不降低工程功能的前提下,采用新材料、新工艺、新设备、新方案节约投资的,应根据节约投资额的大小,对设计单位给予奖励。因设计单位设计错误、漏项或扩大规模和提高标准而导致工程静态投资超支,要视其超支比例扣减相应比例的设计费。

4.4.4　推广标准化设计

4.4.4.1　标准化设计的概念

标准化设计又称定型设计、通用设计,是工程建设标准化的组成部分。各类工程建设的构件、配件、零部件,通用的建筑物、构筑物、公用设施等,只要有条件,都应该实施标准化设计。

标准化设计应用范围很广,重复建造的建筑类型及生产能力相同的企业、单独的房屋及构筑物均应采用标准化设计或通用设计。在设计阶段投资控制工作中,对不同用途和要求的建筑物,应按统一的建筑模数、建筑标准、设计规范、技术规定等进行设计。若房屋或构筑物整体不便定型化时,应将其中重复出现的建筑单元、房间和主要的结构节点构造,在构配件标准化的基础上定型化。建筑物和构筑物的柱网、层高及其他构件参数尺寸应力

115

求统一化,在基本满足使用要求和修建条件的情况下,尽可能具有通用互换性。

4.4.4.2 标准化设计的分类

①国家标准设计是指在全国范围内需要统一的标准设计。

②部级标准设计是指在全国各行业范围内需要统一的标准设计,应由主编单位提出并报主管部门审批颁发。

③省、市、自治区标准设计是指在本地区范围内需要统一的标准设计,由主编单位提出并报省、市、自治区主管基建的综合部门审批颁发。

④企业标准设计是指在本单位范围内统一使用的设计技术原则、设计技术规定,由设计单位批准执行,并报上一级主管部门备案。

标准设计规范是国家经济建设的重要技术规范,是进行工程建设勘察、设计、施工及验收的重要依据。随着工程建设和科学技术的发展,设计规范和标准设计必须经常补充、及时修订、不断更新。

4.4.4.3 推广标准化设计的意义

①推广标准化设计,能较好地贯彻国家技术经济政策,密切结合自然条件和技术发展水平,合理利用能源资源,充分考虑施工生产、使用维修的要求,既经济又优质。

②推广标准化设计,是改进设计质量、加快实现建筑工业化的客观要求。因为标准化设计来源于工程建设实际经验和科技成果,是将大量成熟的、行之有效的实际经验和科技成果,按照统一简化、协调选优的原则,提炼上升为设计规范和标准设计,所以设计质量都比一般工程设计质量要高。另外,由于标准化设计采用的都是标准构配件,建筑构配件和工具式模板的制作过程可以从工地转移到专门的工厂中批量生产,使施工现场变成"装配车间"和机械化浇筑场所,把现场的工程量压缩到最低程度。

③推广标准化设计,可以提高劳动生产率,加快工程建设进度。设计过程中,采用标准构件,可以节省设计力量,加快设计图纸的提供速度,大大缩短设计时间,一般可以加快设计速度1~2倍,从而使施工准备工作和订制预制构件等生产准备工作提前,缩短整个建设周期。另外,由于生产工艺定型,生产均衡,统一配料,大大提高了标准配件的生产效率。

④推广标准化设计,可以节约建筑材料,降低工程造价。由于标准构配件的生产是在工厂内批量生产,所以便于预制厂统一安排,合理配置资源,发挥规模经济的作用,节约建筑材料。

4.5 案例分析

背景材料

某市高新技术开发区有两幢科研楼和一幢综合楼,其设计方案对比项目如下。

A方案:结构方案为大柱网框架轻墙体系,采用预应力大跨度叠合楼板,墙体材料采用多孔砖及移动式可拆装式分室隔墙,窗户采用中空玻璃塑钢窗,面积利用系数为93%,单方造价为1 438元/m²。

B方案:结构方案同A方案,墙体采用内浇外砌,窗户采用单玻璃塑钢窗,面积利用系数为87%,单方造价为1 108元/m²。

C方案:结构方案采用砖混结构体系,采用多孔预应力板,墙体材料采用标准黏土砖,窗户采用双玻璃塑钢窗,面积利用系数为79%,单方造价为1 082元/m²。

方案各功能的功能权重及各方案的功能得分见表4.13。

表4.13 方案各功能的功能权重及各方案的功能得分表

功能项目	功能权重	各方案功能得分		
		A	B	C
结构体系	0.25	10	10	8
楼板类型	0.05	10	10	9
墙体材料	0.25	8	9	7
面积系数	0.35	9	8	7
窗户类型	0.10	9	7	8

问题

1.试应用价值工程方法选择最优设计方案。

2.为控制工程造价和进一步降低费用,拟针对所选的最优设计方案的土建工程部分,以工程材料费为对象开展价值工程分析。将土建工程划分为四个功能项目,各功能项目得分及其目前成本见表4.14。按限额设计要求,目标成本额应控制为12 170万元。试分析各功能项目的目标成本及其可能降低的额度,并确定功能改进顺序。

117

表4.14 功能项目得分及目前成本表

功能项目	功能得分	目前成本/万元
A.桩基围护工程	10	1 520
B.地下室工程	11	1 482
C.主体结构工程	35	4 705
D.装饰工程	38	5 105
合计	94	12 812

分析要点

问题1考核运用价值工程进行设计方案评价的方法、过程和原理。

问题2考核运用价值工程进行设计方案优化和工程造价控制的方法。

价值工程要求方案满足必要功能,清除不必要功能。在运用价值工程对方案的功能进行分析时,各功能的价值指数V_I有以下三种情况。

第一种情况,$V_I=1$,说明该功能的重要性与其成本的比重大体相当,是合理的,无须再进行价值工程分析。

第二种情况,$V_I<1$,说明该功能不太重要,而目前成本比重偏高,可能存在过剩功能,

应作为重点分析对象,寻找降低成本的途径。

第三种情况,$V_i>1$,出现这种结果的原因较多,其中较常见的是该功能较重要,而目前成本偏低,可能未能充分实现该重要功能,应适当增加成本,以提高该功能的实现程度。

各功能目标成本的数值为总目标成本与该功能的功能指数的乘积。

参考答案

问题1的答案

解:分别计算各方案的功能指数、成本指数和价值指数,并根据价值指数选择最优方案。

(1)计算各方案的功能指数,如表4.15所示。

表4.15　功能指数计算表

方案功能	功能权重	方案功能加权得分		
		A	B	C
结构体系	0.25	10×0.25＝2.50	10×0.25＝2.50	8×0.25＝2.00
楼板类型	0.05	10×0.05＝0.50	10×0.05＝0.50	9×0.05＝0.45
墙体材料	0.25	8×0.25＝2.00	9×0.25＝2.25	7×0.25＝1.75
面积系数	0.35	9×0.35＝3.15	8×0.35＝2.80	7×0.35＝2.45
窗户类型	0.10	9×0.10＝0.90	7×0.10＝0.70	8×0.10＝0.80
合计		9.05	8.75	7.45
功能指数		9.05/25.25＝0.358 4	8.75/25.25＝0.346 5	7.45/25.25＝0.295 0

(2)计算各方案的成本指数,如表4.16所示。

表4.16　成本指数计算表

方案	A	B	C	合　计
单方造价/(元/m²)	1 438	1 108	1 082	3 628
成本指数	0.396 4	0.305 4	0.298 2	1

(3)计算各方案的价值指数,如表4.17所示。

表4.17　价值指数计算表

方案	A	B	C
功能指数	0.358 4	0.346 5	0.295 0
成本指数	0.396 4	0.305 4	0.298 2
价值指数	0.904 3	1.134 7	0.989 3

由表4.17的计算结果可知,B方案的价值指数最高,为最优方案。

问题2的答案

根据表4.14所列数据,分别计算桩基围护工程、地下室工程、主体结构工程和装饰工程的功能指数、成本指数和价值指数;再根据给定的总目标成本额,计算各工程内容的目标成本额,从而确定其成本降低额度。具体计算结果汇总如表4.18所示。

表4.18　价值指数计算表

功能项目	功能评价	功能指数	目前成本/万元	成本指数	价值指数	目标成本/万元	成本降低额/万元
桩基围护工程	10	0.106 4	1 520	0.118 6	0.897 1	1 295	225
地下室工程	11	0.117 0	1 482	0.115 7	1.011 2	1 424	58
主体结构工程	35	0.372 3	4 705	0.367 2	1.013 9	4 531	174
装饰工程	38	0.404 3	5 105	0.398 5	1.014 6	4 920	185
合计	94	1.000 0	12 812	1.000 0		12 170	642

小结

119

设计阶段的工程造价管理是实施建设工程全过程管理的重点。长期以来,人们习惯于重视项目实施过程的控制而忽略项目建设前期的控制,认为只要在施工过程中合理投入人力、物力、财力,严格控制各种费用支出就控制了工程项目的实际投资。事实表明,工程设计质量及投资控制不但决定着项目的适用性、可靠性、安全性、美观性及其与环境的协调效果,而且在很大程度上也决定着其造价的高低。据相关资料分析,初步设计对投资的影响约为45%,施工图设计对投资的影响约为25%。因此,工程设计是影响工程造价的关键阶段,为有效控制工程建设投资,就必须把控制工作的重心转移到项目建设前期的设计阶段。

本章内容分为工程造价的确定和工程造价的控制两大部分。工程造价的确定部分,本章按照设计阶段的不同,分别介绍了设计概算和施工图预算的编制方法。工程造价的控制部分,本章主要介绍了设计阶段影响工程造价的主要因素,分别介绍了工业项目和民用项目中工程设计方案的评价指标、评价方法,详细介绍了通过设计招标和设计方案竞选、运用价值工程等从整体上优化设计方案的方法,介绍了标准化设计以及限额设计的思路和内容。

一、单项选择题
二、多项选择题
三、案例分析题　　 第4章选择题

背景材料

某企业对某公寓项目的开发征集到若干设计方案,经筛选后对其中较为出色的四个设计方案(A~D方案)做进一步的技术经济评价。有关专家决定从五个方面(分别以 $F_1 \sim F_5$ 表示)对不同方案的功能进行评价,并对各功能的重要性达成以下共识:F_2 和 F_3 同样重要,F_4 和 F_5 同样重要,F_1 相对于 F_4 很重要,F_1 相对于 F_2 较重要;此后,各专家对该四个方案的功能满足程度分别打分,其结果见表4.19。

据造价工程师估算,A、B、C、D 四个方案的单方造价分别为 1 420 元/m²、1 230 元/m²、1 150 元/m²、1 360 元/m²。

问题

1.计算各功能的权重。

2.用价值指数法选择最佳设计方案。

表4.19　方案功能得分表

方案功能	方案功能得分			
	A	B	C	D
F_1	9	10	9	8
F_2	10	10	8	9
F_3	9	9	10	9
F_4	8	8	8	7
F_5	9	7	9	6

第 5 章

招投标阶段的工程造价管理

　　本章进入全过程工程造价管理——招投标阶段的工程造价管理,主要讲述建设工程招投标对工程造价的影响,重点学习招投标阶段的工程造价控制,其中工程量清单招标中最高投标限价的确定,投标报价需考虑的因素以及合同价的确定是掌握的重点。

5.1 概述

5.1.1 建设工程招投标的概念

(1)建设工程招标概念 建设工程招标是指招标人(或招标单位)在发包建设项目之前,以公告或邀请书的方式提出招标项目的有关要求,公布招标条件,投标人(或投标单位)根据招标人的意图和要求提出报价,择日当场开标,以便从中择优选定中标人的一种交易行为。

(2)建设工程投标概念 建设工程投标是工程招标的对称概念,指具有合法资格和能力的投标人(或投标单位)根据招标条件,经过初步研究和估算,在指定期限内填写标书,根据实际情况提出自己的报价,通过竞争企图被招标人选中,并等待开标,决定能否中标的一种交易行为。

建设工程招投标是市场经济的产物,是期货交易的一种方式。推行工程招投标的目的就是要在建筑市场中建立竞争机制。招标人通过招标活动来选择条件优越者,使其力争用最优的技术、最佳的质量、最低的报价、最短的工期完成工程项目任务;投标人也通过这种方式选择项目和招标人,以使自己获得丰厚的利润。

5.1.2 建设工程招投标的理论基础

建设工程招投标是运用于建筑工程交易的一种方式。它的特点是由固定买主设定包括以商品质量、价格、工期为主的标的,邀请若干卖主通过秘密报价竞标,由买主选择优胜者后,与其达成交易协议,签订工程承包合同,然后按合同实现标的竞争过程。

(1)竞争机制 竞争是商品经济的普遍规律。竞争的结果是优胜劣汰。竞争机制不断促进企业经济效益的提高,从而推动本行业乃至整个社会生产力的不断发展。

建设工程招投标制体现了商品供给者之间的竞争是建设市场承包人主体之间的竞争。为了争夺和占领有限的市场份额,在竞争中处于不败之地,促使投标者力图从质量、价格、交货期限等方面提高自己的竞争能力,尽可能地将其他投标者挤出市场。因而这种竞争实质上是投标者之间的经营实力、科学技术、商品质量、服务质量、经营理念、合理价格、投标策略等方面的竞争。

(2)供求机制 供求机制是市场经济的主要经济规律。供求规律在提高经济效益和保障社会生产平衡发展方面起到了积极作用。实行建设工程招投标制是利用供求规律解决建筑商品供求问题的一种方式。利用这种方式,必须建立供略大于求的买方市场,使建筑商品招标者在市场上处于有利地位,对商品或商品生产者有较充裕的选择范围。其特点表现为:招标者需要什么,投标者就生产什么;需要多少就生产多少;需要何种质量,就按什么质量等级生产。

实行建设工程招标投标制的买方市场,是招标者导向的市场。其主要表现为:商品的价格由市场价值决定。因而投标者必须采用先进的技术、管理手段和管理方法,努力

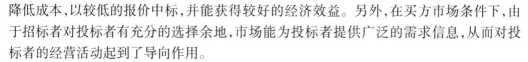

降低成本,以较低的报价中标,并能获得较好的经济效益。另外,在买方市场条件下,由于招标者对投标者有充分的选择余地,市场能为投标者提供广泛的需求信息,从而对投标者的经营活动起到了导向作用。

(3)价格机制　实行招标投标的建设工程,同样受到价格机制的作用。其表现为:以本行业的社会必要劳动量为指导,制定合理的标底价格,能通过招标选择报价合理、社会信誉高的投标者为中标单位,完成商品交易活动。因此,由于价格竞争成为重要内容,生产同种建筑产品的投标者,为了提高中标率,必然会自觉运用价值规律,使报价低且合理并取胜。

5.1.3　建设工程招投标的性质

《中华人民共和国民法典》合同编明确规定,招标公告是要约邀请。也就是说,招标实际上是邀请投标人对招标人提出要约(即报价),属于要约邀请。投标则是一种要约,它符合要约的所有要件,如具有缔结合同的目的;一旦中标,投标人将受投标书的约束;投标书的内容具有足以使合同成立的主要条款等。招标人向中标的投标人发出中标通知书,则是招标人同意接受中标人的投标条件,即同意接受该投标人要约的意思的表示,应属于承诺。

5.1.4　建设工程招投标对工程造价的影响

建设工程招投标制是我国建筑市场走向规范化、完善化的举措之一。推行工程招投标制,对降低工程造价,进而使工程造价得到合理的控制具有非常重要的影响。

(1)招投标制使建筑产品的市场定价更为合理　推行招投标制最明显的表现是若干投标人之间出现激烈竞争,这种市场竞争最直接、最集中的表现就是在价格上的竞争。通过竞争确定出工程价格,使其趋于合理或下降,这将有利于节约投资、提高投资效益。

(2)招投标制能够很好地控制工程成本　推行招投标制能够不断降低社会平均劳动消耗水平,使工程价格得到有效控制。在建筑市场中,不同投标者的个别劳动消耗水平是有差异的。通过推行招投标制,会使那些个别劳动消耗水平最低或接近最低的投标者获胜,这样便实现了生产力资源较优配置,也对不同投标者实行了优胜劣汰。面对激烈竞争的压力,为了自身的生存与发展,每个投标者都必须切实在降低自己个别劳动消耗水平上下功夫,这样将逐步而全面地降低社会平均劳动消耗水平,使工程价格更为合理。

(3)招投标制为供求双方的相互选择提供条件　推行招投标制便于供求双方更好地相互选择,使工程价格更加符合价值基础,进而更好地控制工程造价。由于供求双方各自出发点不同,存在利益矛盾,因而单纯采用"一对一"的选择方式,成功的可能性较小。采用招投标方式就为供求双方在较大范围内进行相互选择创造了条件,为需求者(如建设单位、发包人)与供给者(如勘察设计单位、施工企业)在最佳点上结合提供了可能。需求者对供给者选择(即建设单位、发包人对勘察设计单位和施工单位的选择)的基本出发点是"择优选择",即选择那些报价较低、工期较短、具有良好业绩和管理水平的供给者,这样即为合理控制工程造价奠定了基础。

（4）招投标制使工程造价的形成更加透明　推行招投标制有利于规范价格行为，使公开、公平、公正的原则得以贯彻。我国招投标活动有特定的机构进行管理，有严格的程序必须遵循，有高素质的专家支持系统、工程技术人员的群体评估与决策，能够避免盲目过度的竞争和营私舞弊现象的发生，对建筑领域中的腐败现象也是强有力的遏制，使价格形成过程变得透明而规范。

（5）招投标制能够减少交易过程中的费用　推行招投标制能够减少交易费用，节省人力、物力、财力，进而使工程造价有所降低。我国目前从招标、投标、开标、评标直至定标，均有一些法律、法规规定，已进入制度化操作。招投标中，若干投标人在同一时间、地点报价竞争，在专家支持系统的评估下，以群体决策方式确定中标者，必然减少交易过程的费用，这本身就意味着招标人收益的增加，对工程造价必然会产生积极的影响。

5.2　招投标阶段的工程造价控制

最高投标限价

5.2.1　最高投标限价的确定

5.2.1.1　工程量清单招标概述

工程量清单招标是建设工程招投标活动中按照国家有关部门统一的工程量清单计价规定，由招标人提供工程量清单，投标人根据市场行情和本企业实际情况自主报价，经评审低价中标的工程造价计价模式。随着中国建设市场的快速发展，招标投标制度的逐步完善，对中国工程建设市场提出新的要求，改革现行按预算定额计价方法，实行工程量清单计价法是建立公开、公正、公平的工程造价计价和竞争定价的市场环境，逐步解决定额计价中与工程建设市场不相适应的因素，彻底消除现行招投标工作中弊端的根本途径之一，也是市场经济体制对建筑市场发展的必然要求。

全部使用国有资金投资或国有资金投资为主的工程建设项目，应该采用工程量清单计价。

5.2.1.2　最高投标限价的概念及相关规定

最高投标限价是招标人根据国家或省级、行业建设主管部门颁发的有关计价依据和办法，按设计施工图纸计算的，对招标工程限定的最高工程造价，也可称其为拦标价、预算控制价或最高报价等。

（1）最高投标限价在应用中应注意的主要问题

①国有资金投资的工程建设项目应实行工程量清单招标，并应编制最高投标限价；

②最高投标限价超过批准的概算时，招标人应将其报原概算审批部门审核；

③投标人的投标报价高于最高投标限价的，其投标应予以拒绝；

④最高投标限价应由具有编制能力的招标人（或受其委托的咨询机构）编制；

⑤最高投标限价应在招标文件中公布，不应上调或下浮，招标人应将最高投标限价及有关资料报送工程所在地工程造价管理机构备查；

⑥投标人经复核认为招标人公布的最高投标限价未按照《建设工程工程量清单计价

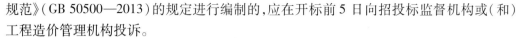

规范》(GB 50500—2013)的规定进行编制的,应在开标前 5 日向招投标监督机构或(和)工程造价管理机构投诉。

(2)最高投标限价的编制要点

1)最高投标限价的计价依据包括以下几种:①《建设工程工程量清单计价规范》(GB 50500—2013)及专业工程量清单计算规范;②国家或省级、行业建设主管部门颁发的计价定额和计价办法;③建设工程设计文件及相关资料;④招标文件中的工程量清单及有关要求;⑤与建设项目相关的标准、规范、技术资料;⑥工程造价管理机构发布的工程造价信息,如工程造价信息没有发布的参照市场价;⑦其他的相关资料。

2)编制内容包括分部分项工程费、措施项目费、其他项目费、规费和税金。

①分部分项工程费的编制要求。分部分项工程费应根据招标文件中的分部分项工程量清单及有关要求,按《建设工程工程量清单计价规范》(GB 50500—2013)有关规定确定综合单价计价;工程量依据招标文件中提供的分部分项工程量清单确定;招标文件提供了暂估单价的材料,应按暂估的单价计入综合单价;最高投标限价中的综合单价中应包括招标文件中要求投标人所承担的风险内容及其范围(幅度)产生的风险费用。

②措施项目费的编制要求。措施项目费中的安全文明施工费应当按照国家或省级、行业建设主管部门规定标准计价;措施项目应按招标文件中提供的措施项目清单确定,措施项目采用分部分项工程综合单价形式进行计价的工程量,应按措施项目清单中的工程量,并按与分部分项工程工程量清单单价相同的方式确定综合单价。以"项"为单位的方式计价的,按照有关规定按综合价格计算,包括除规费、税金以外的全部费用。

③其他项目费的编制要求。其他项目费的编制要求如表5.1所示。

表5.1　其他项目费的编制要求

其他项目费包括的内容		计价依据	参考费率
暂列金额		根据工程的复杂程度、设计深度、工程环境条件(包括地质、水文、气候条件等)进行估算	一般为分部分项工程费的 10% ~15%
暂估价	材料单价	按照工程造价管理机构发布的工程造价信息中的材料单价计算;工程造价信息未发布的材料单价,其单价参照市场价格估算	
	专业工程暂估价	应分不同专业,按有关计价规定估算	
计日工	人工单价和施工机械台班单价	应按省级、行业建设主管部门或其授权的工程造价管理机构公布的单价计算	
	材料单价	按照工程造价管理机构发布的工程造价信息中的材料单价计算;工程造价信息未发布材料单价的材料,其价格应按市场调查确定的单价计算	

续表 5.1

其他项目费包括的内容	计价依据	参考费率
总承包服务费	应按省级或行业建设主管部门的规定计算	a. 仅要求对分包的专业工程进行总承包管理和协调时,按分包的专业工程估算造价的1.5%计算; b. 要求对分包的专业工程进行总承包管理和协调,并同时要求提供配合服务时,根据招标文件中列出的配合服务内容和提出的要求,按分包的专业工程估算造价的3%~5%计算; c. 招标人自行供应材料的,按招标人供应材料价值的1%计算

④规费和税金的编制要求。规费和税金必须按国家或省级、行业建设主管部门的规定计算。

投标报价

5.2.2 投标报价的确定

5.2.2.1 投标报价的编制

(1)投标报价的编制依据

1)《建设工程工程量清单计价规范》及专业工程工程量清单计算规范;

2)企业定额、国家或省级、行业建设主管部门颁发的计价依据、标准和办法;

3)招标文件、工程量清单及其补充通知、答疑纪要;

4)建设工程设计文件及相关资料;

5)施工现场情况、工程特点及投标时拟定的施工组织设计或施工方案;

6)与建设项目相关的标准、规范等技术资料;

7)市场价格信息或工程造价管理机构发布的工程造价信息;

8)其他。

(2)投标报价的编制方法

投标报价的编制主要是投标单位对承建招标工程所要发生的各种费用的计算。投标报价的编制方法和最高投标限价的编制方法一致,主要采用工程量清单计价的方法。

(3)投标报价的工作程序

任何一个工程项目的投标报价工作都是一项系统工程,应遵循一定的程序。

1)研究招标文件 投标单位报名参加或接受邀请参加某一工程的投标,通过了资格预审并取得招标文件后,首要的工作就是认真仔细地研究招标文件,充分了解其内容和要求,以便有针对性地安排投标工作。

2)调查投标环境 所谓投标环境就是招标工程施工的自然、经济和社会条件,这些条件都可以成为工程施工的制约因素或有利因素,必然会影响到工程成本,是投标单位报价时必须考虑的,所以在报价前尽可能了解清楚。

3）制订施工方案　施工方案是投标报价的一个前提条件,也是招标单位评标时要考虑的主要因素之一。施工方案应由施工单位的技术负责人主持制定,主要考虑施工方法、主要施工机具的配备、各工种劳动力的安排及现场施工人员的平衡、施工进度及分批竣工的安排、安全措施等。施工方案的制订应在技术和工期两个方面对招标单位有吸引力,同时又有助于降低施工成本。

4）投标价的计算　投标价的计算是投标单位对将要投标的工程所发生的各种费用的计算。在进行投标计算时,必须首先根据招标文件计算和复核工程量,作为投标价计算的必要条件。另外在投标价的计算前,还应预先确定施工方案和施工进度,投标价计算还必须与所采用的合同形式相协调。

5）确定投标策略　正确的投标策略对提高中标率、获得较高的利润有重要的作用。投标策略的主要内容有以信取胜、以快取胜、以廉取胜、靠改进设计取胜、采用以退为进的策略、采用长远发展的策略等。

6）编制正式的投标书　投标单位应该按照招标单位的要求和确定的投标策略编制投标书,并在规定的时间内送到指定地点。

（4）投标报价的计算过程

1）计算和复核工程量;

2）编制分部分项工程和措施项目清单与计价表;

3）编制其他项目清单与计价表;

4）编制规费、税金项目计价表;

5）汇总得到单位工程投标报价汇总表;

6）汇总得到单项工程投标报价汇总表和建设项目投标报价汇总表。

5.2.2.2　工程量清单计价与投标报价

（1）工程招投标中工程量清单计价的操作过程　从严格意义上讲,工程量清单计价作为一种独立的计价模式,并不一定用在招投标阶段,但在我国目前的情况下,工程量清单计价作为一种市场价格的定价模式,其使用主要在工程招投标阶段。因此,工程量清单计价的操作过程可以从招标、投标、评标三个阶段来阐述。

招标工程量清单

1）招标阶段　招标人在工程方案设计、初步设计或部分施工图设计完成后,自行或委托具有编制能力的咨询人按照统一的工程量计算规则,以单位工程为对象,计算并列出各分部分项工程的工程量清单(应附有关的施工内容说明),作为招标文件的组成部分发放给各投标单位。其工程量清单的粗细程度、准确程度取决于工程的设计深度及编制人员的技术水平和经验。在分部分项工程量清单中,项目编码、项目名称、计量单位和工程数量等项由招标人根据全国统一的工程量清单项目设置和计量规则填写。综合单价和合价由投标人根据自己的施工组织设计(如工程量的大小、施工方案的选择、施工机械和劳动力的配备、材料供应等)以及招标人对工程的质量要求等因素综合评定后填写。

2）投标阶段　投标人应首先根据招标人提供的工程量清单编制分部分项工程和措施项目清单与计价表,其他项目清单与计价表,规费、税金项目计价表,编制完成后,汇总得到单位工程投标报价汇总,再逐级汇总,得到单项工程投标报价和建设项目投标报价。

3）评标阶段　在评标时可以对投标人的最终总报价以及分部分项工程项目和措施

127

项目的综合单价的合理性进行评判。目前在评标时可以采用综合计分的方法,即不仅考虑报价因素,而且还对投标单位的施工组织设计、企业业绩和信誉等按一定的权重分值分别进行计分,按总评分的高低确定中标单位。或者采用两阶段评标的办法,即先对投标单位的技术方案进行评判,在技术方案可行的前提下,再以投标单位的报价作为评标定标的唯一因素,这样既可以保证工程建设质量,又有利于发包人选择一个合理的、报价较低的单位中标。

(2)投标报价中工程量清单计价

1)工程量清单计价 投标报价应根据投标文件中的工程量清单和有关要求,施工现场实际情况及拟订的施工方案或施工组织设计,企业定额和市场价格信息,并参照建设行政主管部门发布的消耗量定额进行编制。工程量清单计价应包括按招标文件规定完成工程量清单所需的全部费用,通常由分部分项工程费、措施项目费和其他项目费及规费、税金组成。

2)工程量清单计价模式下投标总价构成 工程量清单计价模式下投标总价构成如图5.1所示。

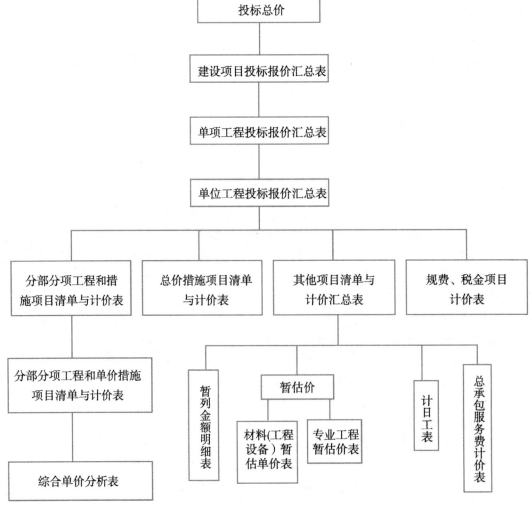

图5.1 工程量清单计价模式下投标总报价的构成

5.2.2.3　投标报价主要考虑因素

投标人要想在投标中获胜,首先就要考虑主、客观制约条件,这是影响投标决策的重要因素。

(1)主观因素

从本企业的主观条件、各项业务能力和能否适应投标工程的要求进行衡量,主要考虑以下几点:第一,设计能力;第二,机械设备能力;第三,工人和技术人员的操作技术水平;第四,以往对类似工程的经验;第五,竞争的激烈程度;第六,器材设备的交货条件;第七,中标承包后对本企业以后的影响;第八,对工程的熟悉程度和管理经验。

(2)客观因素

1)工程的全面情况　包括图纸和说明书,现场地上、地下条件,如地形、交通、水源、电源、土壤地质、水文气象等。这些都是拟订施工方案的依据和条件。

2)发包人及其代理人(工程师)的基本情况　包括资历、业务水平、工作能力、个人的性格和作风等。这些都是有关今后在施工承包结算中能否顺利进行的主要因素。

3)劳动力的来源情况　如当地能否招募到比较廉价的工人,以及当地工会对承包人在劳务问题上能否合作的态度。

4)建筑材料和机械设备等资源的供应来源、价格、供货条件以及市场预测等情况。

5)专业分包　如空调、电气、电梯等专业安装力量情况。

6)银行贷款利率、担保收费、保险费费率等与投标报价有关的因素。

7)当地各项法规　如企业法、中华人民共和国民法典合同编、劳动法、关税、外汇管理法、工程管理条例以及技术规范等。

8)竞争对手的情况　包括对手企业的历史、信誉、经营能力、技术水平、设备能力、以往投标报价的情况和经常采用的投标策略等。

5.2.3　合同价的确定

工程合同价是发包人和承包人在协议中约定,发包人用以支付承包人按照合同约定完成承包范围内全部工程并承担质量保修责任的价款,是工程合同中双方当事人最关心的核心条款,是由发包人、承包人依据中标通知书中的中标价格在协议书内的约定。合同价在协议书内约定后,任何一方不能擅自更改。

《建筑工程施工发包与承包计价管理办法》规定,工程合同价可以采用三种方式:固定合同价、可调合同价和成本加酬金合同价。

评标、中标及合同价

5.2.3.1　固定合同价

固定合同价是指在约定的风险范围内价款不再调整的价格。双方须在专用条款内约定合同价款包含的风险范围、风险费用的计算方法和承包风险范围以外的合同价款影响调整方法,在约定的风险范围内合同价款不再调整。固定合同价可分为固定总价合同和固定单价合同两种方式。

(1)固定总价合同　固定总价合同的价格计算是以设计图纸、工程量及规范等为依据,承发包双方就承包工程协商一个固定的总价,即承包方按投标时发包方接受的合同价格实施工程,并一笔包死,无特定情况不作变化。

采用这种合同,合同总价只有在设计和工程范围发生变更的情况下才能随之做相应的变更,除此之外,合同总价一般不能变动。因此,采用固定总价合同,承包方要承担合同履行过程中的主要风险,要承担实物工程量、工程单价等变化而可能造成损失的风险。在合同执行过程中,承发包双方均不能以工程量、设备和材料价格、工资等变动为理由,提出对合同总价调值的要求。所以,作为合同总价计算依据的设计图纸、说明、规定及规范需对工程做出详尽的描述,承包方要在投标时对一切费用上升的因素做出估计并将其包含在投标报价之中。承包方因为可能要为许多不可预见的因素付出代价,所以往往会加大不可预见费用,致使这种合同的投标价格较高。

固定总价合同一般适用于以下几种情况:

①招标时的设计深度已达到施工图设计要求,工程设计图纸完整齐全,项目、范围及工程量计算依据确切,合同履行过程中不会出现较大的设计变更,承包方依据的报价工程量与实际完成的工程量不会有较大的差异。

②规模较小,技术不太复杂的中小型工程。承包方一般在报价时可以合理地预见到实施过程中可能遇到的各种风险。

③合同工期较短,一般为一年之内的工程。

(2)固定单价合同　固定单价合同分为估算工程量单价合同与纯单价合同。

1)估算工程量单价合同　它是以工程量清单和工程单价表为基础和依据来计算合同价格的,亦可称为计量估价合同。估算工程量单价合同通常是由发包方提出工程量清单,列出分部分项工程量,由承包方以此为基础填报相应单价,累计计算后得出合同价格。但最后的工程结算价应按照实际完成的工程量来计算,即按合同中的分部分项工程单价和实际工程量,计算得出工程结算和支付的工程总价格。

采用这种合同时,要求实际完成的工程量与原估计的工程量不能有实质性的变更。因为承包方给出的单价是以相应的工程量为基础的,如果工程量大幅度增减可能影响工程成本。不过在实践中往往很难确定工程量究竟有多大范围的变更才算实质性变更,这是采用这种合同计价方式需要考虑的一个问题。有些固定单价合同规定,如果实际工程量与报价表中的工程量相差超过±10%,允许承包方调整合同价。此外,也有些固定单价合同在材料价格变动较大时允许承包方调整单价。

采用估算工程量单价合同时,工程量是统一计算出来的,承包方只要经过复核后填上适当的单价,承担风险较小,发包方也只需审核单价是否合理即可,对双方都较为方便。由于具有这些特点,估算工程量单价合同是比较常见的一种合同计价方式。估算工程量单价合同大多用于工期长、技术复杂、实施过程中各种不可预见因素较多的建设工程。在施工图不完整或当准备招标的工程项目内容、技术经济指标一时尚不能明确时,往往要采用这种合同计价方式。这样在不能精确地计算出工程量的条件下,可以避免使发包方或承包方的任何一方承担过大的风险。

2)纯单价合同　采用这种计价方式的合同时,发包方只向承包方给出发包工程的有关分部分项工程以及工程范围,不对工程量做任何规定。即在招标文件中仅给出工程内各个分部分项工程一览表、工程范围和必要的说明,而不必提供实物工程量。承包方在投标时只需要对这类给定范围的分部分项工程做出报价即可,合同实施过程中按实际完

成的工程量进行结算。

这种合同计价方式主要适用于没有施工图,或工程量不明、却急需开工的紧迫工程,如设计单位来不及提供正式施工图,或虽有施工图但由于某些原因不能比较准确地计算工程量时。当然,对于纯单价合同来说,发包方必须对工程范围的划分做出明确的规定,以使承包方能够合理地确定工程单价。

5.2.3.2　可调合同价

可调合同价是指合同总价或者单价,在合同实施期内根据合同约定的办法调整,即在合同的实施过程中可以按照约定,随资源价格等因素的变化而调整的价格。

(1)可调总价合同　可调总价合同的总价一般也是以设计图纸及规定、规范为基础,在报价及签约时,按招标文件的要求和当时的物价来计算合同总价。但合同总价是一个相对固定的价格,在合同执行过程中,由于通货膨胀而使所用的工料成本增加,可对合同总价进行相应的调整。可调总价合同的合同总价不变,只是在合同条款中增加调价条款,如果出现通货膨胀这一不可预见的费用因素,合同总价就可按约定的调价条款做相应调整。

可调总价合同列出的有关调价的特定条款,往往是在合同专用条款中列明,调价必须按照这些特定的调价条款进行。这种合同与固定总价合同的不同之处在于,它对合同实施中出现的风险做了分摊,发包方承担了通货膨胀的风险,而承包方承担合同实施中实物工程量、成本和工期因素等其他风险。

可调总价适用于工程内容和技术经济指标规定很明确的项目,由于合同中列有调值条款,所以工期在一年以上的工程项目较适于采用这种合同计价方式。

(2)可调单价合同　合同单价的可调,一般是在工程招标文件中规定、在合同中签订的单价,根据合同约定的条款,如在工程实施过程中物价发生变化等,可作调值。有的工程在招标或签约时,因某些不确定因素而在合同中暂定某些分部分项工程的单价,在工程结算时,再根据实际情况和合同约定对合同单价进行调整,确定实际结算单价。

5.2.3.3　成本加酬金合同价

成本加酬金合同价是将工程项目的实际投资划分成直接成本费和承包方完成工作后应得酬金两部分。工程实施过程中发生的直接成本费由发包方实报实销,再按合同约定的方式另外支付给承包方相应报酬。

这种合同计价方式主要适用于工程内容及技术经济指标尚未全面确定,投标报价的依据尚不充分的情况下,发包方因工期要求紧迫,必须发包的工程;或者发包方与承包方之间有着高度的信任,承包方在某些方面具有独特的技术、特长或经验。由于在签订合同时,发包方提供不出可供承包方准确报价所必需的资料,报价缺乏依据,因此在合同内只能商定酬金的计算方法。成本加酬金合同广泛地适用于工作范围很难确定的工程和在设计完成之前就开始施工的工程。

以这种计价方式签订的工程承包合同,有两个明显缺点:一是发包方对工程总价不能实施有效的控制;二是承包方对降低成本也不太感兴趣。因此,采用这种合同计价方式,其条款必须非常严格。

按照酬金的计算方式不同,成本加酬金合同价又分为以下几种形式。

(1)成本加固定百分比酬金确定的合同价　采用这种合同计价方式,承包方的实际

成本实报实销,同时按照实际成本的固定百分比付给承包方一笔酬金。工程的合同总价表达式为:

$$C = C_d + C_d \times p \qquad (5.1)$$

式中　C——合同价;

　　　C_d——实际发生的成本;

　　　p——双方事先商定的酬金固定百分比。

这种合同计价方式,工程总价及付给承包方的酬金随工程成本而水涨船高,这不利于鼓励承包方降低成本,正是由于这种弊病所在,使得这种合同计价方式很少被采用。

(2)成本加固定金额酬金确定的合同价　采用这种合同计价方式与成本加固定百分比酬金合同相似。其不同之处仅在于在成本上所增加的费用是一笔固定金额的酬金。酬金一般是按估算工程成本的一定百分比确定,数额是固定不变的。计算表达式为:

$$C = C_d + F \qquad (5.2)$$

式中　F——双方约定的酬金具体数额。C、C_d 含义同式(5.1)。

这种计价方式的合同虽然也不能鼓励承包人关心和降低成本,但从尽快获得全部酬金减少管理投入出发,会有利于缩短工期。

采用上述两种合同计价方式时,为了避免承包方企图获得更多的酬金而对工程成本不加控制,往往在承包合同中规定一些补充条款,以鼓励承包方节约工程费用的开支,降低成本。

(3)成本加奖罚确定的合同价　采用成本加奖罚合同,是在签订合同时双方事先约定该工程的预期成本(或称目标成本)和固定酬金,以及实际发生的成本与预期成本比较后的奖罚计算办法。在合同实施后,根据工程实际成本的发生情况,确定奖罚的额度,当实际成本低于预期成本时,承包方除可获得实际成本补偿和酬金外,还可根据成本降低额得到一笔奖金;当实际成本大于预期成本时,承包方仅可得到实际成本补偿和酬金,并视实际成本高出预期成本的情况,被处以一笔罚金。成本加奖罚合同的计算表达式为:

$$C = C_d + F \qquad (C_d = C_o) \qquad (5.3)$$

$$C = C_d + F + \Delta F \qquad (C_d < C_o) \qquad (5.4)$$

$$C = C_d + F - \Delta F \qquad (C_d > C_o) \qquad (5.5)$$

式中　C_o——签订合同时双方约定的预期成本;

　　　ΔF——奖罚金额(可以是百分数,也可以是绝对数,而且奖与罚可以是不同计算标准)。C、C_d、F 含义同式(5.1)和式(5.2)。

这种合同计价方式可以促使承包方关心和降低成本,缩短工期,而且目标成本可以随着设计的进展而加以调整,所以承发包双方都不会承担太大的风险,故这种合同计价方式应用较多。

(4)最高限额成本加固定最大酬金　在这种计价方式的合同中,首先要确定最高限额成本、报价成本和最低成本,当实际成本没有超过最低成本时,承包方花费的成本费用及应得酬金等都可得到发包方的支付,并与发包方分享节约额;如果实际工程成本在最低成本和报价成本之间,承包方只有成本和酬金可以得到支付;如果实际工程成本在报价成本与最高限额成本之间,则只有全部成本可以得到支付;如果实际工程成本超过最高限额成本,则超过部分,发包方不予支付。

这种合同计价方式有利于控制工程投资,并能鼓励承包方最大限度地降低工程成本。

5.3　案例分析

【案例一】

背景材料

某土建工程项目立项批准后,经批准公开招标,6 家单位通过资格预审,并按规定时间报送了投标文件,招标方按规定组成了评标委员会,并制定了评标办法,具体规定如下。

(1)最高投标限价为 4 000 万元,以最高投标限价与投标报价的算术平均数的加权值为评标基准值,以评标基准值为评定投标报价得分依据,规定:评标基准值=最高投标限价×0.6+投标单位报价算术平均数×0.4。

(2)以评标基准值为依据,计算投标报价偏差度 x,x=(投标报价−评标基准值)÷评标基准值×100%。

按照投标报价偏差度确定各单位投标报价得分,具体标准如表 5.2 所示。

表 5.2　数据表

x	$x<-5\%$	$-5\%\leq x<-3\%$	$-3\%\leq x<-1\%$	$-1\%\leq x\leq1\%$	$1\%<x\leq3\%$	$3\%<x\leq5\%$	$x>5\%$
得分	标底	55	65	70	60	50	废标

(3)投标方案中商务标部分满分为 100 分,其中投标报价满分为 70 分,投标报价合理性满分为 30 分。投标报价得分按照报价偏差度确定得分,合理性考虑各单位投标报价构成合理性及计算正确性。技术方案得分为 100 分,其中施工工期得分占 20 分(规定工期为 20 个月,若投标单位所报工期超过 20 个月为废标),若工期提前则规定每提前 1 个月增加 1 分。其他方面得分包括:施工方案 25 分,施工技术装备 20 分,施工质量保证体系 10 分,技术创新 10 分,企业信誉业绩及项目经理能力 15 分。

采取综合评分法,综合得分最高者为中标人。

综合得分=投标报价得分×60%+技术性评分×40%

(4)E 单位在投标截止时间 2 小时之前向招标方递交投标补充文件,补充文件中提出 E 单位报价中的分部分项工程费由 3 200 万元降至 3 000 万元,措施项目费为 170 万元,其他项目费为 189.25 万元,规费为 195.36 万元,税率为 9%。评分数据表如表 5.3 所示。

表5.3 评分数据表

投标单位	A	B	C	D	E	F
投标报价/万元	3 840	3 900	3 600	4 080		4 240
施工工期/月	17	17	18	16	18	18
技术装备/分	10	14	13	10	12	11
质保体系/分	8	7	6	6	9	9
技术创新/分	7	9	6	6	9	9
施工方案/分	18	16	15	14	19	17
企业业绩/分	8	9	9	8	8	7
报价构成/分	24	23	25	27	26	28

问题

1.投标文件应包括哪些内容? 确定中标人的原则是什么?

2.E 单位的最终报价为多少?

3.采取综合评标法确定中标人。

参考答案

问题1 的答案

投标文件主要包括:投标函,施工组织设计施工方案与投标报价(技术标、商务标报价),招标文件要求提供的其他资料。

确定中标人的原则是:中标人能够满足招标文件中规定的各项综合评价标准,能够满足招标文件的实质性要求。

问题2 的答案

E 单位的最终报价计算如表5.4 所示。

表5.4 计算关系与数据表

序号	①	②	③	④	⑤	⑥
费用名称	分部分项工程费	措施项目费	其他项目费	规费	税金	投标报价
计算方法					(①+②+③+④)×9%	①+②+③+④+⑤
费用/万元	3 000	170	189.25	195.36	319.91	3 874.52

经过计算 E 单位的最终报价为 3 874.52 万元。

问题 3 的答案

$$投标报价平均值=\frac{3\ 840+3\ 900+3\ 600+4\ 080+3\ 874.52+4\ 240}{6}=3\ 922.42（万元）$$

评标基准值=4 000×0.6+3 922.42×0.4=3 968.97（万元）

投标报价评分表如表 5.5 所示。

表 5.5　投标报价评分表

投标单位	投标报价/万元	报价偏差值/万元	报价偏差度	报价得分/分
A	3 840	−128.97	−0.032 5	55
B	3 900	−68.97	−0.017 4	65
C	3 600	−368.97	−0.093	废标
D	4 080	111.03	0.027 2	60
E	3 874.52	−94.45	−0.023 8	65
F	4 240	271.03	0.068 3	废标

综合评分表如表 5.6 所示。

表 5.6　综合评分表

投标单位		A	B	D	E	权数
技术标得分	工期	23	23	24	22	
	其他	51	55	44	57	
	合计	74	78	68	79	0.4
商务标得分	报价	55	65	60	65	
	报价合理性	24	23	27	26	
	合计	79	88	87	91	0.6
综合得分		77	84	79.4	86.2	

经上述评分计算过程,评标委员会认定 E 单位为中标人,报送有关部门审批后为中标人。

【案例二】

背景材料

某招标工程采用固定单价合同形式,承包人复核的工程量清单结果如表 5.7 所示,承包人拟将 B 分项工程单价降低 10%。

表5.7 承包人复核的工程量清单结果

分部分项	工程量/100 m³		综合单价/(元/100 m³)
	发包人提供清单量	承包人复核后预计量	
A	40	45	3 000
B	30	28	2 000

问题

1. 确定采用不平衡报价法后 A、B 分项工程单价及预期效益。

2. 若因某种原因 A 未能按预期工程量施工,问 A 项工程量减少至多少时,不平衡报价法会减少该工程的正常利润。

参考答案

问题 1 的答案

因分部分项工程 A、B 预计工程量变化趋势为一增一减,且该工程采用固定单价合同形式,可用不平衡报价法报价。

计算正常报价的工程总造价:$40×3\ 000+30×2\ 000=180\ 000$(元)

将 B 分项工程单价降低 10%,即 B 分项工程单价为:$2\ 000×90\%=1\ 800$(元/100 m³)

设分项工程 A 的综合单价为 x,根据总造价不变原则,有 $40x+30×1\ 800=40×3\ 000+30×2\ 000$

求解得:$x=3\ 150$(元/100 m³)

则工程 A、B 可分别以综合单价 3 150 元/100 m³ 及 1 800 元/100 m³ 报价。

计算预期效益:$45×3\ 150+28×1\ 800-(40×3\ 000+30×2\ 000)=12\ 150$(元)

12 150 元为不平衡报价法的预期效益。

问题 2 的答案

若因某种原因未能按预期的工程量施工时,也有可能造成损失。

假设竣工后 A 的工程量为 y,则下式成立时将造成亏损:

$3\ 150y+28×1\ 800<40×3\ 000+30×2\ 000$

求解得:$y<41.143$(100 m³)

即 A 项工程量减少至小于 4 114.3 m³ 时,不平衡报价法会减少该工程的正常利润。因此,应在对工程量清单的误差或预期工程量变化有把握时,才能使用此不平衡报价。

【案例三】

背景材料

某建设单位(甲方)拟建造一栋职工住宅,采用招标方式由某施工单位(乙方)承建。甲乙双方签订的施工合同摘要如下。

一、协议书中的部分条款

(一)工程概况

工程名称:职工住宅楼。

工程地点:市区。

工程规模:建筑面积 7 850 m²,共 15 层,其中地下 1 层,地上 14 层。

结构类型:剪力墙结构。

(二)工程承包范围

承包范围:某市规划设计院设计的施工图所包括的全部土建,照明配电(含通信、闭路埋管),给排水(计算至出墙 1.5 m)工程施工。

(三)合同工期

开工日期:2018 年 2 月 1 日。

竣工日期:2018 年 9 月 30 日。

合同工期总日历天数:240 天(扣除 5 月 1~3 日)。

(四)质量标准

工程质量标准:达到甲方规定的质量标准。

(五)合同价款

合同总价为:陆佰叁拾玖万元人民币。

(六)乙方承诺的质量保修

在该项目设计规定的使用年限(50 年)内,乙方承担全部保修责任。

(七)甲方承诺的合同价款支付期限与方式

本工程没有预付款,工程款按月进度支付,施工单位应在每月 25 日前,向建设单位及监理单位报送当月工作量报表,经建设单位代表和监理工程师就质量和工程量进行确认,报建设单位认可后支付,每次支付完成量的 80%。累计支付到工程合同价款的 75%时停止拨付,工程基本竣工后一个月内再付 5%,办理完审计一个月内再付 15%,其余5%待保修期满后 10 日内一次付清。为确保工程如期竣工,乙方不得因甲方资金的暂时不到位而停工和拖延工期。

(八)合同生效

合同订立时间:2018 年 1 月 15 日。

合同订立地点:××市××区××街××号。

本合同双方约定:经双方主管部门批准及公证后生效。

二、专用条款

(一)甲方责任

1.办理土地征用、房屋拆迁等工作,使施工现场具备施工条件。

2.向乙方提供工程地质和地下管网线路资料。

4.负责编制工程总进度计划,对各专业分包的进度进行全面统一安排,统一协调。

6.采取积极措施做好施工现场地下管线和邻近建筑物、构筑物的保护工作。

(二)乙方责任

1.负责办理投资许可证、建设规划许可证、委托质量监督、施工许可证等手续。

3.按工程需要提供和维修一切与工程有关的照明、围栏、看守、警卫、消防、安全等设施。

5.组织承包方、设计单位、监理单位和质量监督部门进行图纸交底与会审,并整理图纸会审和交底纪要。

6.在施工中尽量采取措施减少噪音及震动,不干扰居民。

（三）合同价款与支付

本合同价款采用固定价格合同方式确定。

合同价款包括的风险范围：①工程变更事件发生导致工程造价增减不超过合同总价的10%；②政策性规定以外的材料价格涨落等因素造成工程成本变化。

风险费用的计算方法：风险费用已包括在合同总价中。

风险范围以外合同价款调整方法：按实际竣工建筑面积950元/m²调整合同价款。

三、补充协议条款

钢筋、商品混凝土的计价方式按当地造价信息价格下浮5%计算。

问题

1. 上述合同属于哪种计价方式合同类型？

2. 该合同签订的条款有哪些不妥当之处？应如何修改？

3. 对合同中未规定的承包人义务，合同实施过程中又必须进行的工程内容，承包人应如何处理？

参考答案

问题1的答案

从甲、乙双方签订的合同条款来看，该工程施工合同应属于固定价格合同。

问题2的答案

该合同条款存在的不妥之处及其修改如下。

（1）合同工期总日历天数不应扣除节假日，应该将该节假日时间加到总日历天数中。

（2）不应以甲方规定的质量标准作为该工程的质量标准，而应以《建筑工程施工质量验收统一标准》中规定的质量标准作为该工程的质量标准。

（3）质量保修条款不妥，应按《建设工程质量管理条例》的有关规定进行修改。

（4）工程价款支付条款中的"基本竣工时间"不明确，应修订为具体明确的时间；"乙方不得因甲方资金的暂时不到位而停工和拖延工期"条款显失公平，应说明甲方资金不到位在什么期限内乙方不得停工和拖延工期，且应规定逾期支付的利息如何计算。

（5）从该案例背景来看，合同双方是合法的独立法人单位，不应约定经双方主管部门批准后该合同生效。

（6）专用条款中关于甲乙双方责任的划分不妥。甲方责任中的第4条"负责编制工程总进度计划，对各专业分包的进度进行全面安排，统一协调"和第6条"采取积极措施做好施工现场地下管线和邻近建筑物、构筑物的保护工作"应写入乙方责任条款中。乙方责任中的第1条"负责办理投资许可证、建设规划许可证、委托质量监督、施工许可证等手续"和第5条"组织承包方、设计单位、监理单位和质量监督部门进行图纸交底与会审，并整理图纸会审和交底纪要"应写入甲方责任条款中。

（7）专用条款中有关风险范围以外合同价款调整方法（按实际竣工建筑面积950元/m²调整合同价款）与合同的风险范围、风险费用的计算方法相矛盾，该条款应针对可能出现的除合同价款包括的风险范围以外的内容约定合同价款调整方法。

问题3的答案

首先应及时与甲方协商，确认该部分工程内容是否由乙方完成。如果需要由乙方完成,则应与甲方商签补充合同条款,就该部分工程内容明确双方各自的权利义务,并对工程计划做出相应的调整;如果由其他承包人完成,乙方也要与甲方就该部分工程内容的协作配合条件及相应的费用等问题达成一致意见,以保证工程的顺利进行。

 小结

招标工作一定要按规定的程序进行。在招标文件编写过程中进行造价控制的主要工作在于选定合理的工程计量方法和计价方法。选用的报价方法一般有定额计价法和清单计价法。

编制工程最高投标限价时,根据招标工程的具体情况,选择合适的编制方法。除依据设计图纸进行费用的计算外,还要考虑图纸以外的费用。

我国工程项目投标报价的方法有定额计价模式和工程量清单计价模式两种投标报价方法。投标企业要根据具体工程项目、自身的竞争力和当时当地的建设市场环境对某一项工程的投标进行决策,选取适当的投标策略和技巧。

确定合同价款的方式包括固定合同价、可调合同价和成本加酬金合同价。施工合同格式的选择可参考国际咨询工程师联合会(FIDIC)合同格式订立的合同、《建设工程施工合同示范文本》或自由格式合同。施工合同签订过程中应注意关于合同文件部分的内容、关于合同条款的约定。在合同计价方式的选择上,工程量清单的计价方法能确定更为合理的合同价,并且便于合同的实施。

 习题

一、单项选择题
二、多项选择题
三、案例分析题　第 5 章选择题

【案例一】

背景材料

某写字楼工程招标,投标商甲按正常情况计算出投标估算价后,又重新对报价进行了适当调整,调整结果见表 5.8。

表 5.8　投标商报价调整表

内容	基础工程	主体工程	装饰装修工程	总价
调整前投标估算价/万元	340	1 866	1 551	3 757
调整后正式报价/万元	370	2 040	1 347	3 757
工期/月	2	6	3	—
贷款月利率	1%	1%	1%	—

现假设基础工程完成后开始主体工程,主体工程完成后开始装饰装修工程,中间无间歇时间,并在各工程中各月完成的工作量相等且能按时收到工程款。

问题

1.甲承包人运用了什么报价策略?运用得是否合理,为什么?

2.采用新的报价方法后甲承包人所得全部工程款的现值比原投标估价的现值增加多少元(以开工日期为现值计算点)?

【案例二】

背景材料

某工程项目,建设单位通过招标选择了一家具有相应资质的工程咨询公司承担施工招标代理和施工阶段监理工作,并在监理中标通知书发出后第45天,与该工程咨询公司签订了委托监理合同。之后双方又另行签订了一份监理酬金比监理中标价降低10%的协议。

在施工公开招标中,有 A、B、C、D、E、F、G、H 等施工单位报名投标,经咨询公司资格预审均符合要求,但建设单位以 A 施工单位是外地企业为由不同意其参加投标,而咨询公司坚持认为 A 施工单位有资格参加投标。

评标委员会由 5 人组成,其中当地建设行政管理部门的招投标管理办公室主任1 人、建设单位代表1 人、政府提供的专家库中抽取的技术经济专家 3 人。

评标时发现,B 施工单位投标报价明显低于其他投标单位报价且未能合理说明理由;D 施工单位投标报价大写金额小于小写金额;F 施工单位投标文件提供的检验标准和方法不符合招标文件的要求;H 施工单位投标文件中某分项工程的报价有个别漏项;其他施工单位的投标文件均符合招标文件要求。

建设单位最终确定 G 施工单位中标,并按照《建设工程施工合同(示范文本)》(GF-2017-0201)与该施工单位签订了施工合同。

问题

1.指出建设单位在监理招标和委托监理合同签订过程中的不妥之处,并说明理由。

2.在施工招标资格预审中,工程咨询公司认为 A 施工单位有资格参加投标是否正确,说明理由。

3.指出施工招标评标委员会组成的不妥之处,说明理由,并写出正确做法。

4.判别 B、D、F、H 四家施工单位的投标是否为有效标?说明理由。

第 6 章

施工阶段的工程造价管理

　　本章进入全过程工程造价管理——施工阶段的工程造价管理,主要讲述工程变更的内容以及合同价的调整,工程索赔的概念及分类、计算方法。重点掌握工程价款的结算(概念、方法、计算依据)以及工程竣工结算。本章中的投资控制部分是施工阶段工程造价控制的重点与难点,要求掌握资金使用计划的编制,投资偏差的分析与纠正,并通过案例分析使学生对工程索赔、价款结算、偏差分析有更清楚的理解,增加实用性,为日后的工作打下基础。

施工成本
管理

6.1 工程变更及合同价的调整

6.1.1 工程变更

6.1.1.1 工程变更的概念

工程变更是指施工过程中出现了与签订合同时的预计条件不一致的情况,而需要改变原定施工承包范围内的某些工作内容。

工程价款
调整

6.1.1.2 工程变更产生的原因

在工程项目实施过程中,由于建设周期长,涉及的经济关系和法律关系复杂,受自然条件和客观因素的影响大,导致项目的实际情况与项目招投标时的情况相比会发生一些变化。如:发包人修改项目计划对项目有了新要求;因设计错误而对图纸的修改;施工变化发生了不可预见的事故;政府对建设项目有了新要求等。

工程变更常常会导致工程量变化、施工进度变化等情况,这些都有可能使项目的实际造价超出原来的预算造价,因此必须严格控制、密切注意其对工程造价的影响。

6.1.2 我国现行合同条款下的工程变更

6.1.2.1 工程变更的范围和内容

在履行合同中发生以下情形之一的,经发包人同意,监理人可按合同约定的变更程序向承包人发出变更指示:

①取消合同中任何一项工作,但被取消的工作不能转由发包人或其他人实施,此项规定是为了维护合同公平,防止某些发包人在签约后擅自取消合同中的工作,转由发包人或其他承包人实施而使本合同承包人蒙受损失。如发包人将取消的工作转由其他人实施,构成违约,按照《中华人民共和国民法典》合同编的规定,发包人应赔偿承包人损失。

②改变合同中任何一项工作的质量或其他特征。

③改变合同中工程的基线、标高、位置或尺寸。

④改变合同工程中任何一项工作的施工时间或改变已批准的施工工艺或顺序。

⑤为完成工程需要追加的额外工作。

在履行合同过程中,经发包人同意,监理人可按约定的变更程序向承包人做出变更指示,承包人应遵照执行。没有监理人的变更指示,承包人不得擅自变更。

6.1.2.2 工程变更处理程序

在合同履行过程中,工程变更的处理程序包括下列三种情形:

(1)监理人认为可能要发生变更的情形 在合同履行过程中,可能发生上述变更情形的,监理人可向承包人发出变更意向书。变更意向书应说明变更的具体内容和发包人对变更的时间要求,并附必要的图纸和相关资料。变更意向书应要求承包人提交包括拟实施变更工作的计划、措施和竣工时间等内容的实施方案。发包人同意承包人根据变更意向书要求提交变更实施方案的,由监理人发出变更指示。若承包人收到监理人的变更意向书后认为难以实施此项变更,应立即通知监理人,说明原因并附详细依据。监理人与承包人和发包人协商后确定撤销、改变或不改变原变更意向书。

(2)监理人认为发生了变更的情形　在合同履行过程中,发生合同约定的变更情形的,监理人应向承包人发出变更指示。变更指示应说明变更的目的、范围、变更内容以及变更的工程量及其技术要求,并附有关图纸和文件。承包人收到变更指示后,应按变更指示进行变更工作。

(3)承包人认为可能要发生变更的情形　承包人收到监理人按合同约定发出的图纸和文件,经检查认为其中存在变更情形的,可向监理人提出书面变更建议。变更建议应阐明要求变更的依据,并附必要的图纸和说明。监理人收到承包人书面建议后,应与发包人共同研究,确认存在变更的,应在收到承包人书面建议后的 14 天内做出变更指示。经研究后不同意作为变更的,应由监理人书面答复承包人。

无论何种情况确认的变更,变更指示只能由监理人发出。变更指示应说明变更的目的、范围、变更内容以及变更的工程量以及进度和技术要求,并附有关图纸和文件。承包人收到变更指示后进行变更工作。

例 6.1　某工程基础底板的设计厚度为 0.8 m,承包人根据以往的施工经验,认为设计有问题,未报监理工程师,即按 1.0 m 施工,问承包人增加的工程量能作为变更进行计量吗?

答:承包人多完成的工程量在计量时监理工程师不予计量。这是因为施工方不得对工程设计进行变更,未经工程师同意擅自更改,发生的费用和由此导致发包人的直接损失,由承包人承担。

6.1.2.3　变更估价

(1)变更估价的程序　承包人应在收到变更指示或变更意向书后的 14 天内,向监理人提交变更报价书,报价内容应根据变更估价原则,详细开列变更工作的价格组成及其依据,并附必要的施工方法说明和有关图纸。变更工作影响工期的,承包人应提出调整工期的具体细节。监理人认为有必要时,可要求承包人提交要求提前或延长工期的施工进度计划及相应施工措施等详细资料。监理人收到承包人变更报价书后的 14 天内,根据变更估价原则,商定或确定变更价格。

(2)变更估价的原则　因变更引起的价格调整按照下列原则处理:

①已标价工程量清单中有适用于变更工作子目的,采用该子目的单价。此种情况适用于变更工作采用的材料、施工工艺和方法与工程量清单中已有子目相同,同时也不因变更工作增加关键线路工程的施工时间。

②已标价工程量清单中无适用于变更工作子目但有类似子目的,可在合理范围内参照类似子目的单价,由发包、承包双方商定或确定变更工作的单价。此种情况适用于变更工作采用的材料、施工工艺和方法与工程量清单中已有子目基本相似,同时也不因变更工作增加关键线路工程的施工时间。

③已标价工程量清单中无适用或类似子目的单价,可按照成本加利润的原则,由发包、承包双方商定或确定变更工作的单价。

④因分部分项工程量清单漏项或非承包人原因的工程变更,引起措施项目发生变化,造成施工组织设计或施工方案变更,原措施费中已有的措施项目,按原措施费的组价方法调整。原措施费中没有的措施项目,由承包人根据措施项目变更情况,提出适当的措施费变更,经发包人确定后调整。

例 6.2 某工程土方量 30 000 m^3,合同约定土方单价 20 元/m^3,在工程实施中,发包人提出增加一项新的土方工程,土方量 5 000 m^3,施工方提出 25 元/m^3,增加工程价款:5 000×25 = 125 000(元)。问施工单位工程价款的计算是否得到批准?

答:施工方的工程价款计算不被监理工程师批准。这是因为合同中已有土方单价,应按合同单价执行,正确的工程价款为:5 000×20 = 100 000(元)。

6.1.2.4 承包人的合理化建议

在履行合同过程中,承包人对发包人提供的图纸、技术要求以及其他方面提出的合理化建议,均应以书面形式提交给监理人。合理化建议书的内容应包括建议工作的详细说明、进度计划和效益以及其他工作的协调等,并附必要的文件。监理人应与发包人协商是否采纳建议。建议被采纳并构成变更的,监理人应向承包人发出变更指示。

承包人提出的合理化建议降低了合同价格、缩短了工期或者提高了工程经济效益的,发包人可按国家有关规定在专用合同条款中约定给予奖励。

6.1.2.5 暂列金额与计日工

暂列金额只能按照监理人的指示使用,并对合同价格进行相应调整。尽管暂列金额列入合同价格,但并不属于承包人所有,也不必然发生。只有按照合同约定实际发生后,才成为承包人的应得金额,纳入合同结算价款中。扣除实际发生额后的暂列金额余额仍属于发包人所有。

发包人认为有必要时,由监理人通知承包人以计日工方式实施变更的零星工作,其价款按列入已标价工程量清单中的计日工计价子目及其单价进行计算。采用计日工计价的任何一项变更工作,应从暂列金额中支付,承包人应在该项变更的实施过程中,每天提交以下报表和有关凭证报送监理人审批:

①工程名称、内容和数量;

②投入该工作的所用人员的姓名、工种、级别和耗用工时;

③投入该工作的材料类别和数量;

④投入该工作的施工设备型号、台数和耗用台时;

⑤监理人要求提交的其他资料和凭证。

计日工由承包人汇总后,在每次申请进度款支付时列入进度付款申请单,由监理人复核并经发包人同意后列入进度付款。

6.1.2.6 暂估价

在工程招标阶段已经确定的材料、工程设备或专业工程项目,但无法在当时确定准确的价格而可能影响招标效果的,可由发包人在工程量清单中给定一个暂估价。确定暂估价实际开支分三种情况:

(1)依法必须招标的材料、工程设备和专业工程 发包人在工程量清单中给定暂估价的材料、工程设备或专业工程属于依法必须招标的范围并达到规定的规模标准的,由发包人和承包人以招标的方式选择供应商或分包人。发包人和承包人的权利义务关系在专用合同条款中约定。中标金额与工程量清单中所列的暂估价的金额差以及相应的税金等其他费用列入合同结算价格。

（2）依法不需要招标的材料、工程设备　发包人在工程量清单中给定暂估价的材料和工程设备不属于依法必须招标的范围或未达到规定的规模标准的，应由承包人提供。经监理人确认的材料、工程设备的价格与工程量清单中所列的暂估价的金额差以及相应的税金等其他费用列入合同结算价格。

（3）依法不需要招标的专业工程　发包人在工程量清单中给定暂估价的专业工程不属于依法必须招标的范围或未达到规定的规模标准的，由监理人按照合同约定的变更估价进行估价。经估价的专业工程与工程量清单中所列的暂估价的金额差以及相应的税金等其他费用列入合同结算价格。

6.2　工程索赔

6.2.1　工程索赔的概念和分类

6.2.1.1　工程索赔的概念

工程索赔是在工程承包合同履行中，当事人一方因对方不履行或不完全履行合同所规定的义务，或出现了应当由对方承担的风险而遭受损失时，向另一方提出赔偿要求的行为。索赔有承包人向发包人提出的索赔，也包括发包人向承包人提出的索赔。通常情况之下，索赔是指在合同实施过程中，承包人对非自身原因造成的损失而要求发包人给予补偿的一种权利要求。常将发包人对承包人提出的索赔称为反索赔。

6.2.1.2　工程索赔成立的条件

索赔是工程承包中经常发生并随处可见的自然现象，索赔的性质属于经济补偿行为，而不是惩罚。索赔成立须具备以下三个条件：

①索赔事件发生是非承包人的原因，由于发包人违约、发生应由发包人承担责任的特殊风险或遇到不利的自然灾害等情况。

②索赔事件发生确实使承包人蒙受了损失。

③索赔事件发生后，承包人在规定的时间范围内，按照索赔的程序，提交了索赔意向书及索赔报告。

6.2.1.3　工程索赔分类

（1）按索赔涉及当事人分类

①承包人与发包人之间的索赔；

②总承包人与分包人之间的索赔；

③承包人与供货商之间的索赔。

（2）按索赔依据分类

1）合同规定的索赔　索赔涉及的内容在合同中找到依据，如工程变更暂停施工造成的索赔。

2）非合同规定的索赔　索赔内容和权利虽然难以在合同直接找到,但可以根据合同的某些条款的含义,推论出承包人有索赔权。

（3）按索赔目的分类

1）工期索赔　由于非承包人责任的原因而导致施工进度延误,要求批准顺延合同工期的索赔。

2）费用索赔　由于发包人的原因或发包人应承担的风险,导致承包人增加开支而给予的费用补偿。

6.2.2　工程索赔的处理程序

6.2.2.1　《建设工程工程量清单计价规范》中索赔有关规定及程序

（1）索赔的提出　承包人向发包人的索赔应在索赔事件发生后,持证明索赔事件发生的有效证据和依据正当的索赔理由,按合同一定的时间向发包人递交索赔通知。发包人应按合同约定的时间对承包人提出的索赔进行答复和确认。当发包、承包双方在合同中对此通知未作具体的约定时,可按以下规定办理:

①承包人应在确认引起索赔的事件发生后 28 天内向发包人发出索赔通知,否则,承包人无权获得追加付款,竣工时间不得延长。承包人应在现场或发包人认可的其他地点,保持证明索赔可能需要的记录。发包人收到承包人的索赔通知后,未承认发包人责任前,可检查记录保持情况,并可指示承包人保持进一步的同期记录。

②在承包人确认引起索赔的事件后 28 天内,承包人应向发包人递交一份详细的索赔报告,包括索赔的依据、要求追加付款的全部资料。

③如果引起索赔的事件具有连续影响,承包人应按月递交进一步的中间索赔报告,说明累计索赔的金额。承包人应在索赔事件产生的影响结束后 28 天内,递交一份最终索赔报告。

（2）承包人索赔的处理程序　发包人在收到索赔报告后 28 天内,应作出回应,表示批准或不批准并附具体意见。还可以要求承包人提供进一步的资料,但仍要在上述期限内对索赔作出回应。发包人在收到最终索赔报告后的 28 天内,未向承包人做出答复,视为该项索赔报告已经认可。

（3）承包人提出索赔的期限　承包人接受了竣工付款证书后,应被认为已无权再提出在合同工程接受证书颁发前所发生的索赔。承包人提交的最终结清申请单中,只限于提出工程接受证书颁发后发生的索赔。提出索赔的期限自接受最终结清证书时终止。

6.2.2.2　索赔证据与文件

（1）索赔证据

①招标文件、施工合同文件及附件、经认可的施工组织设计、工程图纸、技术规范等;

②双方的往来信件及各种会议纪要;

③施工进度计划和具体的施工进度安排;

④施工现场的有关文件,如施工记录、施工备忘录、施工日记等;

⑤工程检查验收报告和各种技术鉴定报告;

⑥建筑材料的采购、订货、运输、进场时间等方面的凭据；

⑦工程中电、水、道路开通和封闭的记录与证明；

⑧国家有关法律、法令、政策文件,政府公布的物价指数、工资指数等。

（2）索赔文件

1）索赔通知（索赔信） 索赔信是一封承包人致发包人的简短的信函。它主要说明索赔事件、索赔理由等。

2）索赔报告 索赔报告是索赔材料的正文,包括报告的标题、事实与理由、损失计算与要求赔偿金额及工期。

3）附件 包括详细计算书、索赔报告中列举事件的证明文件和证据。

6.2.2.3 施工索赔

工程中常见的施工索赔有以下几类。

（1）不利的自然条件与人为障碍引起的索赔

1）不利的自然条件 指施工中遭遇到实际自然条件比招标文件中所描述的更为困难,增加了施工的难度,使承包人必须花费更多的时间和费用,在这种情况下,承包人可以提出索赔,要求延长工期和补偿费用。如发包人在招标文件中会提供有关该工程的勘察所取得的水文及地表以下的资料,但有时这类资料会严重失实,导致承包人损失。但在实践中,这类索赔会引起争议。由于在签署的合同条件中,往往写明承包人在提交投标书之前,已对现场和周围环境及与之有关的可用资料进行了考察和检查,包括地表以下条件及水文和气候条件。承包人自己应对上述资料负责。但在合同条件中还有一条,即在工程施工过程中,承包人如果遇到了现场气候条件以外的外界障碍条件,在他看来这些障碍和条件是一个有经验的承包人无法预料到的,则承包人有补偿费用和延长工期的权利。

147

以上并存的合同文件,往往引起承包人和发包人及工程师争议。

例6.3 某承包人投标获得一项铺设管道工程。工程开工后,当挖掘深8.5 m的基坑时,遇到了严重的地下渗水,不得不安装抽水系统,并开动达80天,承包人认为这是地质资料不实造成的,为此要求对不可预见的额外成本进行赔偿。问承包人这样做能索赔成功吗？

答：工程师认为,地质资料是确实的,钻探是在5月中旬,意味着是在旱季季尾,而承包人是在雨季中期进行。因此承包人应预先考虑到会有一较高的水位,这种风险不是不可预见的,因而拒绝索赔。

2）人为障碍引起的索赔 在施工过程中,如果承包人遇到了地下构筑物或文物,只要图纸并未说明的,而且与工程师共同确定的处理方案导致了工程费用的增加,承包人可提出索赔。延长工期和补偿相应费用。

例6.4 某项目在基础开挖过程中,发现古墓,承包人及时报告了监理工程师,由于进行考古挖掘,承包人提出如下索赔。

a. 由于挖掘古墓,承包人停工15天,要求发包人顺延工期15天。

b. 由于停工,使在现场的一台挖掘机闲置,要求发包人赔偿费用为：

1 000 元/台班×15 台班＝1.5 万元。

c. 由于停工,造成人员窝工损失为:

60 元/工日×15 日×30 工=2.7 万元。

问:如何处理承包人各项索赔?

答:认可工期顺延 15 天,同意补偿部分机械闲置费用。机械闲置台班单价按租赁台班费或机械折旧费计算,不应按台班费:1 000 元/台班计算,具体单价在合同中约定。

同意补偿部分人工窝工损失,不应按工日单价计算,具体按窝工人工单价合同约定。

(2)工程延误造成的索赔 指的是发包人未按合同要求提供施工条件,如未及时提供设计图纸、施工现场、道路、合同中约定的发包人供应的材料不到位等原因造成工程拖延,如果承包人能提出证据说明其延误造成的损失,有权获得赔偿(延长工期和补偿费用)。

工程延误若属于承包人的原因,不能得到费用补偿、工期不能顺延。工程延误若由于不可抗力原因,工期延长但费用得不到补偿。

(3)工程变更造成的索赔 由于发包人或监理工程师指令,增加或减少工程量、增加附加工程、修改设计、变更工程顺序等,造成工期延长或费用增加,应延长工期和补偿费用。

(4)不可抗力造成的索赔 建设工程施工中不可抗力包括战争、动乱、空中飞行物坠落或其他非发包人责任造成的爆炸、火灾,以及专用条款约定的风、雪、洪水、地震等自然灾害。因不可抗力事件导致延误的工期顺延,费用由双方按以下方法承担:

①工程本身的损害、因工程损害导致第三方人员伤亡和财产损失以及运至施工场地用于施工的材料和待安装的设备的损害,由发包人承担。

②发包人、承包人人员伤亡由其所在单位负责,并承担相应费用。

③承包人机械设备损坏及停工损失,由承包人承担。

④停工期间,承包人应工程师要求留在施工场地的必要管理人员及保卫人员的费用由发包人承担。

⑤工程所需清理、修复费用,由发包人承担。

例 6.5 某工程项目,发包人与承包人按《建设工程施工合同》示范文本签订了工程施工合同,甲乙双方分别办理了人身及财产保险。工程施工过程中发生了几十年未遇的强台风,造成了工期及经济损失,承包人向工程师提出如下索赔要求。

a. 由于台风,造成承包方多人受伤,承包方支出医疗及休养补偿费用 1.32 万元,要求发包人给予赔偿。

b. 由于施工现场施工机械损坏,用去修理费 0.89 万元,要求发包人给予赔偿。

c. 由于现场停工,造成的设备租赁费用及人工窝工 2.041 万元,要求发包人给予赔偿。

d. 由于台风,造成部分已建且已验收的分部分项工程损失,用去修复处理费 4.75 万元,要求发包人给予赔偿。

e. 由于清理灾后现场工作,需要费用 1.3 万元,要求发包人给予赔偿。

f. 造成现场停工 5 天,要求发包人顺延工期 5 天。

问:如何处理以上各项承包人提出的索赔要求?

答:a. 承包方人员受伤费用不予认可,由承包人承担。

b.机械损坏的修理费用索赔不予认可。

c.停工期间的设备租赁费及人员窝工费不予认可。

d.已建工程损坏的修复费用应由发包人给予赔偿。

e.灾后清理现场的工作费用应由发包人承担。

f.停工 5 天,相应顺延。

6.2.2.4　发包人不正当终止合同引起的索赔

发包人不正当终止工程,承包人有权要求补偿损失,其数额是承包人在被终止工程上的人工、材料、机械设备的全部支出,以及各项管理费用、贷款利息等,并有权要求赔偿其盈利损失。

6.2.2.5　工程加速引起的索赔

由于非承包人的原因,工程项目施工进度受到干扰,导致项目不能按时竣工,发包人的经济利益受到影响时,有时发包人和工程师会发布加速施工的指令,要求承包人投入更多的资源加班加点来完成工程项目。这会导致承包人成本增加,引起索赔。

6.2.2.6　发包人拖延工程款支付引起的索赔

发包人超过约定的支付时间不支付工程款,双方又未能达成延期付款协议,导致施工无法进行,承包人可停止施工,并有权获得工期的补偿和额外费用补偿。

6.2.2.7　其他索赔

政策变化、法规变化、货币汇率变化、物价上涨等原因引起的索赔,属于发包人风险,承包人有权要求补偿。

综合以上几种情况,常见的几种施工索赔处理如表 6.1 所示。

表6.1　索赔原因与处理表

索赔原因	责任者	处理原则	索赔结果
工程变更	发包人、工程师	工期顺延、补偿费用	工期+费用
发包人拖延工程款	发包人	工期顺延、补偿费用	工期+费用
施工中遇到文物、构筑物	发包人	工期顺延、补偿费用	工期+费用
工期延误	发包人	工期顺延、补偿费用	工期+费用
异常恶劣气候、天灾等不可抗力	客观原因	工期顺延、费用不补	工期
发包人不正当终止合同	发包人	补偿损失	费用

6.2.3　工程索赔的处理原则和计算

6.2.3.1　索赔处理原则

(1)以合同为依据　不论索赔事件来自何种原因,在索赔处理中,都必须在合同中找到相应的依据。工程师必须对合同条件、协议条款等详细地了解,以合同为依据来评价处理合同双方的利益纠纷。

合同文件包括合同协议、图纸、合同条件、工程量清单,双方有关工程的洽商、变更、来往函件等。

(2)及时合理地处理索赔 索赔事件发生后,索赔的提出应当及时,索赔的处理也应当及时。索赔处理不及时,对双方都会产生不利的影响,如承包人的索赔长期得不到合理解决,可能会影响承包人的资金周转,从而影响施工进度。处理索赔还必须坚持合理性,既维护发包人利益,又要照顾承包人实际情况。如由于发包人的原因造成工程停工,承包人提出索赔,机械停工损失按机械台班计算、人工窝工按人工单价计算,显然是不合理的。机械停工由于不发生运行费用,应按折旧费补偿,对于人工窝工,承包人可以考虑将工人调到别的工作岗位,实际补偿的应是工人由于更换工作地点及工种造成的工作效率的降低而发生的费用。

(3)加强主动控制,减少工程索赔 在工程实施过程中,应对可能引起的索赔进行预测,尽量采取一些预防措施,避免索赔发生。

6.2.3.2 工期索赔的计算

无论上述何种原因引起的索赔事件,都必须是非承包人的原因引起的并确实给承包人造成工期的延误。工期索赔的数学计算方法有网络分析法、比例计算法等。

(1)网络分析法 利用进度计划的网络图,分析计算索赔事件对工期影响的一种方法。网络分析法是一种科学、合理的分析方法,适用于许多索赔事件的计算。

运用网络计划计算工期索赔时,要特别注意索赔事件成立所造成的工期延误是否发生在关键线路上。若发生在施工进度的关键线路上,由于关键工序的持续时间决定了整个施工工期,发生在其上的工期延误会造成整个工期的延误,应给予承包人相应的工期补偿。若工期延误不在关键线路上,其延误不一定会造成总工期的延误,根据网络计划原理,如果延误时间在总时差内,则网络进度计划的关键线路并未改变,总工期没有变化,并没有给承包人造成工期延误,此时索赔就不成立。

例 6.6 某工程网络图如图 6.1 所示。

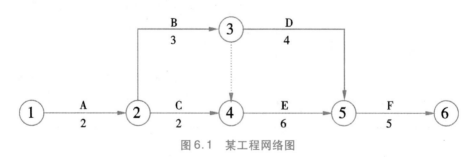

图6.1 某工程网络图

计算网络图,总工期16天,关键工作为A、B、E、F。

若发包人原因造成工作B延误2天,由于B为关键工作,对总工期将造成延误2天,故向发包人索赔2天。

问若发包人原因造成工作C延误1天,承包人工期是否可以向发包人提出1天的工期补偿?

答:工作C总时差为1天,有1天的机动时间,发包人原因造成的1天延误对总工期不会有影响。实际上,将1天的延误代入原网络图,即C工作变为3天,计算结果工期仍为16天。

若发包人原因造成工作C延误3天,由于C本身有1天的机动时间,对总工期造成延误为3-1=2天,故向发包人索赔2天。或将工作C延误的3天代入网络图中,即C为2+3=5天,计算可以发现网络图关键线路发生了变化,工作C由非关键工作变成了关键工作,总工期为18天,索赔18-16=2天。

一般地,根据网络进度计划计算工期延误时,若工程完成后一次性解决工期延长问题,通常做法是:在原进度计划的工作持续时间的基础上,加上由于非承包人造成的工作延误的时间,代入网络图,计算得出延误后的总工期,减去原计划的工期,进而得到可批准的索赔工期。

例6.7　某工程的分项工程网络图如图6.2所示,要求工期29天。施工中各工作的持续时间发生变化,具体变化及原因见表6.2,问承包人可提出工期索赔多少天?

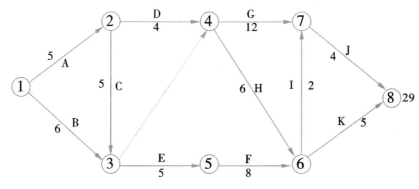

图6.2　某工程网络图

表6.2　工作持续时间

工作	持续时间延长原因及天数/天			持续时间延长值/天
	发包人原因	不可抗力	承包人原因	
A	1	1	1	3
B	2	1	0	3
C	0	1	0	1
D	1	0	0	1
E	1	0	2	3
F	0	1	0	1
G	2	4	0	6
H	0	0	2	2
I	0	0	1	1
J	1	0	0	1
K	2	1	1	4

解:计算原网络计划工期。经计算得工期29天。将非承包人原因使工作拖延的时间加到原各工作持续时间上去,即A工作为5+2=7天,B工作为9天,C工作为6天,D工作为5天,E工作为6天,F工作为9天,G工作为18天,H工作为6天,I工作为2天,J工作为5天,K工作为8天。

代入网络图计算,得工期36天,如图6.3所示。所以可索赔36-29=7天。

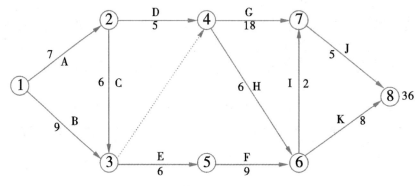

图6.3 某工程调整后网络图

(2)比例计算法 在实际工程中,干扰时间常常影响某些单项工程、单位工程或分部分项工程工期,要分析它们对总工期的影响,可以采用简单的比例计算。

例6.8 某项工程,基础为整体底板,混凝土量为840 m³,计划浇筑底板混凝土24 h连续施工需4天,在土方开挖时发现地基与地质资料不符,发包人与设计单位洽商后修改设计,确定局部基础深度加深,混凝土工程量增加70 m³,补偿工期多少天?

解:原计划浇筑底板时间 $=\dfrac{24}{8}\times4=12$(天)

由于基础工程量增加而增加的工期 $=\dfrac{70}{840}\times12=1$(天)

对于额外增加工程量的价格:

$$工期索赔额度=\dfrac{额外增加的工程量的价格}{原合同价格}\times原合同总工期$$

例6.9 某工程施工中,发包人推迟批准办公楼基础设计图纸,使该单项工程延期10周,该单项工程合同价480万元,整个工程合同价款2 400万元,承包人提出工期索赔,计算如下:

$$\dfrac{480}{2\,400}\times10=2(周)$$

对于已知部分工程的延期时间:

$$工期索赔额度=\dfrac{受干扰部分工程的合同价}{原合同总价}\times该受干扰部分工期拖延部分$$

(3)工期共同延误的处理 在实际施工过程中,工期拖延很少只是由一方造成的,往往是两三种原因同时发生(或相互作用)而形成的,故称为"共同延误"。在这种情况下,

要具体分析哪一种情况延误是有效的,应依据以下原则:

①首先判断造成拖延的哪一种原因是最先发生的,即确定"初始延误"者,它应对工程延期负责。在初始延误发生作用期间,其他并发的延误者不承担延期责任。

②如果初始延误者是发包人原因,则在发包人原因造成的延误期内,承包人既可得到工期延长,又可得到经济补偿。

③如果初始延误者是客观原因,则在客观因素发生影响的延误期内,承包人可以得到工期延长,但很难得到费用补偿。

④如果初始延误者是承包人原因,则在承包人原因造成的延误期内,承包人既不能得到工期补偿,也不能得到费用补偿。

6.2.3.3　索赔费用的计算

(1)索赔费用组成　索赔费用的主要组成部分与建设工程施工承包合同价的组成部分相似。从原则上说,凡是承包人有索赔权的工程成本的增加,都可列入索赔的费用。可索赔的费用包括以下几种:

1)人工费　完成合同以外的额外工作所花费的人工费,非承包人责任的工效降低所增加的人工费用,非承包人责任工程延误导致的人员窝工费。

2)机械使用费　完成额外的工作增加的机械使用费,非承包人责任的工效降低所增加的机械费用,发包人原因导致机械停工的窝工费。

3)材料费　索赔事件材料实际用量增加费用,非承包人责任的工期延误导致的材料价格上涨而增加的费用等。

4)管理费　承包人完成额外工程、索赔事项工作以及工期延长期间的管理费,包括管理人员工资、办公费。

5)利润　由于工程范围的变更和施工条件变化引起的索赔,承包人可以列入利润,对于工程延误引起的索赔,由于工期延误并未影响、削减某些项目的实施,从而导致利润减少,所以一般很难将利润索赔加入到索赔费用中。

6)利息　包括拖期付款利息、由于工程变更和工程延误增加投资的利息、索赔款利息、错误扣款利息等。

7)分包费用　指分包人的索赔款额。分包人的索赔列入总承包人的索赔总额中。

(2)索赔费用计算　索赔费用可用分项法、总费用法、修正总费用法计算。

1)分项法　它是按每个索赔事件所引起损失的费用项目分别分析计算索赔值的一种方法,也是工程索赔计算中最常用的一种方法。

例6.10　某建设项目,发包人与承包人签订了施工合同,其中规定,在施工中,如因发包人原因造成窝工,则人工窝工费和机械的停工费按台日费和台班费的60%结算支付。在计划执行中,出现了下列情况(同一工作由不同原因引起的停工时间,都不在同一时间)。

a.因发包人不能及时供应材料使工作A延误3天,B延误2天,C延误3天。

b.因机械发生故障检修使工作A延误2天,B延误2天。

c.因发包人要求设计变更使工作D延误3天。

d.因公网停电使工作D延误1天,E延误1天。

153

分析:发包人不能及时供应材料是发包人违约,承包人可以得到工期和费用补偿;机械故障是承包人自身的原因造成的,不予补偿;发包人要求设计变更可以补偿相应工期和费用;公网停电是发包人应承担的风险,可以补偿承包人工期和费用。本案例只要求计算费用补偿。

解:

经济损失索赔如下。

A 工作赔偿损失 3 天,B 工作赔偿 2 天,C 工作赔偿 3 天,D 工作赔偿(3+1)=4 天,E 工作赔偿 1 天损失。

A 工序吊车: 3 天×1 800 元/台班×60% =3 240(元)

B 工序小机械: 2 天×240 元/台班×60% =288(元)

C 混凝土搅拌机: 3 天×280 元/台班×60% =504(元)

D 混凝土搅拌机: 4 天×280 元/台班×60% =672(元)

A 工序人工: 3 天×30 人×120 元/工日×60% =6 480(元)

B 工序人工: 2 天×15 人×120 元/工日×60% =2 160(元)

C 工序人工: 3 天×35 人×120 元/工日×60% =7 560(元)

D 工序人工: 4 天×35 人×120 元/工日×60% =10 080(元)

E 工序人工: 1 天×20 人×120 元/工日×60% =1 440(元)

合计经济补偿为: 32 424 元

2)总费用法 当发生多次索赔事件以后,重新计算该工程的实际总费用,再用这个实际总费用减去投标报价时估算的总费用,即:

$$索赔金额=实际总费用-投标报价总费用 \qquad (6.1)$$

由于施工过程中会受到许多因素影响,既有发包人原因,也有来自施工方自身的原因,采用这个方法,可能在实际费用中包括承包人的原因而增加的费用,所以这种方法只有在难以按分项法计算索赔费用时才使用。

3)修正总费用法 它是对总费用法的改进,在总费用计算的原则上,去除一些不合理的因素,使其更合理。

$$索赔金额=调整后实际总金额-投标报价估算总费用 \qquad (6.2)$$

例6.11 某施工单位与某建设单位签订施工合同,合同工期38 天。合同中约定,工期每提前(或拖后)1 天奖罚 5 000 元,乙方得到工程师同意的施工网络计划如图 6.4 所示。

实际施工中发生了如下事件。

a.在房屋基槽开挖后,发现局部有软弱下卧层,按甲方代表指示,乙方配合地质复查,配合用工 10 工日。地质复查后,根据经甲方代表批准的地基处理方案增加工程费用 4 万元,因地基复查和处理使房屋基础施工延长 3 天,人工窝工 15 工日。

b.在发射塔基础施工时,因发射塔坐落位置的设计尺寸不当,甲方代表要求修改设计,拆除已施工的基础、重新定位施工。由此造成工程费用增加 1.5 万元,发射塔基础施工延长 2 天。

c.在房屋主体施工中,因施工机械故障,造成工人窝工8工日,房屋主体施工延长2天。

d.在敷设电缆时,因乙方购买的电缆质量不合格,甲方代表令乙方重新购买合格电缆,由此造成敷设电缆施工延长4天,材料损失费1.2万元。

e.鉴于该工程工期较紧,乙方在房屋装修过程中采取了加快施工技术措施,使房屋装修施工缩短3天,该项技术措施费为0.9万元。

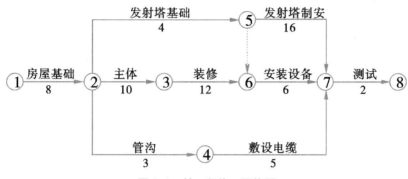

图6.4 某工程施工网络图

其余各项工作持续时间和费用与原计划相符。假设工程所在地人工费标准为120元/工日,应由甲方给予补偿的窝工人工补偿标准为65元/工日,间接费、利润等均不予补偿。

155

问:

①在上述事件中,乙方可以就哪些事件向甲方提出工期补偿和费用补偿?

②该工程实际工期为多少?

③在该工程中,乙方可得到的合理费用补偿为多少?

解:

①各事件处理:

事件a 可以提出工期索赔和费用索赔。因为地质条件的变化属于有经验的承包人无法合理预见的,该工作位于关键线路上。

事件b 可提出费用补偿要求,不能提出工期补偿。因为设计变更属于甲方应承担的责任,甲方应给予经济补偿,但该工序为非关键工序且延误时间2天未超过总时差8天,故没有工期补偿。

事件c 不能提出费用和工期补偿。施工机械故障属于施工方自身应承担的责任。

事件d 不能提出费用和工期补偿。乙方购买的电缆质量问题是乙方自己的责任。

事件e 不能提出费用和工期的补偿。因为双方在合同中约定采用奖励方法解决乙方加速施工的费用补偿,故赶工措施费由乙方自行承担。

按原网络进度计划计算得工期38天,如图6.5所示。

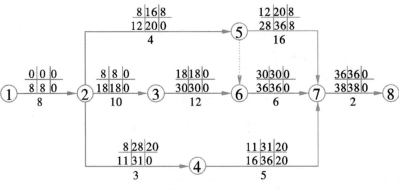

图6.5　某工程按原计划网络图

②实际施工进度。按实际情况计算得工期40天,如图6.6所示。

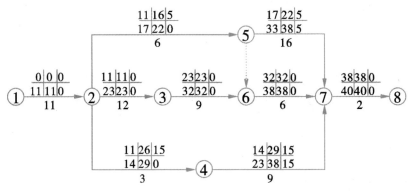

图6.6　某工程按实际施工进度网络图

由于发包人原因而导致的进度计划,如图6.7所示。

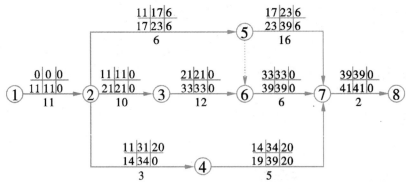

图6.7　某工程按发包方原因网络图

经计算工期41天,与原合同工期相比应延长3天。即实际合同工期应为41天,而实际工期 40 天,与合同工期 41 天相比提前了 1 天,按照合同给予奖励。

③费用补偿:

事件 a

增加人工费:　10×120＝1 200(元)

窝工费:　　　15×65＝975(元)

增加工程费用:40 000(元)

事件 b

增加工程费:　15 000(元)

提前工期奖励:1×5 000＝5 000(元)

合计补偿:　　1 200+975+40 000+15 000＝57 175(元)

6.3　工程价款结算

建设工程价款结算暂行办法

6.3.1　工程价款结算的概念和结算方式

6.3.1.1　工程价款结算的概念

根据财政部、原建设部《建设工程价款结算暂行办法》财建〔2004〕369 号的规定,所谓工程价款结算是指对建设工程的发包承包合同价款进行约定和依据合同进行工程预付款、工程进度款、工程竣工价款结算的活动。工程价款结算应按合同约定办理,合同未做约定或约定不明的,发包、承包双方应依照下列规定与文件协商处理:国家有关法律、法规和规章制度;国务院建设行政主管部门、省、自治区、直辖市或有关部门发布的工程造价计价标准、计价办法等有关规定;建设项目的补充协议、变更签证和现场签证,以及经发包、承包人认可的其他有效文件;其他可依据的材料。

6.3.1.2　工程价款结算方式

《住房和城乡建设部办公厅关于印发工程造价改革工作方案的通知》(建办标〔2020〕38 号)指出,应"加强工程施工合同履约和价款支付监管,引导发承包双方严格按照合同约定开展工程款支付和结算,全面推行施工过程价款结算和支付"。

我国现行工程价款结算根据不同情况,可采取以下两种方式:

(1)按月结算与支付　即实行按月支付进度款,竣工后清算的办法。合同工期在两个年度以上的工程,在年终进行工程盘点,办理年度结算。

(2)分段结算与支付　即当年开工、当年不能竣工的工程按照工程形象进度,划分不同阶段支付工程进度款。具体划分在合同中明确。

除上述两种主要方式外,双方还可以约定其他结算方式。

6.3.1.3　工程合同价款的约定

(1)工程合同价款约定的要求　实行招标的工程合同价款应在中标通知书发出之日起 30 天内,由发包、承包双方依据招标文件和中标人的投标文件在书面合同中约定。不实行招标的工程合同价款,在发包、承包双方认可的工程价款基础上,由发包、承包双方

157

在合同中约定。

实行招标的工程,合同约定不得违背招投标文件中关于工期、造价、质量等方面的实质性内容。招标文件与中标人投标文件不一致的地方,以投标文件为准。采用工程量清单计价的工程宜采用单价合同。

(2)工程合同价款约定的内容　发包、承包双方在合同条款中对下列事项进行约定,合同中没有约定或约定不明的,由双方协商确定,协商不能达成一致的,按清单计价规范执行。

①预付工程款的数额、支付时限及抵扣方式;

②工程进度款的支付方式、数额及时限;

③工程施工中发生变更时,工程价款的调整方法、索赔方式、时限要求及金额支付方式;

④发生工程价款纠纷的解决方法;

⑤约定承担风险的范围及幅度以及超出约定范围和幅度的调整办法;

⑥工程竣工价款的结算与支付方式、数额及时限;

⑦工程质量保证(保修)金的数额、预扣方式及时限;

⑧安全措施和意外伤害保险费用;

⑨工期及工期提前或延后的奖励办法;

⑩与履行合同、支付价款相关的担保事项。

6.3.2　工程预付款结算

施工企业承包工程,一般实行包工包料,这就需要有一定数量的备料周转金。在工程承包合同条款中,规定在开工前发包方拨付给承包单位一定限额的工程预付备料款。

6.3.2.1　工程预付款的支付时间

按照《建设工程价款结算暂行办法》的规定,在具备施工条件的前提下,发包人应在双方签订合同后的一个月内或不迟于约定的开工日期前的 7 天内预付工程款,发包人不按约定预付,承包人在约定预付时间到期后 10 天内向发包人发出要求预付的通知,发包人收到通知后仍不按要求预付,承包人可在发出通知后 14 天后停止施工,发包人应从约定应付之日起向承包人支付应付款的贷款利息(利率按同期银行贷款利率计),并承担违约责任。

工程预付款仅用于承包人支付施工开始时与本工程有关的动员费用。如承包人滥用此款,发包人有权立即收回。除专用合同条款另有约定外,承包人应在收到预付款的同时向发包人提交预付款保函,预付款保函的担保金额与预付款金额相同,在发包人全部扣回预付款之前,该银行保函将一直有效。当预付款被发包人扣回时,银行保函金额相应递减。

6.3.2.2　工程预付款的数额

决定工程预付款数额的因素有主要材料占工程造价比重、材料储备期、施工工期。预付备料款计算方法有以下几种:

（1）工程预付款的数学计算法

$$工程预付款限额=\frac{年度承包工程总值×主要材料所占比重}{年度施工日历天数}×材料储备天数 \quad (6.3)$$

（2）工程预付款的比例计算法

$$工程预付款数额=年度建筑安装工程合同价×预付备料款比例额度 \quad (6.4)$$

包工包料工程的预付款按合同约定拨付,原则上预付比例不低于合同金额的 10% ,不高于合同金额的 30% ,对于重大工程项目,按年度工程计划逐年预付。计价执行《建设工程工程量清单计价规范》(GB 50500—2013)的工程,实体性消耗和非实体性消耗部分应在合同中分别约定预付款比例。

在实际工作中,工程预付款的数额,要根据工程类型、合同工期、承包方式、供应体制等不同而定。例如,工业项目中钢结构和管道安装所占比重较大的工程,其主要材料所占比重比一般安装工程要高,因而工程预付款数额也要相应提高,工期短的工程比工期长的要高,材料由承包人自购的比由发包人提供材料的要高。

6.3.2.3　工程预付款的起扣点

发包人拨付给承包人的备料款属于预支的性质,工程实施后,随着工程所需材料储备的逐步减少,应以抵充工程款的方式陆续扣回,即在承包人应得的工程进度款中扣回。扣回的时间称为起扣点,起扣点计算方法有以下两种:

①按公式计算。这种方法原则上是以未完工程所需材料的价值等于预付备料款时起扣。从每次结算的工程款中按材料比重抵扣工程价款,竣工前全部扣清。

$$未完工程材料款=预付备料款$$

$$未完工程材料款=未完工程价值×主材比重$$
$$=(合同总价–已完工程价值)×主材比重$$
$$预付备料款=(合同总价–已完工程价值)×主材比重$$

$$已完工程价值(起扣点)=合同总价-\frac{预付备料款}{主材比重} \quad (6.5)$$

②在承包方完成金额累计达到合同总价一定比例(双方合同约定)后,由发包方从每次应付给承包方的工程款中扣回工程预付款,在合同规定的完工期前将预付款还清。

6.3.2.4　每次应扣回的数额
第一次应扣回的预付备料款=(累计已完工程价值–起扣点)×主要材料费比重
以后各次应扣回预付备料款=每次结算的已完工程价值×主要材料费比重

6.3.3　工程计量与价款支付

施工企业在施工过程中,根据合同所约定的结算方式,按月或形象进度或控制界面,完成的工程量计算各项费用,向发包人办理工程进度款结算。

以按月结算为例,发包人在月中向施工企业预支半月工程款,月末施工企业根据实际完成工程量,向发包人提供已完工程月报表和工程价款结算账单,经发包人和工程师确认,收取当月工程价款,并通过银行结算。

6.3.3.1 已完工程量的计量

根据工程量清单计价规范形成的合同价中包含综合单价和总价包干两种不同形式,应采取不同的计量方法。除专用合同条款另有约定外,综合单价子目已完成工程量按月计算,总价包干子目的计量周期按批准的支付分解报告确定。

(1)综合单价子目的计量 已标价工程量清单中的单价子目工程量为估算工程量。若发现工程量清单中出现漏项、工程量计算偏差,以及工程量变更引起的工程量增减,应在工程进度款支付即中间结算时调整,结算工程量是承包人在履行合同义务过程中实际完成,并按合同约定的计量方法进行计量的工程量。

(2)总价包干子目的计量 总价包干子目的计量和支付应以总价为基础,不应因物价波动引起的价格调整的因素而进行调整。承包人实际完成的工程量是进行工程目标管理和控制进度支付的依据。承包人在合同约定的每个计量周期内,对已完成的工程量进行计量,并提交专用条款约定的合同总价支付分解表所表示的阶段性或分项计量的支持性资料,以及所达到工程形象目标或分阶段需完成的工程量和有关计量资料。总价包干子目的支付分解一般有以下三种方式:

①对于工期较短的项目,将总价包干子目的价格按合同约定的计量周期平均。

②对于合同价值不大的项目,按照总价包干子目的价格占签约合同价的百分比,以及各个支付周期内所完成的总价值,以固定百分比方式均摊支付。

③根据有合同约束力的进度计划、预先确定的里程碑形象进度节点(或者支付周期)、组成总价子目的价格要素的性质[与时间、方法和(或)当期完成合同价值等的关联性]。将组成总价包干子目的价格分解到各个形象进度节点(或者支付周期中),汇总形成支付分解表。实际支付时,经检查核实其实际形象进度,达到支付分解表的要求后,即可支付经批准的每阶段总价包干子目的支付金额。

6.3.3.2 已完工程量的复核

当发包、承包双方在合同中未对工程量的复核时间、程序、方法和要求做约定时,按以下规定办理:

①承包人应在每个月末或合同约定的工程段完成后向发包人递交上月或上一工程段已完工程量报告;发包人应在接到报告后7天内按图纸施工(含设计变更)核对已完工程量,并应在计量前24 h通知承包人。承包人应提供条件并按时参加。如承包人收到通知后不参加计量核对,则由发包人核实的计量应认为是对工程量的正确计量。如发包人未在规定的时间内通知承包人,致使承包人未能参加计量核对的,则由发包人所做的计量核实结果无效。如发、承包双方均同意计量结果,则双方应签字确认。

②如发包人未在规定的时间内进行计量核对,承包人提交的工程计量视为发包人已经认可。

③对于承包人超出施工图纸范围或因承包人原因造成返工的工程量,发包人不予计量。

④如承包人不同意发包人核实的计量结果,承包人应在收到上述结果后7天内向发

包人提出,申明承包人认为不正确的详细情况。发包人收到后,应在 2 天内重新核对有关工程量的计量,或予以确认,或将其修改。

发包、承包双方认可的核对后的计量结果,应作为支付工程进度款的依据。

6.3.3.3　承包人提交进度款支付申请

在工程量经复核认可后,承包人应在每个付款周期末,向发包人递交进度款支付申请,并附相应的证明文件。除合同另有约定外,进度款支付申请应包括下列内容:

①本期已实施工程的价款;

②累计已完成工程的价款;

③累计已支付的工程价款;

④本周期已完成计日工金额;

⑤应增加和扣减的变更金额;

⑥应增加和扣减的索赔金额;

⑦应抵扣的工程预付款;

⑧应扣减的质量保证金;

⑨根据合同应增加和扣减的其他金额;

⑩本付款周期实际应支付的工程价款。

6.3.3.4　进度款支付时间

发包人应在收到承包人的工程进度款支付申请后 14 天内核对完毕。否则,从第 15 天起承包人递交的工程进度款支付申请视为被批准。发包人应在批准工程进度款支付申请的 14 天内,按不低于计量工程价款的 60%、不高于计量工程价款的 90% 向承包人支付工程进度款。若发包人未在合同约定的时间内支付工程进度款,可按以下规定办理:

①发包人超过约定的支付时间不支付工程进度款,承包人应及时向发包人发出要求付款的通知,发包人收到承包人通知后仍不能按要求付款,可与承包人协商签订延期付款协议,经承包人同意后可延期支付,协议应明确延期支付的时间和从付款申请生效后按同期银行贷款利率计算应付工程进度款的利息。

②发包人不按合同约定支付工程进度款,双方又未达成延期付款协议,导致施工无法进行,承包人可停止施工,由发包人承担违约责任。

6.3.4　工程质量保证金

6.3.4.1　保证金的概念

按照《建设工程质量保证金管理办法》的规定,建设工程质量保证金是指发包人与承包人在建设工程承包合同中约定,从应付的工程款中预留,用以保证承包人在缺陷责任期内对建设工程出现的缺陷进行维修的资金。

缺陷是指建设工程质量不符合工程建设强制性标准、设计文件,以及承包合同的约定。

缺陷责任期一般为 1 年,最长不超过 2 年,由发、承包双方在合同中约定。

质量保证金的计算额度不包括预付款的支付、扣回以及价格调整的金额。

关于印发建设工程质量保证金管理办法的通知

6.3.4.2　保证金的预留和返还

（1）发包、承包双方的约定　发包人应当在招标文件中明确保证金预留、返还等内容，并与承包人在合同条款中对涉及保证金的下列事项进行约定：

①保证金的预留、返还方式；

②保证金预留比例、期限；

③保证金是否计付利息，如计付利息，利息的计算方式；

④缺陷责任期的期限及计算方式；

⑤保证金预留、返还及工程维修质量、费用等争议的处理程序；

⑥缺陷责任期内出现缺陷的索赔方式。

（2）保证金的返还　缺陷责任期内，承包人认真履行合同约定的责任。约定的缺陷责任期满，承包人向发包人申请返还保证金。发包人在接到承包人返还保证金申请后，应于14天内会同承包人按照合同约定的内容进行核实。如无异议，发包人应当在核实后14天内将保证金返还给承包人，逾期支付的，从逾期之日起，按照同期银行贷款利率计付利息，并承担违约责任。发包人在接到承包人返还保证金申请后14天内不予答复，经催告后14天内仍不予答复的，视同认可承包人的返还保证金申请。

缺陷责任期满时，承包人没有完成缺陷责任的，发包人有权扣留与未履行责任剩余工作所需金额相应的质量保证金余额，并有权根据约定要求延长缺陷责任期，直至完成剩余工作为止。

6.3.4.3　保证金的管理及缺陷修复

（1）保证金的管理　缺陷责任期内，实行国库集中支付的政府投资项目，保证金的管理应按国库集中支付的有关规定执行。其他的政府投资项目，保证金可以预留在财政部门或发包方。缺陷责任期内，如发包人被撤销，保证金随交付使用的资产一并移交使用单位管理，由使用单位代行发包人职责。社会投资项目采用预留保证金方式的，发、承包双方可以约定将保证金交由金融机构托管，采用工程质量保证担保、工程质量保险等其他保证方式的，发包人不得再预留保证金，并按照有关规定执行。

（2）缺陷责任期内缺陷责任的承担　缺陷责任期内，由承包人原因造成的缺陷，承包人应负责维修，并承担鉴定及维修费用。如承包人不维修也不承担费用，发包人可按合同约定扣除保证金，并由承包人承担违约责任。承包人维修并承担相应费用后，不免除对工程的一般损失赔偿责任。由他人原因造成的缺陷，发包人负责组织维修，承包人不承担费用，且发包人不得从保证金中扣除费用。

发包人应按照合同约定方式预留保证金，保证金总预留比例不得高于工程价款结算总额的3%。合同约定由承包人以银行保函替代预留保证金的，保函金额不得高于工程价款结算总额的3%。

6.3.5　工程竣工结算

6.3.5.1　工程竣工结算的概念

工程竣工结算是指施工企业按照合同规定的内容全部完成所承包的工程，经验收质量合格，并符合合同要求之后，向发包单位进行最终的工程价款结算。工程竣工结算分为单位工程竣工结算、单项工程竣工结算和建设项目竣工总结算,其中单位工程竣工结算和单项工程竣工结算也可看作分阶段结算。单位工程竣工结算由承包人编制,发包人审查;实行总承包的工程,由具体承包人编制,在总承包人审查的基础上,由发包人审查。单项工程竣工结算或建设项目总结算由总(承)包人编制,发包人可直接进行审查,也可以委托具有相应资质的工程造价咨询机构进行审查。政府投资项目,由同级财政部门审查。单项工程竣工结算或建设项目竣工总结算经发、承包人签字盖章后有效。

$$竣工结算工程价款=合同价款+施工过程中预算或合同价款调整数额-$$
$$预付及已结算工程价款-保修金 \qquad (6.6)$$

例6.12 某工程合同价款总额为300万元,施工合同规定预付备料款为合同价款的25%,主要材料为工程价款的62.5%,在每月工程款中扣留3%的质量保证金,每月实际完成工作量如表6.3所示。

表6.3 每月实际完成工程量表

月份	1	2	3	4	5	6
完成工作量/万元	20	50	70	75	60	25

求预付备料款、每月结算工程款。

解:预付备料款$=300×25\%=75$(万元)

起扣点$=300-\dfrac{75}{62.5\%}=180$(万元)

1月份:累计完成20万元,结算工程款$20-20×3\%=19.4$(万元)。

2月份:累计完成70万元,结算工程款$50-50×3\%=48.5$(万元)。

3月份:累计完成140万元,结算工程款$70×(1-3\%)=67.9$(万元)。

4月份:累计完成215万元,超过起扣点180万元。

结算工程款$=75-(215-180)×62.5\%-75×3\%=50.875$(万元)。

5月份:累计完成275万元。

结算工程款$=60-60×62.5\%-60×3\%=20.7$(万元)。

6月份:累计完成300万元。

结算工程款$=25×(1-62.5\%)-25×3\%=8.625$(万元)。

例6.13 某项工程发包人与承包人签订了施工合同,合同中含有两个子项工程,估算工程量A项为2 300 m³,B项为3 200 m³,经协商合同价A项为180元/m³,B项为160元/m³,承包合同规定:开工前发包人应向承包人支付合同价20%的预付款;发包人自第一个月起,从承包人的工程款中,按3%的比例扣留保修金;当子项工程实际量超过估算工程量10%时,可进行调价,调整系数为0.9;根据市场情况规定价格调整系数平均按1.2计算;工程师签发月度付款最低金额为25万元;预付款在最后两个月扣除,每月扣50%。

承包人每月实际完成并经工程师签证确认的工程量如表6.4所示。

表6.4 每月实际完成并经工程师签证确认的工程量表 单位:m³

月份	1	2	3	4
A	500	800	800	600
B	700	900	800	600

问题: 每月工程量价款、应签证的工程款、工程师签发的付款凭证各是多少?

解:

预付款=(2 300×180+3 200×160)×20%=185 200(元)=18.52(万元)

预付款在第三、四月扣回。

第一个月:

工程量价款=500×180+700×160=202 000(元)=20.2(万元)

应签证的工程款=20.2×1.2×(1-3%)=23.513(万元)

由于工程师签发的最低金额为25万元,故本月工程师不予签发付款凭证。

第二个月:

工程量价款=800×180+900×160=288 000(元)=28.8(万元)

应签证工程款=28.8×1.2×(1-3%)=33.523(万元)

本月工程师签发的付款凭证:23.513+33.523=57.036(万元)

第三个月:

工程量价款=800×180+800×160=272 000(元)=27.2(万元)

应签证的工程款=27.2×1.2×(1-3%)-18.52×50%=22.401(万元)

不予签发付款凭证。

第四个月:

A项工程累计完成工程量2 700 m³,比估算工程量2 300 m³超出400 m³,已超过估算工程量10%,超过部分的单价应进行调整。

超过估算工程量10%的工程量为:2 700-2 300×(1+10%)=170(m³)

其单价应调整为:180×0.9=162(元/m³)

A项工程量价款=(600-170)×180+170×162=104 940(元)=10.494(万元)

B项工程累计完成工程量3 000 m³,未超过10%。

B项工程量价款=600×160=96 000(元)=9.6(万元)

本月工程价款=9.6+10.494=20.094(万元)

本月应签证工程价款=20.094×1.2×(1-3%)-18.52×50%=14.129(万元)

实际应签证工程价款=22.401+14.129=36.53(万元)

6.3.5.2 工程竣工结算争议的处理

发包人对工程质量有异议,拒绝办理工程竣工结算的,已竣工验收或已竣工未验收但实际投入使用的工程,其质量争议按工程保修合同执行,竣工结算按合同约定办理。已竣工未验收项目未实际投入使用的工程及停工、停建工程的质量争议,双方应就有争

164

议的部分委托有资质的检测鉴定机构进行检测,根据检测结果确定解决方案,或按工程质量监督机构的处理决定执行后办理竣工结算,无争议部分的竣工结算按合同约定办理。

6.4　投资控制

6.4.1　资金使用计划

6.4.1.1　施工阶段资金使用计划编制的作用

建设工程周期长、规模大、造价高,施工阶段又是资金投入量最直接、最大,效果最明显的阶段。施工阶段资金使用计划的编制与控制在整个建设管理中处于重要的地位,它对工程造价有着重要的影响,表现在以下几个方面:

①通过编制资金计划,合理地确定工程造价施工阶段目标值,使工程造价控制有所依据,并为资金的筹集与协调打下基础。有了明确的目标值后,就能将工程实际支出与目标值进行比较,找出偏差,分析原因,采取措施纠正偏差。

②通过资金使用计划,预测未来工程项目的资金使用和进度控制,消除不必要的资金浪费。

③在建设项目的进行中,通过资金使用计划执行,有效地控制工程造价上升,最大限度地节约投资。

资金使用计划的编制

6.4.1.2　资金使用计划编制

(1)按不同子项目编制资金使用计划　一个建设项目往往由多个单项工程组成,每个单项工程可能由多个单位工程组成,而单位工程又由若干个分部分项工程组成。

如一个学校建设项目,其组成情况如图6.8所示。

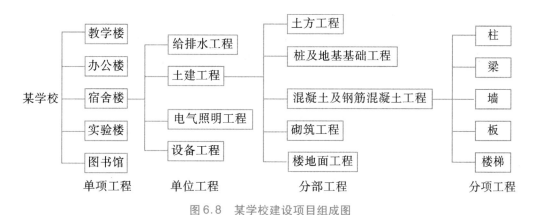

图6.8　某学校建设项目组成图

对工程项目划分的粗细程度,根据具体实际需要而定,一般情况下,投资目标分解到各单项工程、单位工程。

投资计划分解到单项工程、单位工程的同时,还应分解到建筑工程费、安装工程费、设备购置、工程建设其他费,这样有助于检查各项具体投资支出对象落实情况。

（2）按时间进度编制资金使用计划　建设项目的投资总是分阶段、分期支出的,按时间进度编制资金使用计划,是将总目标按使用时间分解,确定分目标值。

按时间进度编制的资金使用计划通常采用横道图、时标网络图、S形曲线、香蕉图等形式。

1）横道图　横道图是用不同的横道图标示已完工程计划投资、实际投资及拟完工程计划投资,横道图的长度与其数据成正比。横道图的优点是形象直观,但信息量少,一般用于管理的较高层次。

2）时标网络图　时标网络图是在确定施工计划网络图基础上,将施工进度与工期相结合而形成的网络图。

3）S形曲线　即时间-投资累计曲线。时标网络图和横道图将在偏差分析中详细介绍,在此,介绍S形曲线。S形曲线绘制步骤如下:

①确定工程进度计划。

②根据每单位时间内完成的实物工程量或投入的人力、物力和财力,计算单位时间（月或旬）的投资,如表6.5所示。

表6.5　某工程单位时间投资表

时间/月	1	2	3	4	5	6	7	8	9	10	11	12
投资/万元	100	200	300	500	600	800	800	700	600	400	300	200

③将各单位时间计划完成的投资额累计,得到计划累计完成的投资额,如表6.6所示。

表6.6　某工程计划累计完成投资额表

时间/月	1	2	3	4	5	6	7	8	9	10	11	12
投资/万元	100	200	300	500	600	800	800	700	600	400	300	200
计划累计投资/万元	100	300	600	1 100	1 700	2 500	3 300	4 000	4 600	5 000	5 300	5 500

④绘制S形曲线如图6.9所示。

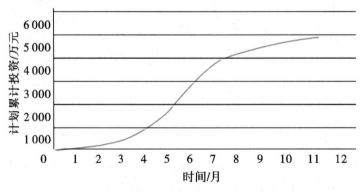

图6.9　某工程S形曲线图

每一条S形曲线对应于某一特定的工程进度计划。

4)香蕉图 香蕉图绘制方法同S形曲线,不同在于分别绘制按最早开工时间(ES)和最迟开工时间(LS)的曲线,两条曲线形成类似香蕉的曲线图,如图6.10所示。

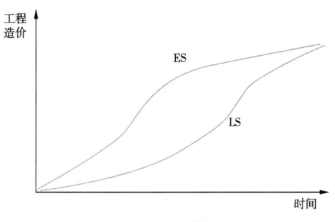

图6.10 某工程香蕉曲线图

S形曲线必然包括在香蕉图曲线内。

6.4.2 投资偏差分析与纠正

6.4.2.1 投资偏差的概念

167

在项目实施过程中,由于各种因素的影响,实际情况往往会与计划出现偏差,把投资的实际值与计划值的差异叫作投资偏差,把实际工程进度与计划工程进度的差异叫作进度偏差。

费用偏差分析(上)

$$投资偏差=已完工程实际投资-已完工程计划投资 \tag{6.7}$$

$$进度偏差=已完工程实际时间-已完工程计划时间 \tag{6.8}$$

进度偏差也可表示为:

$$进度偏差=拟完工程计划投资-已完工程计划投资 \tag{6.9}$$

式中 拟完工程计划投资——按原进度计划工作内容的计划投资。

通俗地讲,拟完工程计划投资是指"计划进度下的计划投资",已完工程计划投资是指"实际进度下的计划投资",已完工程实际投资是指"实际进度下的实际投资"。

例6.14 某工作计划完成工作量200 m³,计划进度20 m³/d,计划投资10 元/m³,到第四天实际完成90 m³,实际投资1 000 元。则到第四天,实际完成工作量90 m³,计划完成20×4=80 m³。

问题:第四天末的投资偏差、进度偏差各是多少?

解:拟完工程计划投资=80×10=800(元);

已完工程计划投资=90×10=900(元);

已完工程实际投资为 1 000 元；

投资偏差 = 1 000 - 900 = 100（元）；

进度偏差 = 800 - 900 = -100（元）。

进度偏差为"正"表示工期拖延，为"负"表示工期提前。投资偏差"正"表示投资增加，"负"表示投资节约。

6.4.2.2　投资偏差分析方法

常用的投资偏差分析方法有横道图分析法、时标网络图法、表格法、曲线法。

费用偏差分析（下）

（1）横道图分析法　用横道图进行投资偏差分析，是用不同的横道标示拟完工程计划投资、已完工程实际投资和已完工程计划投资，在实际工作中往往需要根据拟完工程计划投资和已完工程实际投资确定已完工程计划投资后，再确定投资偏差与进度偏差。

根据拟完工程计划投资与已完工程实际投资，确定已完工程计划投资的方法是：①已完工程计划投资与已完工程实际投资的横道位置相同；②已完工程计划投资与拟完工程计划投资的各子项工程的投资总值相同，如图 6.11 所示。

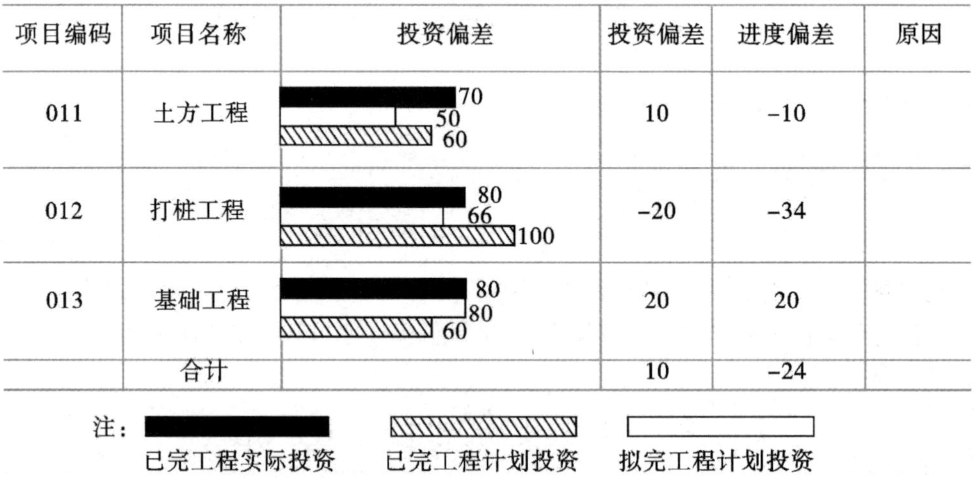

项目编码	项目名称	投资偏差	投资偏差	进度偏差	原因
011	土方工程	70 / 50 / 60	10	-10	
012	打桩工程	80 / 66 / 100	-20	-34	
013	基础工程	80 / 80 / 60	20	20	
	合计		10	-24	

注：■ 已完工程实际投资　▨ 已完工程计划投资　□ 拟完工程计划投资

图 6.11　某工程横道图

例 6.15　某计划进度与实际进度横道图如图 6.12 所示，表中粗实线表示计划进度（上方的数据表示每周计划投资），粗虚线表示实际进度（上方的数据表示每周实际投资），假定各分项工程每周计划完成的工程量相等。计算：工程进行到第 6 周末的投资偏差与进度偏差是多少？

解：由图 6.11 可知拟完工程计划投资和已完工程实际投资，首先求已完工程计划投资。已完工程计划投资的进度应与已完工程实际投资一致，在图 6.12 画出进度线的位置如细虚线所示，其投资总额应与计划投资总额相同。例如 D 分项工程，进度线同已完的实际进度 7～11 周，拟完工程计划投资为 4 周×5 万元 = 20 万元，已完工程计划投资为 20 万元÷5 周 = 4 万元，如图 6.12 中粗虚线，其余类推。

根据上述分析，将每周的拟完工程计划投资、已完工程计划投资、已完工程实际投资进行统计得到表 6.7。

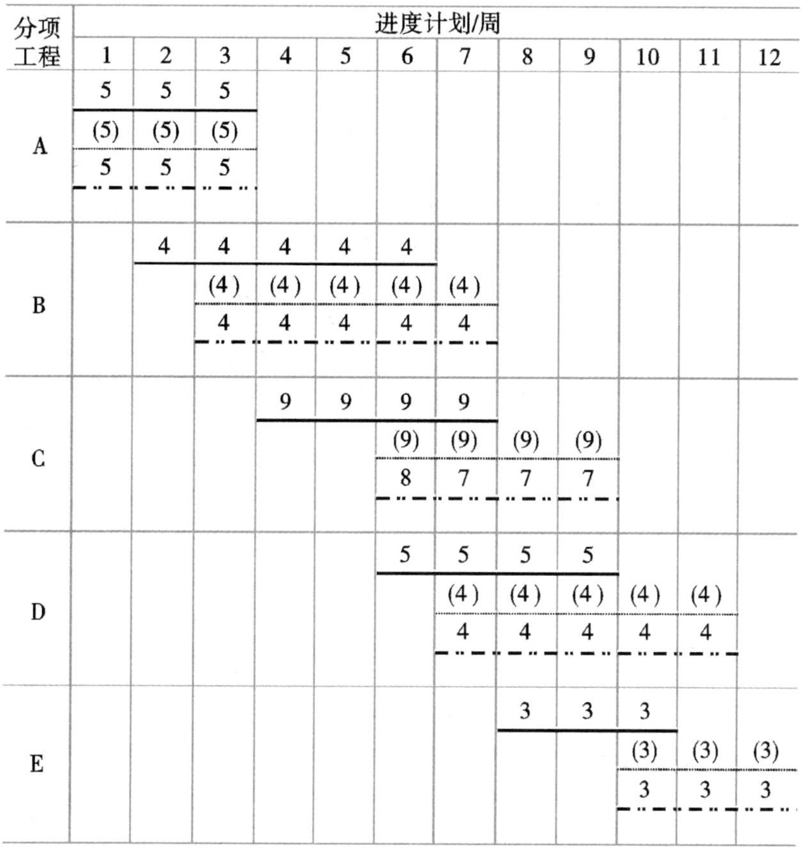

分项工程	进度计划/周											
	1	2	3	4	5	6	7	8	9	10	11	12
A	5	5	5									
	(5)	(5)	(5)									
	5	5	5									
B		4	4	4	4	4						
			(4)	(4)	(4)	(4)	(4)					
			4	4	4	4	4					
C				9	9	9	9					
						(9)	(9)	(9)	(9)			
						8	7	7	7			
D						5	5	5	5			
							(4)	(4)	(4)	(4)	(4)	
							4	4	4	4		
E								3	3	3		
										(3)	(3)	(3)
										3	3	3

图 6.12　某工程计划进度与实际进度横道图

表 6.7　某工程三种投资统计表

项目	投资数据											
	1	2	3	4	5	6	7	8	9	10	11	12
每周拟完工程计划投资/万元	5	9	9	13	13	18	14	8	8	3		
累计拟完工程计划投资/万元	5	14	23	36	49	67	81	89	97	100		
每周已完工程实际投资/万元	5	5	9	4	4	12	15	11	11	7	7	3
累计已完工程实际投资/万元	5	10	19	23	27	39	54	65	76	84	92	95
每周已完工程计划投资/万元	5	5	9	4	4	13	17	13	13	7	7	3
累计已完工程计划投资/万元	5	10	19	23	27	40	57	70	83	90	97	100

由表 6.7 可以求出每周的投资偏差和进度偏差。

第 6 周末,投资偏差＝已完工程实际投资－已完工程计划投资

$$=39-40=-1（万元）$$

节约 1 万元。

进度偏差＝拟完工程计划投资－已完工程计划投资

$$=67-40=27(万元)$$

进度拖后 27 万元。

(2)时标网络图法 双代号网络图以水平时间坐标尺度表示工作时间,时标的时间单位根据需要可以是天、周、月等。时标网络计划中,实箭线表示工作,实箭线的长度表示工作持续时间,虚箭线表示虚工作,波浪线表示工作与其紧后工作的时间间隔。

例 6.16 某工程的早时标网络图如图 6.13 所示,投资数据统计表如表 6.8 所示。工程进展到第 5 个月、第 10 个月、第 15 个月底时,分别检查了工程进度,相应绘制了三条前锋线,见图 6.13 中的粗虚线。分析第 5 个月和第 10 个月底的投资偏差、进度偏差,并根据第 5 个月、第 10 个月的实际进度前锋线分析工程进度情况。

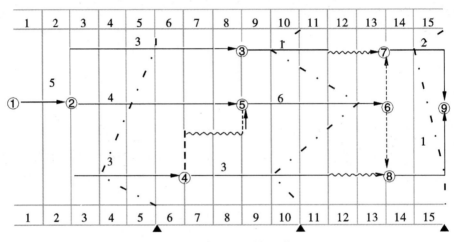

图6.13 某工程早时标网络图

表6.8 某工程每月投资数据统计表

月份/月	1	2	3	4	5	6	7	8	9	10	11	12	13	14	15
累计拟完工程计划投资/万元	5	10	20	30	40	50	60	70	80	90	100	106	112	115	118
累计已完工程实际投资/万元	5	15	25	35	45	53	61	69	77	85	94	103	112	116	120

第 5 个月底:

已完工程计划投资＝2×5+3×3+4×2+3=30(万元)

投资偏差＝已完工程实际投资－已完工程计划投资＝45-30=15(万元)

投资增加 15 万元。

进度偏差＝拟完工程计划投资－已完工程计划投资＝40-30=10(万元)

进度拖延 10 万元。

第 10 个月底:

已完工程计划投资 $=5\times2+3\times6+4\times6+3\times4+1+6\times4+3\times3=98$（万元）

投资偏差 $=$ 已完工程实际投资 $-$ 已完工程计划投资 $=85-98=-13$（万元）

投资节约 13 万元。

进度偏差 $=$ 拟完工程计划投资 $-$ 已完工程计划投资 $=90-98=-8$（万元）

进度提前 8 万元。

（3）表格法　表格法是进行偏差分析最常用的一种方法。可以根据项目的具体情况、数据来源、投资控制工作的要求等条件来设计表格，因而适用性较强，表格法的信息量大，可以反映各种偏差变量和指标，对全面深入地了解项目投资的实际情况非常有益。另外，表格法还便于用计算机辅助管理，提高投资控制工作的效率，如表6.9所示。

表6.9　某工程投资统计表

序号				
（1）	项目编码	011	012	013
（2）	项目名称	土方工程	打桩工程	基础工程
（3）	计划单价			
（4）	拟完工程量			
（5）=（3）×（4）	拟完工程计划投资/万元	50	66	80
（6）	已完工程量			
（7）=（6）×（4）	已完工程计划投资/万元	60	100	60
（8）	实际单价			
（9）=（6）×（8）	已完工程实际投资/万元	70	80	80
（10）=（9）－（7）	投资偏差	10	−20	20
（11）=（5）－（7）	进度偏差	−10	−34	20

171

（4）曲线法　曲线法是用投资时间曲线（S形曲线）进行分析的一种方法。通常有三条曲线，即已完工程实际投资曲线、已完工程计划投资曲线、拟完工程计划投资曲线。如图6.14所示，已完工程实际投资与已完工程计划投资两条曲线之间的竖向距离表示投资偏差，拟完工程计划投资曲线与已完工程计划投资曲线之间的水平距离表示进度偏差。

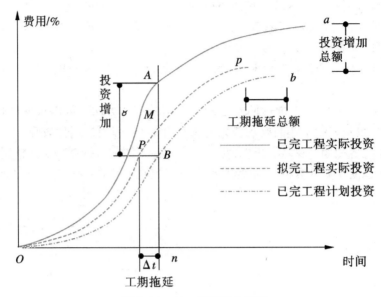

图 6.14　某工程投资曲线图

6.4.2.3　投资偏差原因分析

（1）引起偏差的原因

1）客观原因　包括人工、材料费涨价，自然条件变化、国家政策法规变化等。

2）发包人原因　包括投资规划不当、建设手续不健全、发包人未及时付款等。

3）设计原因　包括设计错误、设计变更、设计标准变更等。

4）施工原因　包括施工组织设计不合理、质量事故等。

客观原因是无法避免的，施工原因造成的损失由施工单位负责，纠偏的主要对象是由于发包人和设计原因造成的投资偏差。

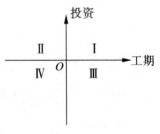

图 6.15　投资偏差分析图

（2）偏差类型　偏差分为四种形式，如图 6.15 所示。

Ⅰ——投资增加且工期拖延。这种类型是纠正偏差的主要对象。

Ⅱ——投资增加但工期提前。这种情况下要适当考虑工期提前带来的效益。如果增加的资金值超过增加的效益时，要采取纠偏措施，若这种收益与增加的投资大致相当甚至高于投资增加额，则未必需要采取纠偏措施。

Ⅲ——工期拖延但投资节约。这种情况下是否采取纠偏措施要根据实际需要。

Ⅳ——工期提前且投资节约。这种情况不需要采取纠偏措施。

6.4.2.4　纠偏措施

通常把纠偏措施分为组织措施、经济措施、技术措施、合同措施。

（1）组织措施　指从投资控制的组织管理方面采取的措施。例如，落实投资控制的组织机构和人员，明确各级投资控制人员的任务、职能分工、权利和责任，改善投资控制工作流程等。组织措施是其他措施的前提和保障。

（2）经济措施 经济措施不能只理解为审核工程量及相应支付价款,应从全局出发来考虑,如检查投资目标分解的合理性,资金使用计划的保障性,施工进度计划的协调性。另外,通过偏差分析和未完工程预测可以发现潜在的问题,及时采取预防措施,从而取得造价控制的主动权。

（3）技术措施 不同的技术措施往往会有不同的经济效果。运用技术措施纠偏,对不同的技术方案进行技术经济分析后加以选择。

（4）合同措施 合同措施在纠偏方面指索赔管理。在施工过程中,索赔事件的发生是难免的,发生索赔事件后要认真审查索赔依据是否符合合同规定,计算是否合理等。

例6.17 某工程项目施工合同于 2020 年 12 月签订,约定的合同工期为 20 个月,2021 年 1 月开始正式施工。施工单位按合同工期要求编制了混凝土结构工程施工进度时标网络图(如图 6.16 所示),并经专业监理工程师审核批准。

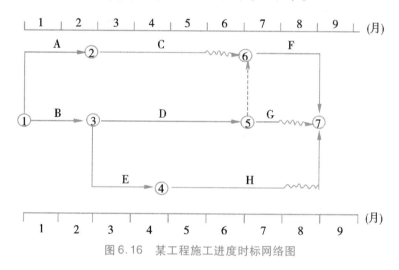

图 6.16 某工程施工进度时标网络图

该项目的各项工作均按最早开始时间安排,且各工作每月所完成的工程量相等。各工作的计划工程量和实际工程量如表 6.10 所示。工作 D、E、F 的实际工作持续时间与计划工作持续时间相同。

表 6.10 计划工程量和实际工程量表

工作	A	B	C	D	E	F	G	H
计划工程量/m³	8 600	9 000	5 400	10 000	5 200	6 200	1 000	3 600
实际工程量/m³	8 600	9 000	5 400	9 200	5 000	5 800	1 000	5 000

合同约定,混凝土结构工程综合单价为 1 000 元/m³,按月结算。结算价按项目所在地混凝土结构工程价格指数进行调整,项目实施期间各月的混凝土结构工程价格指数如表 6.11 所示。

表6.11 工程价格指数表

时间	2020.12	2021.1	2021.2	2021.3	2021.4	2021.5	2021.6	2021.7	2021.8	2021.9
混凝土结构工程价格指数	100%	115%	105%	110%	115%	110%	110%	120%	110%	110%

施工期间,由于建设单位原因使工作H的开始时间比计划的开始时间推迟了1个月,并由于工作H工作量的增加使该工作的工作持续时间延长了1个月。

问题

①请按施工进度计划编制资金使用计划(即计算每月和累计拟完工程计划投资),并简要写出其步骤。计算结果填入表6.12中。

②计算工作H各月的已完工程计划投资和已完工程实际投资。

③计算混凝土结构工程已完工程计划投资和已完工程实际投资,计算结果填入表6.12中。

④列式计算8月末的投资偏差和进度偏差(用投资额表示)。

表6.12 某工程资金使用计划

项目	投资数据								
	1	2	3	4	5	6	7	8	9
每月拟完工程计划投资/万元									
累计拟完工程计划投资/万元									
每月已完工程计划投资/万元									
累计已完工程计划投资/万元									
每月已完工程实际投资/万元									
累计已完工程实际投资/万元									

解:

①将各工作计划工程量与单价相乘后,除以该工作持续时间,得到各工作每月拟完工程计划投资额,再将时标网络计划中各工作分别按月纵向汇总得到每月拟完工程计划投资额,然后逐月累加得到各月累计拟完工程计划投资额。

②H工作6~9月份每月完成工程量为:5 000÷4=1 250(m³/月)。

a.H工作6~9月份已完工程计划投资均为:1 250×1 000=1 250 000(元)=125(万元)。

b.H工作已完工程实际投资如下。

6月份:125×110%=137.5(万元)。

7月份:125×120%=150.0(万元)。

8月份:125×110%=137.5(万元)。

9月份:125×110%=137.5(万元)。

③计算结果填入表6.13。

表6.13　计算结果　　　　　　　　　　　　　单位:万元

项目	投资数据								
	1	2	3	4	5	6	7	8	9
每月拟完工程计划投资	880	880	690	690	550	370	530	310	
累计拟完工程计划投资	880	1 760	2 450	3 140	3 690	4 060	4 590	4 900	
每月已完工程计划投资	880	880	660	660	410	355	515	415	125
累计已完工程计划投资	880	1 760	2 420	3 080	3 490	3 845	4 360	4 775	4 900
每月已完工程实际投资	1 012	924	726	759	451	390.5	618	456.5	137.5
累计已完工程实际投资	1 012	1 936	2 662	3 421	3 872	4 262.5	4 880.5	5 337	5 474.5

④投资偏差=已完工程实际投资-已完工程计划投资=5 337-4 775=562(万元),超支562万元。

进度偏差=拟完工程计划投资-已完工程计划投资=4 900-4 775=125(万元),拖后125万元。

6.5　案例分析

175

【案例一】

背景材料

某建设单位(甲方)与某施工单位(乙方)订立了某工程项目的施工合同。合同规定:采用单价合同,每一分项工程的工程量增减超过10%时,需调整工程单价。合同工期为25天,工期每提前1天奖励3 000元,每拖后1天罚款5 000元。乙方在开工前及时提交了施工网络进度计划,如图6.17所示,并得到甲方代表的批准。

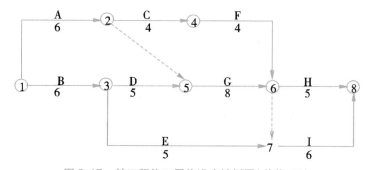

图6.17　某工程施工网络进度计划图(单位:天)

工程施工中发生如下几项事件。

事件1 因甲方提供的电源出故障造成施工现场停电,使工作 A 和工作 B 的工效降低,作业时间分别拖延 2 天和 1 天,多用人工 8 个工日和 10 个工日;工作 A 租赁的施工机械每天租赁费为 560 元,工作 B 的自有机械每天折旧费 280 元。

事件2 为保证施工质量,乙方在施工中将工作 C 原设计尺寸扩大,增加工程量 16 m³,该工作综合单价为 87 元/m³,作业时间增加 2 天。

事件3 因设计变更,工作 E 的工程量由 300 m³ 增至 360 m³,该工作原综合单价为 65 元/m³,经协商调整单价为 58 元/m³。

事件4 鉴于该工程工期较紧,经甲方代表同意,乙方在工作 C 和工作 I 作业过程中采取了加快施工的技术组织措施,使这两项工作作业时间均缩短了 2 天,该两项加快施工技术组织措施费分别为 2 000 元、2 500 元。

其余各项工作实际作业时间和费用均与原计划相符。

问题

1. 上述哪些事件乙方可以提出工期和费用补偿要求?哪些事件不能提出工期和费用补偿要求?简述其理由。

2. 每项事件的工期补偿是多少天?总工期补偿多少天?

3. 该工程实际工期为多少天?工期奖罚款为多少元?

4. 假设人工工日单价为 120 元/工日,应由甲方补偿的人工窝工和降效费 65 元/工日,管理费、利润等不予补偿。试计算甲方应给予乙方的追加工程款为多少?

参考答案

问题 1 的答案

事件1 可以提出工期和费用补偿要求,因为提供可靠电源是甲方责任。

事件2 不可以提出工期和费用补偿要求,因为保证工程质量是乙方的责任,其措施费由乙方自行承担。

事件3 可以提出工期和费用补偿要求,因为设计变更是甲方的责任,且工作 E 的工程量增加了 60 m³,工程量增加量超过了 10% 的约定。

事件4 不可以提出工期和费用补偿要求,因为加快施工的技术组织措施费应由乙方承担,因加快施工而工期提前应按工期奖励处理。

问题 2 的答案

事件1 工期补偿 1 天,因为工作 B 在关键线路上,其作业时间拖延的 1 天影响了工期;但工作 A 不在关键线路上,其作业时间拖延的 2 天,没有超过其总时差,不影响工期。

事件2 工期补偿为 0 天。

事件3 工期补偿为 0 天,因工作 E 不是关键工作,增加工程量后作业时间增加 (360−300) m³/(300 m³/5 天)=1 天,不影响工期。

事件4 工期补偿 0 天。

总计工期补偿:1 天+0 天+0 天+0 天=1 天。

问题 3 的答案

将每项事件引起的各项工作持续时间的延长值均调整到相应工作的持续时间上,计算得实际工期为 24 天。

工期提前奖励款为:(25+1-24)天×3 000 元/天=6 000 元。

问题 4 的答案

事件 1　人工费补偿:(8+10)工日×65 元/日=1 170 元。

机械费补偿:2 台班×560 元/台班+1 台班×280 元/台班=1 400 元。

事件 3　按原单价结算的工程量:300 m³×(1+10%)=330 m³。

按新单价结算的工程量:360 m³-330 m³=30 m³。

结算价:330 m³×65 元/m³+30×58 元/m³=23 190 元。

合计追加工程款总额为:1 170 元+1 400 元+30 m³×65 元/m³+30 m³×58 元/m³+6 000 元=12 260 元。

【案例二】

背景材料

某工程项目,合同总价为 186 万元,该工程由 3 部分组成,其中土方工程费为18.6 万元,砌体工程费为 74.4 万元,钢筋混凝土工程费为 93 万元。合同规定采用动态结算公式进行结算。本工程人工费和材料费占工程价款的 85%,在人工费和材料费中,各项组成费用的比例如表6.14所示。

表 6.14　各项费用组成比例表

费用名称	土方工程	砌体工程	钢筋混凝土工程
人工费	50%	38%	36%
钢材		5%	25%
水泥		10%	18%
沙石		5%	12%
燃料	24%		4%
工具	26%		
砖		42%	
木材			5%

该合同投标报价为 2020 年 2 月,在 2020 年 12 月,承包人完成的工程量价款为 24.4 万元。

2020 年 2 月及 12 月的工资物价指数如表 6.15 所示。

表 6.15 物价指数表

费用名称	代号	2020 年 2 月指数	费用名称	代号	2020 年 12 月指数
人工费	A_0	100	人工费	A	121
钢材	B_0	146	钢材	B	173
水泥	C_0	147	水泥	C	165
沙石	D_0	129	沙石	D	142
燃料	E_0	152	燃料	E	181
工具	F_0	144	工具	F	172
砖	G_0	149	砖	G	177
木材	H_0	148	木材	H	168

问题

通过调价后,2020 年 12 月的工程款为多少?

参考答案

三个组成部分的工程费占工程总价的比例为:

土方工程占 18.6/186×100% =10% ;

钢筋混凝土工程占 93/186×100% =50% ;

砌体工程占 74.4/186×100% =40% 。

参加调值的各项费用占工程总价的比例为:

人工费占(50% ×10% +38% ×40% +36% ×50%)×85% =32.5% ;

钢材占(5% ×40% +25% ×50%)×85% =12.3% ;

水泥占(10% ×40% +18% ×50%)×85% =11.1% ;

沙石占(5% ×40% +12% ×50%)×85% =6.8% ;

燃料占(24% ×10% +4% ×50%)×85% =3.7% ;

工具占 26% ×10% ×85% =2.2% ;

砖   占 42% ×40% ×85% =14.3% ;

木材占 5% ×50% ×85% =2.1% 。

不可调值费用占工程价款的比例为15% 。调值后 2020 年 12 月的工程款为:

$$P =24.4×(0.15+0.325×\frac{121}{100}+0.123×\frac{173}{146}+0.111×\frac{165}{147}+0.068×$$

$$\frac{142}{129}+0.037×\frac{181}{152}+0.022×\frac{172}{144}+0.143×\frac{177}{149}+0.021×\frac{168}{148})$$

$$=28.121(万元)$$

【案例三】

背景材料

某建筑工程的合同承包价为489 万元,工期为 8 个月,工程预付款占合同承包价的20% ,主要材料及预制构件价值占工程总价的65% ,质量保证金占工程结算价款的3% 。竣工后一次支付该工程每月实际完成的产值和合同价款调整增加额如表6.16 所示。

表6.16　工程每月实际完成的产值和合同价款调整表

月份/月	1	2	3	4	5	6	7	8	合同价调整增加额
完成产值/万元	25	36	89	110	85	76	40	28	67

问题

1. 工程应支付多少工程预付款?

2. 工程预付款起扣点为多少?

3. 每月应结算的工程进度款及累计拨款分别为多少?

4. 该工程实际价款为多少?

5. 保留金为多少?

6. 8 月份实付竣工结算价款为多少?

参考答案

1. 工程预付款 $= 489 \times 20\% = 97.8$(万元)

2. 工程预付款起扣点 $= 489 - \dfrac{97.8}{65\%} = 338.54$(万元)

3. 1 月份应结算工程进度款 25 万元,累计拨款 25 万元;

　2 月份应结算工程进度款 36 万元,累计拨款 61 万元;

　3 月份应结算工程进度款 89 万元,累计拨款 150 万元;

　4 月份应结算工程进度款 110 万元,累计拨款 260 万元;

　5 月份应结算工程进度款 85 万元,累计拨款 345 万元。

因 5 月份累计拨款已超过 338.54 万元的起扣点,所以应从 5 月份的 85 万元进度款中开始扣除一定数额的预付款,故 5 月份应结算工程进度款为:$85 - (345 - 338.54) \times 65\% = 80.801$ 万元,累计拨款 340.8 万元;

　6 月份应结算工程进度款:$76 - 76 \times 65\% = 26.6$ 万元,累计拨款 367.4 万元。

　7 月份应结算工程进度款:$40 \times (1 - 65\%) = 14$ 万元,累计拨款 381.4 万元。

4. $489 + 67 = 556$(万元)

5. $556 \times 3\% = 16.68$(万元)

6. $556 - 97.8 - 381.4 - 16.68 = 60.12$(万元)

 小结

本章主要讲述工程变更、工程索赔、工程价款的结算及造价控制等。

工程变更包括设计变更、进度计划变更、施工条件变更及原招标文件和工程量清单中未包括的"新增工程"。按照我国现行规定,无论任何一方提出工程变更,均须由工程师确认并签发工程变更指令,并应根据不同的提出方采取不同的处理程序和相应的工程变更价款确定方法。

索赔有许多种分类方法,也有许多导致索赔发生的因素。索赔处理应按一定的原则和程序进行。不管是时间索赔还是费用索赔,要根据不同的情况采用适当的索赔计算方法。

179

工程价款结算按照工程具体情况有不同的计算方法,均应符合《建设工程价款结算暂行办法》和《建设工程施工合同(示范文本)》的相关规定。

根据造价控制的目标和要求不同,资金使用计划可按不同方式进行编制。投资偏差分析可采用横道图法、时标网络法、表格法和曲线法。

习题

一、单项选择题
二、多项选择题
三、案例分析题　第6章选择题

【案例一】

背景材料

某施工单位承包了一工程项目。按照合同规定,工程施工从 2018 年 7 月 1 日起至 2018 年 12 月 20 日止,工期共 173 天。在施工合同中,甲乙双方约定:该工程的工程造价为 660 万元人民币,工期 5 个月,主要材料与构件费占工程造价比重的 60%,预付备料款为工程造价的 20%,工程实施后,预付备料款从未施工工程尚需的主要材料及构件的价值相当于预付备料款数额时起扣,从每次结算工程款中按材料比重扣回,竣工前全部扣清。工程进度款采取按月结算的方式支付,工程质量保证金为工程结算价款的 3%,在竣工结算月一次扣留,材料价差按规定上半年上调 10%,在 6 月份一次调增。

双方还约定,乙方必须严格按照施工图纸及相关的技术规定要求施工,工程量由造价工程师负责计量。根据该工程合同的特点,造价工程师提出的工程量计量与工程款支付程序的要点如下。

(1)乙方对已完工的分项工程在 7 天内向监理工程师认证,取得质量认证后,向造价工程师提交计量申请报告。

(2)造价工程师在收到报告后 7 天核实已完工程量,并在计量 24 h 通知乙方,乙方为计量提供便利条件并派人参加。乙方不参加计量,造价工程师可按照规定的计量方法自行计量,结果有效。计量结束后造价工程师签发计量证书。

(3)乙方凭计量认证与计量证书向造价工程师提出付款申请。造价工程师在收到计量申请报告后 7 天内未进行计量,报告中的工程量从第 8 天起自动生效,直接作为工程价款支付的依据。

(4)造价工程师审核申报材料,确定支付款额,向甲方提供付款证明。甲方根据乙方的付款证明对工程款进行支付或结算。

该工程施工过程中出现下面几项事件:在土方开挖时遇到了一些工程地质勘探没有探明的孤石,排除孤石拖延了一定的时间;在基础施工过程中遇到了数天的季节性大雨,使得基础施工耽误了部分工期;在基础施工中,乙方为了保证工程质量,在取得在场监理工程师认可的情况下,将垫层范围比施工图纸规定各向外扩大了 10 cm;在整个工程施工过程中,乙方根据监理工程师的指示就部分工程进行了施工变更。

该工程在保修期间内发生屋面漏水,甲方多次催促乙方修理,但是乙方一再拖延,最后甲方只得另请施工单位修理,发生修理费 15 000 元。

工程各月实际完成的产值情况如表 6.17 所示。

表 6.17　工程各月实际完成产值表

月份	7	8	9	10	11
完成产值/万元	60	110	160	220	110

问题

1.若基础施工完成后,乙方将垫层扩大部分的工程量向造价工程师提出计量要求,造价工程师是否予以批准,为什么?

2.若乙方就排除孤石和季节性大雨事件向造价工程师提出延长工期与补偿窝工损失的索赔要求,造价工程师是否同意,为什么?

3.对于施工过程中变更部分的合同价款应按什么原则确定?

4.工程价款结算的方式有哪几种?竣工结算的前提是什么?

5.该工程的预付备料款为多少?备料款起扣点为多少?

6.若不考虑工程变更与工程索赔,该工程 7～10 月每月应拨付的工程款为多少?11 月底办理竣工结算时甲方应支付的结算款为多少?该工程结算造价为多少?

7.保修期间屋面漏水发生的 15 000 元修理费如何处理?

【案例二】

背景材料

某工程按最早开始时间安排的横道图计划如图 6.18 中虚线所示,虚线上方数字为该工作每月的计划投资额(单位:万元)。该工程施工合同规定工程于 1 月 1 日开工,按季度综合调整系数调价。在施工过程中,各工作的实际工程量和持续时间均与计划相同。

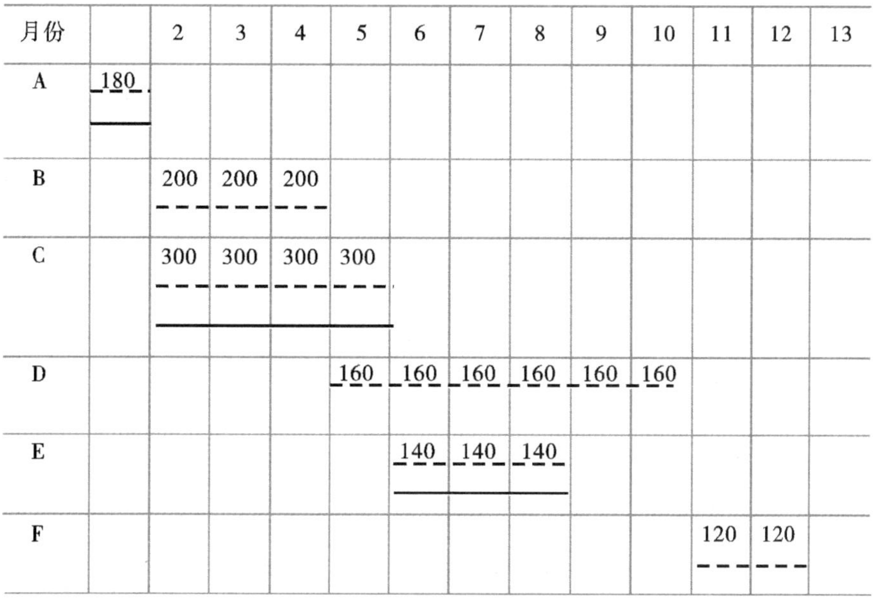

图 6.18　横道图

问题

1. 在施工过程中,工作 A、C、E 按计划实施(如图 6.18 中的实线横道所示)。工作 B 推迟 1 个月开始,导致工作 D、F 的开始时间相应推迟 1 个月。在图 6.18 中完成 B、D、F 工作的实际进度的横道图。

2. 若前三个季度的综合调整系数分别为 1.00、1.05 和 1.10,计算第 2~7 个月的已完工程实际投资,并将结果填入表 6.18 内。

3. 第 2~7 个月的已完工程计划投资各为多少?将计算结果填入表 6.18。

表 6.18　各月投资情况表

时间/月	1	2	3	4	5	6	7
每月拟完工程计划投资							
累计拟完工程计划投资							
每月已完工程实际投资							
累计已完工程实际投资							
每月已完工程计划投资							
累计已完工程计划投资							

4. 列式计算第 7 个月末的投资偏差和以投资额、时间分别表示的进度偏差(计算结果保留两位小数)。

第 7 章

竣工阶段的工程造价管理

　　本章进入全过程工程造价管理——竣工阶段的工程造价管理,主要讲述竣工验收的概念、作用、条件以及竣工验收阶段与工程造价之间的关系。重点掌握竣工决算的概念、内容、新增资产价值的确定、保修与保修费用的处理原则。

7.1 竣工验收

7.1.1 竣工验收概述

竣工验收

7.1.1.1 建设项目竣工验收的概念

建设项目竣工验收是指由发包人、承包人和项目验收委员会,以项目批准的设计任务书和设计文件,以及国家或部门颁发的施工验收规范和质量检验标准为依据,按照一定的程序和手续,在项目建成并试生产合格后(工业生产性项目),对工程项目的总体进行检验、认证、综合评价和鉴定的活动。

按照我国建设程序的规定,竣工验收是建设工程的最后阶段,处于施工阶段与保修阶段的中间环节,是全面检验建设项目是否符合设计要求和工程质量检验标准的重要环节,是审查投资使用是否合理的重要环节,是投资成果转入生产或使用的标志。只有经过竣工验收,建设项目才能实现由承包人管理向发包人管理的过渡,它标志着建设投资成果投入生产或使用,对促进建设项目及时投产或交付使用、发挥投资效果、总结建设经验有着重要的作用。

工业生产项目需经试车生产(投料试车)合格,形成生产能力,能正常生产出产品后,才能进行验收;非工业生产项目应能正常使用,才能进行验收。

建设项目竣工验收按被验收的对象不同可分为单项工程验收、单位工程验收和工程整体验收(也称动用验收)。通常所说的建设项目竣工验收,指的是工程整体验收。即发包人在建设项目按批准的设计文件所规定的内容全部建成后,向使用单位交工的过程。

其验收程序是:整个建设项目按设计要求全部建成,经过第一阶段的竣工验收,符合设计要求,并具备竣工图、竣工结算、竣工决算等必要的文件资料后,由建设项目主管部门或发包人,按照国家有关部门关于《建设项目(工程)竣工验收办法》的规定,及时向负责验收的单位提出竣工验收申请报告,按现行验收组织规定,接受由银行、物资、环保、劳动、统计、消防及其他有关部门组成的验收委员会或验收组的验收,办理固定资产移交手续。验收委员会或验收组负责建设的各个环节,听取有关单位的工作报告,审阅工程技术档案资料,并实地查验建筑工程和设备安装情况,对工程设计、施工和设备质量等方面提出全面的评价。

7.1.1.2 建设项目竣工验收的作用

①全面考核建设成果,检查设计、工程质量是否符合要求,确保建设项目按设计要求的各项技术经济指标正常使用。

②通过竣工验收办理固定资产使用手续,可以总结工程建设经验,为提高建设项目的经济效益和管理水平提供重要依据。

③建设项目竣工验收是项目施工阶段的最后一个程序,是建设成果转入生产使用的标志,是审查投资使用是否合理的重要环节。

④建设项目建成投产交付使用后,能否取得良好的宏观效益,需要经过国家权威管

理部门按照技术规范、技术标准组织验收确认。通过建设项目验收，国家可以全面考核项目的建设成果，检验建设项目决策、设计、设备制造和管理水平，以及总结建设经验。因此，竣工验收是建设项目转入投产使用的必要环节。

7.1.1.3 建设项目竣工验收的任务

建设项目通过竣工验收后，由承包人移交发包人使用，并办理各种移交手续，标志着建设项目全部结束，即建设资金转化为使用价值。建设项目竣工验收的主要任务有以下几项：

①发包人、勘察和设计单位、监理人、承包人分别对建设项目的决策和论证、勘察和设计以及施工的全过程进行最后的评价，对各自在建设项目进展过程中的经验和教训进行客观的评价，以保证建设项目按设计要求的各项技术经济指标正常使用。

②办理建设项目的验收和移交手续，并办理建设项目竣工结算和竣工决算，以及建设项目档案资料的移交和保修手续等，总结建设经验，提高建设项目的经济效益和管理水平。

③承包人通过竣工验收应采取措施将该项目的收尾工作和包括市场需求、"三废"治理、交通运输等问题在内的遗留问题尽快处理好，确保建设项目尽快发挥效益。

7.1.2 建设项目竣工验收的范围和依据

7.1.2.1 建设项目竣工验收的条件

国务院2000年1月发布的第279号令《建设工程质量管理条例》(2019年修订)规定，建设工程竣工验收应当具备以下条件：

①完成建设工程设计和合同约定的各项内容；

②有完整的技术档案和施工管理资料；

③有工程使用的主要建筑材料、建筑构配件和设备的进场试验报告；

④有勘察、设计、施工、工程监理等单位分别签署的质量合格文件；

⑤有施工单位签署的工程保修书。

7.1.2.2 建设项目竣工验收的范围

国家颁布的建设法规规定，凡新建、扩建、改建的基本建设项目和技术改造项目(所有列入固定资产投资计划的建设项目或单项工程)，已按国家批准的设计文件所规定的内容建成，符合验收标准，即工业投资项目经负荷试车考核，试生产期间能够正常生产出合格产品，形成生产能力的；非工业投资项目符合设计要求，能够正常使用的，不论是属于哪种建设性质，都应及时组织验收，办理固定资产移交手续。

工期较长、建设设备装置较多的大型工程，为了及时发挥其经济效益，对其能够独立生产的单项工程，也可以根据建成时间的先后顺序，分期分批地组织竣工验收；对能生产中间产品的一些单项工程，不能提前投料试车，可按生产要求与生产最终产品的工程同步建成竣工后，再进行全部验收。

对于某些特殊情况，工程施工虽未全部按设计要求完成，也应进行验收，这些特殊情况主要有以下几种：

①因少数非主要设备或某些特殊材料短期内不能解决，虽然工程内容尚未全部完

成,但已可以投产或使用的工程项目。

②规定要求的内容已完成,但因外部条件的制约,如流动资金不足、生产所需原材料不能满足等,而使已建工程不能投入使用的项目。

③有些建设项目或单项工程,已形成部分生产能力,但近期内不能按原设计规模续建,应从实际情况出发,经主管部门批准后,可缩小规模对已完成的工程和设备组织竣工验收,移交固定资产。

④国外引进设备项目,按照合同规定完成负荷调试、设备考核合格后,进行竣工验收。

7.1.2.3 建设项目竣工验收的依据

①上级主管部门对该项目批准的各种文件;

②可行性研究报告;

③施工图设计文件及设计变更洽商记录;

④国家颁布的各种标准和现行的施工验收规范;

⑤工程承包合同文件;

⑥技术设备说明书;

⑦建筑安装工程统一规定及主管部门关于工程竣工的规定。

从国外引进的新技术和成套设备的项目以及中外合资建设项目,要按照签订的合同和进口国提供的设计文件等进行验收。

利用世界银行等国际金融机构贷款的建设项目,应按世界银行规定,按时编制《项目完成报告》。

7.1.3 建设项目竣工验收的标准

7.1.3.1 工业建设项目竣工验收标准

①生产性项目和辅助性公用设施,已按设计要求完成,能满足生产使用要求;

②主要工艺设备、动力设备均已安装配套,经无负荷联动试车和有负荷联动试车合格,并已形成生产能力,能够生产出设计文件所规定的产品;

③必要的生产设施已按设计要求建成;

④生产准备工作能适应投产的需要,其中包括生产指挥系统的建立,经过培训的生产人员已能上岗操作,生产所需的原材料、燃料和备品备件的储备,经验收检查能够满足连续生产要求;

⑤环境保护设施、劳动安全卫生设施、消防设施已按设计与主体工程同时建成使用;

⑥生产性投资项目,如工业项目的土建、安装、人防、管道、通信等工程的施工和竣工验收,必须按照国家和行业施工及验收规范执行。

7.1.3.2 民用建设项目竣工验收标准

①建设项目各单位工程和单项工程,均已符合项目竣工验收标准;

②建设项目配套工程和附属工程,均已施工结束,达到设计规定的相应质量要求,并具备正常使用条件。

7.1.4 建设项目竣工验收的方式和程序

7.1.4.1 建设项目竣工验收的方式

为了保证建设项目竣工验收的顺利进行,验收必须遵循一定的程序,并按照建设项目总体计划的要求以及施工进展的实际情况分阶段进行。项目竣工验收方式按阶段不同可分为项目中间验收、单项工程验收(又称交工验收)和全部工程验收(又称动用验收)三个阶段,见表7.1。规模较小、施工内容简单的建设项目,也可以一次进行全部项目的竣工验收。

表7.1 不同阶段的工程验收

类　型	验收条件	验收组织
项目中间验收	按照施工承包合同的约定,施工完成到某一阶段后要进行中间验收;主要的工程部位施工已完成了隐蔽前的准备工作,完工后该工程部位将置于无法查看的状态	由监理单位组织,发包人和承包人派人参加。该部位的验收资料将作为最终验收的依据
单项工程验收(交工验收)	建设项目中的某个合同工程已全部完成;合同内约定有分部分项移交的工程已达到竣工标准,可移交给发包人投入试运行	由发包人组织,会同施工单位、监理单位、设计单位及使用单位等有关部门共同进行
全部工程验收(动用验收)	建设项目按设计规定全部建成,达到竣工验收条件;初验结果全部合格;竣工验收所需资料已准备齐全	大中型和限额以上项目由国家发改委或由其委托项目主管部门或地方政府部门组织验收。小型和限额以下项目由项目主管部门组织验收。验收委员会由银行、物资、环保、劳动、统计、消防及其他有关部门组成。发包人、监理单位、施工单位、设计单位和使用单位参加验收工作

7.1.4.2 建设项目竣工验收的程序

建设项目全部建成,经过各单项工程的验收符合设计要求,并具备竣工图表、竣工决算和工程总结等必要文件资料,由建设项目行政主管部门或建设单位向负责验收的单位提出竣工验收申请报告,按程序验收。工程验收报告应经项目经理和承包人有关负责人审核签字。

(1)承包人申请交工验收　承包人在完成了合同工程或按合同约定可分步移交工程的,可申请交工验收。交工验收一般为单项工程,但在某些特殊情况下也可以是单位工程的施工内容,诸如特殊基础处理工程、发电站单机机组完成后的移交等。承包人施工

工程造价管理

的工程达到竣工条件后,应先进行预检验,对不符合要求的部位和项目,确定修补措施和标准,修补有缺陷的工程部位,对于设备安装工程,要与发包人和监理单位共同进行无负荷的单机和联动试车。承包人在完成了上述工作和准备好竣工资料后,即可向发包人提交"工程竣工报验单"。

(2)监理工程师现场初验 监理工程师收到"工程竣工报验单"后,应由总监理工程师组成验收组,对竣工的工程项目的竣工资料和各专业工程的质量进行初验,在初验中发现的质量问题,要及时书面通知承包人,令其修理甚至返工。经整改合格后监理工程师签署"工程竣工报验单",并向发包人提出质量评估报告,至此现场初步验收工作结束。

(3)单项工程验收 单项工程验收又称交工验收,即验收合格后发包人可投入使用。由发包人组织的交工验收,由监理人、设计单位、承包人、工程质量监督部门等参加,主要依据国家颁布的有关技术规范和施工承包合同,对以下几方面进行检查或检验:

①技术资料的完整性、准确性;

②对照设计文件与合同,检查已完工程是否有漏项;

③检查工程质量、隐蔽工程验收资料、关键部位的施工记录等,考察施工质量是否达到合同要求;

④检查试车记录及试车中所发现的问题是否得到改正;

⑤在竣工验收中发现需要返工、修补的工程,明确规定完成期限;

⑥其他涉及的有关问题。

验收合格后,发包人和承包人共同签署《竣工验收证书》。然后,由发包人将有关技术资料和试车记录、试车报告及交工验收报告一并上报主管部门,经批准后该部分工程即可投入使用。验收合格的单项工程,在全部工程验收时,原则上不再办理验收手续。

(4)全部工程的竣工验收 全部施工过程完成后,由国家主管部门组织的竣工验收,又称动用验收。发包人参与全部工程竣工验收。全部工程竣工验收分为验收准备、预验收和正式验收三个阶段。

1)验收准备 发包人、承包人和其他有关单位应做的工作。

2)预验收 建设项目竣工验收准备工作结束后,由发包人或上级主管部门会同监理人、设计单位、承包人及有关单位或部门组成预验收组进行验收。

3)正式验收 建设项目的正式竣工验收是由国家、地方政府、建设项目投资商或开发商以及有关单位领导和专家参加的最终整体验收。大中型和限额以上建设项目的正式验收,由国家投资主管部门或其委托项目主管部门或地方政府部门组织验收,一般由竣工验收委员会(或验收小组)主任(或组长)主持,具体工作可由总监理工程师组织实施。国家重点工程的大型建设项目,由国家有关部委邀请有关部门参加,组成工程验收委员会进行验收。小型和限额以下建设项目由项目主管部门组织。发包人、监理人、承包人、设计单位和使用单位共同参加验收工作。

验收委员会或验收组负责审查工程建设的各个环节,听取各有关单位的工作报告,审阅工程档案资料并实地查验建设工程和设备安装情况,并对工程设计、施工和设备质量等方面做出全面的评价。不合格的工程不予验收,对遗留问题提出具体解决意见,限期落实完成。

188

建设项目竣工验收程序如图7.1所示。

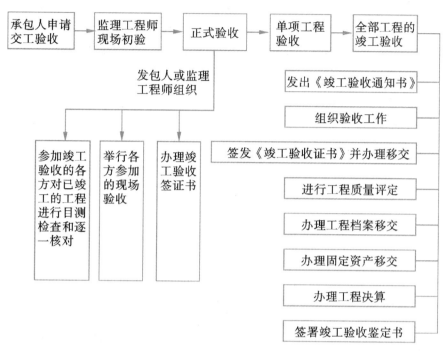

图7.1　建设项目竣工验收程序图

189

整个建设项目进行竣工验收后,发包人应及时办理固定资产交付使用手续。在进行竣工验收时,已验收过的单项工程可以不再办理验收手续,但应将单项工程竣工验收证书作为最终验收的附件并加以说明。发包人在竣工验收过程中,如发现工程不符合竣工条件,应责令承包人进行返修,并重新组织竣工验收,直到通过验收。

7.1.4.3　竣工验收阶段与工程造价的关系

工程竣工验收阶段的工程造价管理是工程造价全过程管理的内容之一,该阶段的主要工作是确定建设工程最终的实际造价(即竣工结算价格和竣工决算价格)、编制竣工决算文件、办理项目的资产移交。

通过工程竣工结算,最终实现了建筑安装工程产品的"销售",它是确定单项工程最终造价、考核施工企业经济效益以及编制竣工决算的依据。

同时,竣工结算反映工程项目的实际价格,最终体现工程造价系统控制的效果。要有效控制工程项目竣工结算价,必须严把审核关。首先要核对合同条款:第一,检查竣工工程内容是否符合合同条件要求、竣工验收是否合格;第二,检查结算价款是否符合合同的结算方式,检查隐蔽验收记录,所有隐蔽工程是否经监理工程师的签证确认;第三,要落实设计变更签证,按合同的规定,检查设计变更签证是否有效;第四,要核实工程数据,依据竣工图、设计变更单及现场签证等进行核算;第五,要防止各种计算误差。实践经验证明,通过对工程项目结算的审查,一般情况下,经审查的工程结算较施工单位编制的工程结算资金相差率在10%左右,有的高达20%,对控制投入、节约资金起到了很重要的作用。

建设工程竣工决算,是建设单位反映建设项目实际造价、投资效果和正确核定新增固定资产价值的文件,是竣工验收报告的重要组成部分。同时,竣工决算价格由竣工结算价格与实际发生的工程建设其他费用等汇总而成,是计算交付使用财产价值的依据。竣工决算可反映出固定资产计划完成情况以及节约或超支原因,从而控制工程造价。

7.2 竣工决算

竣工决算

7.2.1 竣工决算的概念及作用

7.2.1.1 竣工决算的概念

建设项目竣工决算是指所有建设项目竣工后,建设单位按照国家有关规定在新建、改建和扩建工程建设项目竣工验收阶段编制的竣工决算报告。

竣工决算是以实物数量和货币指标为计量单位,综合反映竣工项目从开始筹建到项目竣工交付使用为止的全部建设费用、建设成果和财务情况的总结性文件,是竣工验收报告的重要组成部分。竣工决算是正确核定新增固定资产价值,考核分析投资效果,建立健全经济责任制的依据,是反映建设项目实际造价和投资效果的文件。

竣工决算反映了竣工项目计划与实际的建设规模、建设工期以及设计和实际生产能力,反映了概算总投资和实际的建设成本,同时还反映了所达到的主要技术经济指标。通过对这些指标计划数、概算数与实际数进行对比分析,不仅可以全面掌握建设项目计划和概算执行情况,而且可以考核建设项目投资效果,为今后制订基建计划,降低建设成本,提高投资效果提供必要的资料。

根据建设规模的大小,可分为大、中型建设项目竣工决算和小型建设项目竣工决算两大类。

7.2.1.2 竣工决算的作用

工程竣工后,及时编制竣工决算,有以下几方面的作用:

(1)可作为正确核定固定资产价值,办理交付使用、考核和分析投资效果的依据 及时办理竣工决算,并据此办理新增固定资产移交转账手续,可缩短工程建设周期,节约基建投资。已完工并具备交付使用条件或已验收并投产使用的工程项目,如不及时办理移交手续,不仅不能提取固定资产折旧,而且发生的维修费和职工的工资等,都要在基建投资中支付,这样既增加了基建投资支出,也不利于生产管理。对完工并已验收的工程项目,及时办理竣工决算及交付手续,可使建设单位对各类固定资产做到心中有数。工程移交后,建设单位掌握所有工程竣工图,便于对地下管线进行维护与管理。

(2)便于经济核算 办理竣工决算后,建设单位可以正确地计算已投入使用的固定资产折旧费,合理计算生产成本和利润,便于经济核算。

(3)全面反映竣工项目的实际建设情况和财务情况 通过编制竣工决算,可以全面清理基本建设财务,做到工完账清。便于及时总结经验,积累各项技术经济资料,提高基本建设管理水平和投资效果。另外,通过编制竣工决算,有利于正确地进行"三算"对比,即设计概算、施工图预算和工程竣工决算间的对比,考核竣工项目设计概算的执行情况。

7.2.2 竣工决算的内容和编制

7.2.2.1 竣工决算的内容

建设项目竣工决算应包括从筹建到项目竣工验收交付使用为止的全部实际建设费用,即包括建筑安装工程费、设备和工器具购置费、工程建设其他费用、预备费、建设期贷款利息和固定资产投资方向调节税(现暂停征收)等内容。

按照财政部、国家发展改革委员会、住房和城乡建设部的有关文件规定,竣工决算是由竣工财务决算说明书、竣工财务决算报表、建设工程竣工图和工程竣工造价对比分析四部分组成的。其中,竣工财务决算说明书和竣工财务决算报表两部分又称建设项目竣工财务决算,是竣工决算的核心内容。

(1)竣工财务决算说明书

竣工财务决算说明书主要反映竣工工程建设成果和经验,是对竣工决算报表进行分析和补充说明的文件,是全面考核分析工程投资与造价的书面总结,其内容主要包括以下几方面:

1)建设项目概况。一般应从进度、质量、安全、造价及施工方面进行分析说明。进度方面主要说明开工和竣工时间,对照合理工期和要求工期,分析是提前还是延期;质量方面主要根据竣工验收委员会或质量监督部门的验收评定等级、合格率和优良品率进行说明;安全方面主要根据劳动工资和施工部门的记录,对有无设备和安全事故进行说明;造价方面主要对照概算造价,说明节约还是超支,用金额和百分率进行分析说明。

2)资金来源及运用等财务分析。主要包括工程价款结算、会计账务的处理、财产物资情况及债权债务的清偿情况。

3)基本建设收入、投资包干结余、竣工结余资金的上交分配情况。通过对基本建设投资包干情况的分析,说明投资包干数、实际支用数和节约额,投资包干的有机构成和包干节余的分配情况。

4)各项经济技术指标的分析。概算执行情况分析,根据实际投资完成额与概算进行对比分析;新增生产能力的效益分析,说明支付使用财产占总投资额的比例、占支付使用财产的比例,不增加固定资产的造价占投资总额的比例,分析有机构成。

5)工程建设的经验、项目管理和财务管理工作以及竣工财务决算中有待解决的问题。

6)需要说明的其他事项。

(2)竣工财务决算报表

建设项目竣工决算报表包括封面、基本建设项目概况表、基本建设项目竣工财务决算表、基本建设项目资金情况明细表、基本建设项目交付使用资产总表、基本建设项目交付使用资产明细表、待摊投资明细表、待核销基建支出明细表、转出投资明细表等。以下对其中几个主要报表进行介绍。

1)基本建设项目概况表(表7.2)。该表综合反映基本建设项目的基本概况,内容包

191

括该项目总投资、建设起止时间、新增生产能力、主要材料消耗、建设成本、完成主要工程量和主要技术经济指标,为全面考核和分析投资效果提供依据,可按下列要求填写:

表7.2　基本建设项目概况表

建设项目(单项工程)名称			建设地址			项目	概算批准金额	实际完成金额	备注
主要设计单位			主要施工企业			建筑安装工程			
占地面积/m²	设计	实际	总投资(万元)	设计	实际	设备、工具、器具			
						待摊投资			
新增生产能力	能力(效益)名称		设计	实际	基建支出	其中:项目建设管理费			
						其他投资			
建设起止时间	设计		自　年　月　日至　年　月　日			待核销基建支出			
	实际		自　年　月　日至　年　月　日			转出投资			
概算批准部门及文号						合计			

完成主要工程量	建设规模		设备(台、套、吨)		
	设计	实际	设计		实际

尾工工程	单项工程项目、内容	批准概算	预计未完部分投资额	已完成投资额	预计完成时间
	小计				

①建设项目名称、建设地址、主要设计单位和主要施工企业,要按全称填列。

②表中占地面积包括设计面积和实用面积。

③表中总投资包括设计概算总投资和决算实际总投资。

④表中各项目的设计、概算等指标,根据批准的设计文件和概算等确定的数字填列。

⑤表中所列新增生产能力、完成主要工程量的实际数据,根据建设单位统计资料和承包人提供的有关成本核算资料填列。

⑥表中基建支出是指建设项目从开工起至竣工为止发生的全部基本建设支出,包括形成资产价值的交付使用资产,如固定资产、流动资产、无形资产、其他资产支出,还包括不形成资产价值按照规定应核销的非经营项目的待核销基建支出和转出投资。上述支出,应根据财政部门历年批准的"基建投资表"中的有关数据填列。按照《基本建设财务规则》(财政部第 81 号令)和《基本建设项目建设成本管理规定》(财建〔2016〕504 号)的规定,需要注意以下几点:

(a)建筑安装工程投资支出、设备工器具投资支出、待摊投资支出和其他投资支出构成建设项目的建设成本。

建筑安装工程投资支出是指基本建设项目建设单位按照批准的建设内容发生的建筑工程和安装工程的实际成本,其中不包括被安装设备本身的价值,以及按照合同规定支付给施工单位的预付备料款和预付工程款。

设备工器具投资支出是指基本建设项目建设单位按照批准的建设内容发生的各种设备的实际成本(不包括工程抵扣的增值税进项税额),包括需要安装设备、不需要安装设备和为生产准备的不够固定资产标准的工具、器具的实际成本。需要安装设备是指必须将其整体或几个部位装配起来,安装在基础上或建筑物支架上才能使用的设备;不需要安装设备是指不必固定在一定位置或支架上就可以使用的设备。

待摊投资支出是指基本建设项目建设单位按照批准的建设内容发生的,应当分摊计入相关资产价值的各项费用和税金支出。主要包括:勘察费、设计费、研究试验费、可行性研究费及项目其他前期费用;土地征用及迁移补偿费、土地复垦及补偿费、森林植被恢复费及其他为取得或租用土地使用权而发生的费用;土地使用税、耕地占用税、契税、车船税、印花税及按规定缴纳的其他税费;项目建设管理费、代建管理费、临时设施费、监理费、招标投标费、社会中介机构审查费及其他管理性质的费用;项目建设期间发生的各类借款利息、债券利息、贷款评估费、国外借款手续费及承诺费、汇兑损益、债券发行费用及其他债务利息支出或融资费用;工程检测费、设备检验费、负荷联合试车费及其他检验检测类费用;固定资产损失、器材处理亏损、设备盘亏及毁损、报废工程净损失及其他损失;系统集成等信息工程的费用支出;其他待摊投资性质支出。需要注意的是,基本建设项目在建设期间的建设资金存款利息收入冲减债务利息支出,利息收入超过利息支出的部分,冲减待摊投资总支出。项目单项工程报废净损失计入待摊投资支出,单项工程报废应当经有关部门或专业机构鉴定。非经营性项目以及使用财政资金所占比例超过项目资本 50%的经营性项目,发生的单项工程报废经鉴定后,需报项目竣工财务决算批复部门审核批准。

其他投资支出是指基本建设项目建设单位按照批准的建设内容发生的房屋购置支

出,基本畜禽、林木等的购置、饲养、培育支出,办公生活用家具、器具购置支出,软件研发和不能计入设备投资的软件购置等支出。

（b）待核销基建支出包括以下内容:非经营性项目发生的江河清障、航道清淤、飞播造林、补助群众造林、退耕还林（草）、封山（沙）育林（草）、水土保持、城市绿化、毁损道路修复、护坡及清理等不能形成资产的支出,以及项目未被批准、项目取消和项目报废前已发生的支出;非经营性项目发生的农村沼气工程、农村安全饮水工程、农村危房改造工程、游牧民定居工程、海民上岸工程等涉及家庭或者个人的支出,形成资产产权归属家庭或者个人的,也作为待核销基建支出处理。

上述待核销基建支出,若形成资产权归属本单位的,计入交付使用资产价值;形成产权不归属本单位的,作为转出投资处理。

（c）非经营性项目转出投资支出是指非经营项目为项目配套的专用设施投资,包括专用道路、专用通信设施、送变电站、地下管道等,且其产权不属于本单位的投资支出。对于产权归属本单位的,应计入交付使用资产价值。

⑦表中"概算批准部门及文号",按最后经批准的文件号填列。

⑧表中收尾工程是指全部工程项目验收后尚遗留的少量收尾工程,在表中应明确填写收尾工程内容、完成时间、这部分工程的实际成本,可根据实际情况进行估算并加以说明,完工后不再编制竣工决算。

2）基本建设项目竣工财务决算表（表7.3）。竣工财务决算表是竣工财务决算报表的一种,建设项目竣工财务决算表是用来反映建设项目的全部资金来源和资金占用情况,是考核和分析投资效果的依据。该表反映竣工的建设项目从开工到竣工为止全部资金来源和资金运用的情况。它是考核和分析投资效果,落实结余资金,并作为报告上级核销基本建设支出和基本建设拨款的依据。在编制该表前,应先编制出项目竣工年度财务决算,根据编制出的竣工年度财务决算和历年财务决算编制项目的竣工财务决算。此表采用平衡表形式,即资金来源合计等于资金支出合计。

表7.3　基本建设项目竣工财务决算表

项目名称：　　　　　　　　　　　　　　　　　　　　　　　　　　单位：

资金来源	金额	资金占用	金额
一、基建拨款		一、基本建设支出	
1.中央财政资金		（一）交付使用资产	
其中：一般公共预算资金		1.固定资产	
中央基建投资		2.流动资产	
财政专项资金		3.无形资产	
政府性基金		（二）在建工程	
国有资本经营预算安排的基建项目资金		1.建筑安装工程投资	

续表 7.3

资金来源	金额	资金占用	金额
2.地方财政资金		2.设备投资	
其中:一般公共预算资金		3.待摊投资	
地方基建投资		4.其他投资	
财政专项资金		(三)待核销基建支出	
政府性基金		(四)转出投资	
国有资本经营预算安排的基建项目资金		二、货币资金合计	
二、部门自筹资金(非负债性资金)		其中:银行存款	
三、项目资本		财政应返还额度	
1.国家资本		其中:直接支付	
2.法人资本		授权支付	
3.个人资本		现金	
4.外商资本		有价证券	
四、项目资本公积		三、预付及应收款合计	
五、基建借款		1.预付备料款	
其中:企业债券资金		2.预付工程款	
六、待冲基建支出		3.预付设备款	
七、应付款合计		4.应收票据	
1.应付工程款		5.其他应收款	
2.应付设备款		四、固定资产合计	
3.应付票据		固定资产原价	
4.应付工资及福利费		减:累计折旧	
5.其他应付款		固定资产净值	
八、未交款合计		固定资产清理	
1.未交税金		待处理固定资产损失	
2.未交结余财政资金			
3.未交基建收入			
4.其他未交款			
合　　　计		合　　　计	

补充资料:基建借款期末余额:
　　　　　基建结余资金:
备注:资金来源合计扣除财政资金拨款与国家资本、资本公积重叠部分。

基本建设项目竣工财务决算表具体编制方法如下：

①资金来源包括基建拨款、部门自筹资金（非负债性资金）、项目资本、项目资本公积、基建借款、待冲基建支出、应付款和未交款等，其中：

（a）项目资本金是指经营性项目投资者按国家有关项目资本金的规定，筹集并投入项目的非负债性资金，在项目竣工后，相应转为生产经营企业的国家资本金、法人资本金、个人资本金和外商资本金。

（b）项目资本公积金是指经营性项目对投资者实际缴付的出资额超过其资金的差额（包括发行股票的溢价净收入）、资产评估确认价值或者合同协议约定价值与原账面净值的差额、接收捐赠的财产、资本汇率折算差额，在项目建设期间作为资本公积金、项目建成交付使用并办理竣工决算后，转为生产经营企业的资本公积金。

值得注意的是，资金来源合计应扣除财政资金拨款与国家资本、资本公积重叠部分。

2)表中"交付使用资产""中央财政资金""地方财政资金""部门自筹资金""项目资本""基建借款"等项目，是指自开工建设至竣工的累计数，上述有关指标应根据历年批复的年度基本建设财务决算和竣工年度的基本建设财务决算中资金平衡表相应项目的数字进行汇总填写。

（c）表中其余项目费用办理竣工验收时的结余数，根据竣工年度财务决算中资金平衡表的有关项目期末数填写。

（d）资金支出反映建设项目从开工准备到竣工全过程资金支出的情况，内容包括基建支出、货币资金、预付及应收款、固定资产等，资金支出总额应等于资金来源总额。

（e）补充资料当中，基建借款期末余额是指工程项目竣工时尚未偿还的基建投资借款数，应根据竣工年度资金平衡表内的"基建借款"项目期末数填列；"应收生产单位投资借款期末数"，应根据竣工年度资金平衡表内的"应收生产单位投资借款"项目的期末数填列。基建结余资金是指竣工时的结余资金，应根据竣工财务决算表中有关项目计算填列，其计算公式为：

$$基建结余资金=基建拨款+项目资本+项目资本公积+基建借款+企业债券资金+$$
$$待冲基建支出-基本建设支出$$

3)基本建设项目交付使用资产总表（表7.4）。该表反映建设项目建成后新增固定资产、流动资产、无形资产价值的情况和价值，作为财产交接、检查投资计划完成情况和分析投资效果的依据。

基本建设项目交付使用资产总表具体编制方法如下：

①表中各栏目数据根据交付使用资产明细表的固定资产、流动资产、无形资产的各相应项目的汇总数分别填写，表中总计栏的总计数应与竣工财务决算表中的交付使用资产的金额一致。

②表中第3栏、第4栏、第8栏和第9栏的合计数，应分别与竣工财务决算表交付使用的固定资产、流动资产、无形资产、其他资产的数据相符。

③基本建设项目交付使用资产明细表（表7.5）。该表反映交付使用的固定资产、流动资产、无形资产价值的明细情况，是办理资产交接和接收单位登记资产账目的依据，是使用单位建立资产明细账和登记新增资产价值的依据。编制时要做到齐全完整，数字准

确,各栏目价值应与会计账目中相应科目的数据保持一致。

表7.4　基本建设项目交付使用资产总表

项目名称：　　　　　　　　　　　　　　　　　　　　　　　　　　　　　　　　　　　单位：

序号	单项工程名称	总计	固定资产				流动资产	无形资产
			合计	建筑物及构筑物	设备	其他		

交付单位：　　　　　　负责人：　　　　　　接收单位：　　　　　　负责人：

表7.5　基本建设项目交付使用资产明细表

项目名称：　　　　　　　　　　　　　　　　　　　　　　　　　　　　　　　　　　　单位：

197

序号	单项工程名称	固定资产										流动资产		无形资产	
		建筑工程				设备 工具 器具 家具						名称	金额	名称	金额
		结构	面积	金额	其中：分摊待摊投资	名称	规格型号	数量	金额	其中：设备安装费	其中：分摊待摊投资				

交付单位：　　　　　　负责人：　　　　　　接收单位：　　　　　　负责人：

①表中"建筑工程"项目应按单项工程名称填列其结构、面积和金额。其中"结构"是指项目按钢结构、钢筋混凝土结构、混合结构等结构形式填写;面积则按各项目实际完成面积填写;金额按交付使用资产的实际价值填写。

②表中"固定资产"部分要在逐项盘点后,根据盘点实际情况填写,工具、器具和家具等低值易耗品可分类填写。

③表中"流动资产""无形资产"项目应根据建设单位实际交付的名称和价值分别填列。

（3）建设工程竣工图　建设工程竣工图是真实记录各种地上和地下建筑物、构筑物等情况的技术文件，是工程进行交工验收、维护和扩建的依据，是国家的重要技术档案。国家规定，各项新建、扩建、改建的基本建设工程，特别是基础、地下建筑、管线、结构、井巷、桥梁、隧道、港口、水坝以及设备安装等隐蔽部位，都要编制竣工图。为确保竣工图质量，必须在施工过程中（不能在竣工后）及时做好隐蔽工程检查记录，整理好设计变更文件。其基本要求有以下几点：

①凡按图竣工没有变动的，由施工单位（包括总包和分包施工单位，下同）在原施工图加盖"竣工图"标志后，即作为竣工图。

②凡在施工过程中，虽有一般性设计变更，但能将原施工图加以修改补充作为竣工图，可不重新绘制，由施工单位负责在原施工图（必须是新蓝图）上注明修改的部分，并附以设计变更通知单和施工说明，加盖"竣工图"标志后，作为竣工图。

③凡结构形式改变、施工工艺改变、平面布置改变、项目改变以及有其他重大改变，不宜再在原施工图上修改、补充时，应重新绘制改变后的竣工图。由原设计原因造成的，由设计单位负责重新绘制；由施工原因造成的，由施工单位负责重新绘制；由其他原因造成的，由建设单位自行绘制或委托设计单位绘制。施工单位负责在新图上加盖"竣工图"标志，并附以有关记录和说明，作为竣工图。

④为了满足竣工验收和竣工决算需要，还应绘制反映竣工工程全部内容的工程设计平面示意图。

⑤重大的改、扩建工程项目涉及原有的工程项目变更时，应将相关项目的竣工图资料统一整理归档，并在原图案卷内增补必要的说明。

（4）工程造价对比分析　经批准的概（预）算是考核实际建设工程造价和进行工程造价比较分析的依据。在分析时，可先对比整个项目的总概算，然后将建筑安装工程费、设备工器具购置费和其他工程费用逐一与竣工决算表中所提供的实际数据和相关资料及批准的概（预）算指标、实际的工程造价进行对比分析，以确定竣工项目总造价是节约还是超支，并在对比的基础上，总结先进经验，找出节约和超支的内容和原因，提出改进措施。在实际工作中，应主要分析以下内容：

1）主要实物工程量　对于实物工程量出入比较大的情况，必须查明原因。

2）主要材料消耗量　考核主要材料消耗量，要按照竣工决算表中所列明的三大材料实际超概算的消耗量，查明是在工程的哪个环节超出量最大，再进一步查明超耗的原因。

3）考核建设单位管理费、建筑及安装工程其他直接费、现场经费和间接费的取费标准　建设单位管理费、建筑及安装工程其他直接费、现场经费和间接费的取费标准要按照国家和各地的有关规定，根据竣工决算报表中所列的建设单位管理费与概（预）算所列的建设单位管理费数额进行比较，依据规定查明是否多列或少列的费用项目，确定其节约超支的数额，并查明原因。

7.2.2.2　竣工决算的编制

（1）竣工决算的编制依据

①可行性研究报告、投资估算书、初步设计或扩大初步设计、修正总概算及其批复文件；

②经批准的施工图及施工图预算书;

③设计交底资料或图样会审纪要;

④设计变更记录、施工记录或施工签证单及其他施工发生的费用记录;

⑤经批准的施工图预算或标底造价、承包合同、工程结算等有关资料;

⑥竣工图以及各种竣工验收资料;

⑦历年基建计划、历年财务决算及批复文件;

⑧设备、材料调价文件和调价记录;

⑨财务核算制度、办法及其他有关资料。

(2)竣工决算的编制要求

为了严格执行建设项目竣工验收制度,正确核定新增固定资产价值,考核分析投资效果,建立健全经济责任制,所有新建、扩建和改建等建设项目竣工后,都应及时、完整、正确地编制好竣工决算。建设单位要做好以下工作:

①按照规定及时组织竣工验收,保证竣工决算的及时性。

②积累、整理竣工项目资料,特别是项目的造价资料,保证竣工决算的完整性。

③清理、核对各项账目,保证竣工决算的正确性。

按照规定竣工决算应在竣工项目办理验收交付手续后一个月内编好,并上报主管部门,有关财务成本部分,还应送经办银行审查签证。主管部门和财政部门对报送的竣工决算审批后,建设单位即可办理决算调整和结束有关工作。

(3)竣工决算的编制步骤

工程项目竣工决算编制步骤如图7.2所示。

199

图7.2 工程项目竣工决算的编制步骤图

①收集、整理和分析有关依据资料。在编制竣工决算文件之前,要系统地整理所有的技术资料、工程结算的经济文件、施工图纸和各种变更与签证材料,并分析它们的准确性。完整、齐全的资料,是准确而迅速编制竣工决算的必要条件。

②清理各项财务、债务和结余物资。在收集、整理和分析有关资料中,要特别注意建设工程从筹建到竣工投产或使用的全部费用的各项财务、债权和债务的清理,做到工程完毕账目清晰,既要核对账目,又要查点库有实物的数量,做到账与物相等,账与账相符,对结余的各种材料、工器具和设备,要逐项清点核实,妥善管理,并按规定及时处理,收回资金。对各种往来款项要及时进行全面清理,为编制竣工决算提供准确的数据和结果。

③填写竣工决算报表。按照建设工程决算表格中的内容,根据编制依据中的有关资料进行统计或计算各个项目和数量,并将其结果填到相应表格的栏目内,完成所有报表的填写。

④编制建设工程竣工决算说明。按照建设工程竣工决算说明的内容要求,根据编制依据材料填写报表,编写文字说明。

⑤做好工程造价对比分析。

⑥清理、装订好竣工图。

⑦上报主管部门审查。

上述编写的文字说明和填写的表格经核对无误,装订成册,即为建设工程竣工决算文件。将其上报主管部门审查,并把其中财务成本部分送交开户银行签证。竣工决算在上报主管部门的同时,抄送有关设计单位。大、中型建设项目的竣工决算还应抄送财政部、建设银行总行和省、市、自治区的财政厅(局)和建设银行分行各一份。建设工程竣工决算的文件,由建设单位负责组织人员编写,在竣工建设项目办理验收使用一个月之内完成。

7.2.3 新增资产价值的确定

7.2.3.1 新增资产价值的分类

按照新的财务制度和企业会计准则,新增资产按资产性质可分为固定资产、流动资产、无形资产、递延资产和其他资产等五大类。

(1)固定资产 指使用期限超过一年,单位价值较大,并且在使用过程中保持原有实物形态的资产,如房屋、建筑物、机械、运输工具等。

不同时具备以上两个条件的资产为低值易耗品,应列入流动资产范围内,如企业自身使用的工具、器具、家具等。

(2)流动资产 指可以在一年或者超过一年的营业周期内变现或者耗用的资产,它是企业资产的重要组成部分。流动资产按资产的占用形态可分为现金、存货(指企业的库存材料、在产品、产成品、商品等)、银行存款、短期投资、应收账款及预付账款。

(3)无形资产 指特定主体所控制的,不具有实物形态,对生产经营长期发挥作用且能带来经济利益的资源,如专利权、非专利技术、商标权、商誉等。

(4)递延资产 指不能全部计入当年损益,应当在以后年度分期摊销的各种费用,如开办费、租入固定资产改良支出等。

(5)其他资产 指具有专门用途,但不参加生产经营的经国家批准的特种物资,银行冻结存款和冻结物资、涉及诉讼的财产等。

7.2.3.2 新增资产价值的确定

(1)新增固定资产价值的确定

新增固定资产价值是以独立发挥生产能力的单项工程为对象的。单项工程建成经有关部门验收鉴定合格,正式移交生产或使用,即应计算新增固定资产价值。一次交付生产或使用的工程一次计算新增固定资产价值,分期分批交付生产或使用的工程,应分期分批计算新增固定资产价值。在计算时应注意以下几种情况:

①对于为了提高产品质量、改善劳动条件、节约材料、保护环境而建设的附属辅助工程,只要全部建成,正式验收交付使用后就要计入新增固定资产价值。

②对于单项工程中不构成生产系统,但能独立发挥效益的非生产性项目,如住宅、食堂、医务所、托儿所、生活服务网点等,在建成并交付使用后,也要计算新增固定资产价值。

③凡购置达到固定资产标准但不需安装的设备、工具、器具,应在交付使用后计入新增固定资产价值。

④属于新增固定资产价值的其他投资,应随同受益工程交付使用的,同时一并计入。

⑤交付使用财产的成本,应按下列内容计算:①房屋、建筑物、管道、线路等固定资产的成本包括建筑工程成本和应分摊的待摊投资;②动力设备和生产设备等固定资产的成本包括需要安装设备的采购成本、安装工程成本、设备基础等建筑工程成本及应分摊的待摊投资;③运输设备及其他不需要安装的设备、工具、器具、家具等固定资产一般仅计算采购成本,不计分摊的待摊投资。

⑥共同费用的分摊方法。新增固定资产的其他费用,如果是属于整个建设项目或两个以上单项工程的,在计算新增固定资产价值时,应在各单项工程中按比例分摊。分摊时,什么费用应由什么工程负担应按具体规定进行。一般情况下,建设单位管理费按建筑工程、安装工程、需安装设备价值总额按比例分摊,而土地征用费、勘察设计费则按建筑工程造价分摊。

例7.1　某工业建设项目总造价及其总装车间的建筑工程费、安装工程费、需安装设备费以及应摊入费用如表7.6所示,试计算总装车间新增固定资产价值。

表7.6　分摊费用计算表　　　　　　　　　　　单位:万元

项目名称	建筑工程	安装工程	需安装设备	建设单位管理费	土地征用费	勘察设计费
建设单位竣工结算	2 000	400	800	60	70	50
总装车间竣工结算	500	180	320			

计算过程如下。

$$应分摊的建设单位管理费 = \frac{500+180+320}{2\ 000+400+800} \times 60 = 18.75(万元)$$

$$应分摊的土地征用费 = \frac{500}{2\ 000} \times 70 = 17.5(万元)$$

$$应分摊的勘察设计费 = \frac{500}{2\ 000} \times 50 = 12.5(万元)$$

$$总装车间新增固定资产价值 = (500+180+320)+(18.75+17.5+12.5)$$
$$= 1\ 000+48.75 = 1\ 048.75(万元)$$

(2)流动资产价值的确定

1)货币性资金　指现金、各种银行存款及其他货币资金。其中现金是指企业的库存现金,包括企业内部各部门用于周转使用的备用金;各种存款是指企业的各种不同类型的银行存款;其他货币资金是指除现金和银行存款以外的其他货币资金,根据实际入账价值核定。

2)应收及预付款项　应收款项是指企业因销售商品、提供劳务等应向购货单位或受益单位收取的款项。预付款项是指企业按照购货合同预付给供货单位的购货定金或部

201

分货款。应收及预付款项包括应收票据、应收款项、其他应收款、预付货款和待摊费用。一般情况下,应收及预付款项按企业销售商品、产品或提供劳务时的成交金额入账核算。

3)短期投资包括股票、债券、基金　股票和债券根据是否可以上市流通分别采用市场法和收益法确定其价值。

4)存货　各种存货应当按照取得时的实际成本计价。存货的形成主要有外购和自制两个途径。外购的存货按买价加运输费、装卸费、保险费、途中合理损耗、入库加工、整理及挑选费用以及缴纳的税金等计价。自制的存货按照制造过程中的各项支出计价。

(3)无形资产价值的确定

1)无形资产计价原则　投资者按无形资产作为资本金或者合作条件投入时,按评估确认或合同协议约定的金额计价。原则如下:第一,购入的无形资产按照实际支付的价款计价;第二,企业自创并依法申请取得的按开发过程中的实际支出计价;第三,企业接受捐赠的无形资产按照发票账单所持金额或者同类无形资产市价计价;第四,无形资产计价入账后,应在其有效使用期内分期摊销。

2)不同形式无形资产的计价方法　主要有专利权的计价、非专利技术的计价、商标权的计价、土地使用权的计价。

①专利权的计价。专利权分为自创和外购两类。自创专利权的价值为开发过程中的实际支出,主要包括专利的研制成本和交易成本。研制成本包括直接成本和间接成本。直接成本是指研制过程中直接投入发生的费用,主要包括材料、工资、专用设备、资料、咨询鉴定、协作、培训和差旅等费用;间接成本是指与研制开发有关的费用,主要包括管理费、非专用设备折旧费、应分摊的公共费用及能源费用。交易成本是指在交易过程中的费用支出,主要包括技术服务费、交易过程中的差旅费及管理费、手续费、税金。由于专利权是具有独占性并能带来超额利润的生产要素,因此专利权的转让价格不按成本估价,而是按照其所能带来的超额收益计价。

②非专利技术的计价。非专利技术具有使用价值和价值,使用价值是非专利技术本身应具有的,非专利技术的价值在于非专利技术的使用所能产生的超额获利能力,应在研究分析其直接和间接获利能力的基础上,准确计算出其价值。如果非专利技术是自创的,一般不作为无形资产入账,自创过程中发生费用,按当期费用处理。对于外购非专利技术,应由法定评估机构确认后再进行估价,往往通过能产生的收益采用收益法进行估价。

③商标权的计价。如果商标权是自创的,一般不作为无形资产入账,而将商标设计、制作、注册、广告宣传等发生的费用直接作为销售费用计入当期损益。只有当企业购入或转入商标时,才需要对商标权计价。商标权的计价一般根据被许可方新增的收益确定。

④土地使用权的计价。根据取得土地使用权的方式不同,土地使用权可有以下几种计价方式:当建设单位向土地管理部门申请土地使用权并为之支付一笔出让金时,土地使用权作为无形资产核算;当建设单位获得土地使用权是通过行政划拨的,这时土地使用权就不能作为无形资产核算;在将土地使用权有偿转让、出租、抵押、作价入股和投资,按规定补交土地出让价款时,才作为无形资产核算。

（4）递延资产和其他资产价值的确定

①递延资产中的开办费是指筹建期间发生的费用，不能计入固定资产或无形资产价值的费用，主要包括筹建期间人员工资、办公费、员工培训费、差旅费、注册登记费以及不计入固定资产和无形资产购建成本的汇兑损益、利息支出等。根据现行财务制度规定，企业筹建期间发生的费用，应于开始生产经营起一次计入开始生产经营当期的损益。企业筹建期间开办费的价值可按其账面价值确定。

②递延资产中以经营租赁方式租入的固定资产改良工程支出的计价，应在租赁有限期限内摊入制造费用或管理费用。

③其他资产，包括特种储备物资等，按实际入账价值核算。

7.3　保修费用的处理

7.3.1　保修与保修费用

7.3.1.1　保修的概念

保修是指建设工程办理完交工验收手续后，在规定的保修期限内（按合同有关保修期的规定），因勘察设计、施工、材料等原因造成的质量缺陷，应由施工单位负责维修，责任单位赔偿损失。

建设项目保修是项目竣工验收交付使用后，在一定期限内由施工单位到建设单位或用户进行回访，对于工程发生的确实是由于施工单位责任造成的建筑物使用功能不良或无法使用的问题，由施工单位负责修理，直到达到正常使用的标准。保修回访制度属于建筑工程竣工后管理范畴。

建设工程质量保修制度是国家所确定的重要法律制度，对于促进承包人加强质量管理、改进工程质量、保护用户及消费者的合法权益起到重要的作用。

7.3.1.2　保修的范围和最低保修期限

根据《中华人民共和国建筑法》《建设工程质量管理条例》《建设工程质量保证金管理办法》《房屋建筑工程质量保修书（示范文本）》的有关规定，承包人在向发包人提交工程竣工报告时，应向发包人出具质量保修书。质量保修书中应明确建设工程的保修范围、保修期限和保修责任等。

（1）保修范围　建设工程的保修范围应包括地基基础工程、主体结构工程、屋面防水工程和其他土建工程，以及电气管线、上下水管线的安装工程，供热、供冷系统工程等项目。一般应包括以下问题：

①屋面、地下室、外墙阳台、卫生间、厨房等处的渗水、漏水问题；

②各种通水管道（如自来水、热水、污水、雨水等）的漏水问题，各种气体管道的漏气问题，通气孔和烟道的堵塞问题；

③水泥地面有较大面积空鼓、裂缝和起砂问题；

④内墙抹灰有较大面积起泡、脱落或墙面起碱脱皮问题，外墙粉刷自动脱落问题；

⑤暖气管线安装不妥,出现局部不热、管线接口处漏水等问题;

⑥影响工程使用的地基基础、主体结构等存在质量问题;

⑦其他由于施工不良而造成的无法使用或不能正常发挥使用功能的工程部位。

(2)保修期限　保修期限应当按照保证建筑物合理寿命内正常使用,维护使用者合法权益的原则确定。具体的保修范围和最低保修期限,按照国务院《建设工程质量管理条例》第四十条规定执行。

①基础设施工程、房屋建筑的地基基础工程和主体结构工程,为设计文件规定的该工程的合理使用年限;

②屋面防水工程、有防水要求的卫生间、房间和外墙面的防渗漏为5年;

③供热与供冷系统为2个采暖期和供冷期;

④电气管线、给排水管道、设备安装和装修工程为2年;

⑤其他项目的保修期限由发包、承包双方在合同中规定,建设工程的保修期自竣工验收合格之日算起。

建设工程在保修期内发生质量问题的,承包人应当履行保修义务,并对造成的损失承担赔偿责任。凡是由于用户使用不当而造成的建筑功能不良或损坏,不属于保修范围;凡属工业产品项目发生的问题,也不属保修范围。以上两种情况应由建设单位自行组织修理。

7.3.1.3　保修费用

保修费用是指对保修期间和保修范围内所发生的维修、返工等各项费用的支出。保修费用应按合同和有关规定合理确定和控制。

7.3.2　保修费的处理

根据《中华人民共和国建筑法》规定,在保修费用的处理问题上,必须根据修理项目的性质、内容以及检查修理等多种因素的实际情况,区别保修责任的承担问题,对于保修的经济责任的确定,应当由有关责任方承担。由建设单位和施工单位共同商定经济处理办法。

①承包单位未按国家有关规范、标准和设计要求施工,造成的质量缺陷,由承包单位负责返修并承担经济责任。

②由于设计方面的原因造成的质量缺陷,由设计单位承担经济责任,可由施工单位负责维修,其费用按有关规定通过建设单位向设计单位索赔,不足部分由建设单位负责协同有关各方解决。

③因建筑材料、建筑构配件和设备质量不合格引起的质量缺陷,属于承包单位采购的或经其验收同意的,由承包单位承担经济责任;属于建设单位采购的,由建设单位承担经济责任。

④因使用单位使用不当造成的损坏问题,由使用单位自行负责。

⑤因地震、洪水、台风等不可抗拒原因造成的损坏问题,施工单位、设计单位不承担经济责任,由建设单位负责处理。

⑥根据《中华人民共和国建筑法》第七十五条的规定,建筑施工企业违反本法规定,

不履行保修义务或者拖延履行保修义务的,责令改正,可以处以罚款并对在保修期间因屋顶、墙面渗漏、开裂等质量缺陷造成的损失,承担赔偿责任。质量缺陷因勘察设计原因、监理原因或者建筑材料、建筑构配件和设备等原因造成的,根据《中华人民共和国民法通则》,施工企业可以在保修和赔偿损失之后,向有关责任者追偿。因建设工程质量不合格而造成损害的,受损害人有权向责任者要求赔偿。因建设单位或者勘察设计的原因、施工的原因、监理的原因产生的建设质量问题,造成他人损失的,以上单位应当承担相应的赔偿责任。

　　⑦涉外工程的保修问题,除参照上述办法处理外,还应依照原合同条款的有关规定执行。

7.4　案例分析

案例分析

【案例一】

背景材料

　　某建设单位承包工程项目,甲乙双方签订的关于工程价款合同的内容有:第一,建筑安装工程造价 660 万元,主要材料费占施工产值的比重为 60%;第二,预付备料款为建筑安装工程造价的 20%;第三,工程进度款逐月计算;第四,工程质量保证金为工程结算价款的 3%,缺陷责任期为半年;第五,材料价差调整按规定进行(按有关规定上半年材料价差上调 10%,在 6 月份一次调整)。

　　工程各月实际完成产值如表 7.7 所示。

表 7.7　该工程各月实际完成产值

月份	2	3	4	5	6
完成产值/万元	55	110	165	220	110

问题

　　1. 该工程的预付备料款、起扣点为多少?

　　2. 该工程 2～5 月,每月拨付工程款为多少? 累计工程款为多少?

　　3. 6 月份办理竣工结算,该工程结算造价为多少? 甲方应付工程尾款为多少?

　　4. 该工程在保修期间发生屋面漏水,甲方多次催促乙方修理,乙方一再拖延,最后甲方另请施工单位修理,修理费为 1.5 万元,该费用如何处理?

参考答案

　　1. 根据工程价款结算方法得到以下数据。

　　预付备料款:660×20% = 132(万元)。

　　起扣点:660-132/60% = 440(万元)。

　　2. 各月拨付工程款,累计付款如下。

　　2 月:工程款 55 万元。

3 月:工程款 110 万元,累计付款 165 万元。

4 月:工程款 165 万元,累计付款 330 万元。

5 月:工程款 $220-(220+330-440)\times60\%=154$(万元),累计付款 484 万元。

3. 工程结算总造价为:$660+660\times60\%\times10\%=699.6$(万元)。

甲方应付工程尾款为:$699.6-484-132-699.6\times3\%=62.612$(万元)。

4. 维修费用 1.5 万元应从乙方的保修金中扣除。

【案例二】

背景材料

某建设单位拟编制某工业生产项目的竣工决算。该建设项目包括 A、B 两个主要生产车间和 C、D、E、F 四个辅助生产车间及若干附属办公、生活建筑物。在建设期内,各单项工程竣工决算数据见表 7.8。工程建设其他投资完成情况如下:支付行政划拨土地的土地征用及迁移费 500 万元,支付土地使用权出让金 700 万元;建设单位管理费 400 万元(其中 300 万元构成固定资产);地质勘察费 80 万元;建筑工程设计费 260 万元;生产工艺流程系统设计费 120 万元;专利费 70 万元;非专利技术费 30 万元;获得商标权 90 万元;生产职工培训费 50 万元;报废工程损失 20 万元;生产线试运转支出 20 万元,试生产产品销售款 5 万元。

表 7.8 某建设项目竣工决算数据表 单位:万元

项目名称	建筑工程	安装工程	需安装设备	不需安装设备	生产工器具	
					总额	达到固定资产标准
A 生产车间	1 800	380	1 600	300	130	80
B 生产车间	1 500	350	1 200	240	100	60
辅助生产车间	2 000	230	800	160	90	50
附属建筑	700	40	—	20	—	—
合计	6 000	1 000	3 600	720	320	190

问题

试确定 A 生产车间的新增固定资产价值及该建设项目的固定资产、流动资产、无形资产和其他资产价值。

参考答案

(1)确定 A 生产车间的新增固定资产价值 新增固定资产价值包括建筑、安装工程造价,达到固定资产标准的设备和工器具的购置费用,增加固定资产价值的其他费用。增加固定资产价值的其他费用包括土地征用及土地补偿费、联合试运转费、勘察设计费、可行性研究费、施工机构迁移费、报废工程损失费和建设单位管理费中达到固定资产标准的办公设备、生活家具用具和交通工具等购置费。其中,联合试运转费是指整个车间有负荷或无负荷联合试运转发生的费用支出大于试运转收入的亏损部分。

新增固定资产价值的其他费用应按单项工程以一定比例分摊。分摊时,建设单位管理费由建筑工程、安装工程、需安装设备价值总额按比例分摊;土地征用及土地补偿费、地质勘察和建筑工程设计费等由建筑工程造价按比例分摊;生产工艺流程系统设计费由安装工程造价按比例分摊。

A 生产车间的新增固定资产价值=(1 800+380+1 600+300+80)+(500+80+260+20+20-5)×1 800/6 000+120×380/1 000+300×(1 800+380+1 600)/(6 000+1 000+3 600)=4 160+875×0.3+120×0.38+300×0.356 6=4 575.08(万元)

(2)固定资产价值

固定资产价值=(6 000+1 000+3 600+720+190)+(500+300+80+260+120+20+20-5)

                =11 510+1295

                =12 805(万元)

(3)流动资产价值 流动资产价值是指达不到固定资产标准的设备工器具、现金、存货、应收及应付款项等价值。流动资产价值=320-190=130(万元)。

(4)无形资产价值 无形资产价值是指专利权、非专利技术、著作权、商标权、土地使用权出让金及商誉等价值。

无形资产价值=700+70+30+90=890(万元)

(5)其他资产价值 其他资产价值是指开办费(建设单位管理费中未计入固定资产的其他费用,生产职工培训费)、以租赁方式租入的固定资产改良工程支出等。

其他资产价值=(400-300)+50=150(万元)

 小结

本章主要介绍了竣工验收的范围、依据、标准和工作程序;竣工决算的内容和编制方法,新增固定资产价值的确定方法;保修费用的处理方法;建设项目后评估方法及指标计算。其重点为竣工结算、决算的内容与区别;新增固定资产价值的确定方法;保修费用的处理方法等。

 习题

一、单项选择题
二、多项选择题
三、案例分析题   第7章选择题

【案例一】

背景材料

某建设项目及其主要生产车间的有关费用如表7.9所示。

问题

计算该车间新增固定资产价值。

表7.9 某建设项目及其主要生产车间的有关费用 单位:万元

费用类别	建筑工程费	设备安装费	需安装设备价值	土地征用费
建设项目竣工决算	1 000	450	600	50
生产车间竣工决算	250	100	280	

【案例二】

背景材料

已知某项目竣工财务决算表如表7.10所示。

问题

计算其基建结余资金。

表7.10 某建设项目竣工财务决算表 单位:万元

资金来源	金额	资金占用	金额
基建拨款	2 300	应收生产单位投资借款	1 200
项目资本	500	基本建设支出	900
项目资本公积金	10		
基建借款	700		
企业债券资金	300		
待冲基建支出	200		

【案例三】

背景材料

某建设单位拟编制某工业生产项目的竣工决算。该项目包括A、B两个主要生产车间和C、D、E、F四个辅助生产车间及若干办公、生活建筑物。在建设期内,各单项工程竣工决算数据如表7.11所示。工程建设其他投资完成情况如下:支付行政划拨土地的土地征用及迁移费500万元,支付土地使用权出让金700万元,建设单位管理费400万元(其中300万元构成固定资产),勘察设计费340万元,专利费70万元,非专利技术费30万元,获得商标权90万元,生产职工培训费50万元。

表 7.11　某工业项目竣工决算数据表　　　　　　　　　　　　　　　单位:万元

项目名称	建筑工程	安装工程	需安装设备	不需安装设备	生产工器具	
					总额	达到固定资产标准
A 生产车间	1 800	380	1 600	300	130	80
B 生产车间	1 500	350	1 200	240	100	60
辅助生产车间	2 000	230	800	160	90	50
附属建筑	700	40		20		
合计	6 000	1 000	3 600	720	320	190

问题

1. 什么是建设项目竣工决算? 竣工决算包括哪些内容?

2. 编制竣工决算的依据有哪些?

3. 如何编制竣工决算?

4. 试确定 A 生产车间的新增固定资产价值。

5. 试确定该建设项目的固定资产、流动资产、无形资产和递延资产价值。

第 8 章

工程造价的动态调整

本章主要讲述工程造价信息及工程造价指数(概念、分类),其中工程造价的动态调整是本章要求掌握的重点。

8.1 工程造价调整的依据

8.1.1 工程造价信息

在市场经济体制下,物价水平是动态的,是经常发生变化的,这是市场供需的必然结果。这种价格的波动引起了工程造价的动态变化,因此在项目实施过程中,工程价款的结算与支付也应该适应这样一个动态变化。但是,我国现行的工程价款结算基本上是按照设计预算价值,以预算定额单价和各地方工程造价管理部门公布的调价文件为依据进行的,而对价格波动等动态因素考虑不足。为避免承包方或发包方遭受不必要的损失,在工程价款结算中应该把多种动态因素纳入结算中加以考虑,使工程造价基本上能够反映工程项目的实际消耗费用,从而维护合同双方的正当权益。

工程造价信息是一切有关工程造价的特征、状态及其变动的消息、数据和资料的组合。在工程承发包市场和工程建设过程中,工程造价总是在不停地运动着、变化着,并呈现出种种不同特征。工程造价的动态变化,人们都是通过工程造价信息来认识和掌握的。

工程造价信息作为一种社会资源,在工程承发包市场和工程建设中的地位日趋明显。特别是随着我国逐步推行工程量清单计价制度,工程价格从政府计划的指令性价格向市场定价转化,而在市场定价的过程中,信息起着举足轻重的作用。无论是政府工程造价主管部门还是工程承发包双方,都要通过接收工程造价信息来了解工程建设市场动态,预测和控制工程造价发展,决定政府的工程造价政策和工程承发包价。因此,工程造价主管部门和工程承发包双方都要接收、加工、传递和利用工程造价信息,对工程造价信息资源进行开发。

8.1.2 工程造价指数

工程造价
指数

8.1.2.1 指数的概念和分类

(1)指数的概念 指数是用来统计研究社会经济现象数量变化幅度和趋势的一种特有的分析方法和手段。指数有广义和狭义之分。广义的指数是指反映社会经济现象变动与差异程度的相对数,如产值指数、产量指数、出口额指数等。狭义上的指数特指统计指数,是指用来综合反映社会经济现象复杂总体数量变动状况的相对数。所谓复杂总体,是指数量不能直接加总的总体。例如不同的产品和商品,有不同的使用价值和计量单位,不同商品的价格也以不同的使用价值和计量单位为基础,都是不同度量的事物,是不能直接相加的。但通过狭义的统计指数就可以反映出不同度量的事物所构成的特殊总体变动或差异程度,例如物价总指数、成本总指数等。

(2)指数的分类

①指数按其所反映的现象的范围不同,分为个体指数和总指数。个体指数是反映个别现象变动情况的指数,如个别产品的产量指数、个别商品的价格指数等。总指数是综

合反映不能同度量的现象动态变化的指数,如工业总产量指数、社会商品零售价格总指数等。

②指数按其所反映的现象的性质不同,分为数量指标指数和质量指标指数。数量指标指数是综合反映现象总的规模和水平变动情况的指数,如商品销售量指数、工业产品产量指数、职工人数指数等。质量指标指数是综合反映现象相对水平或平均水平变动情况的指数,如产品成本指数、价格指数、平均工资水平指数等。

③指数按其所采用的基期不同,分为定基指数和环比指数。当对一个时间数列进行分析时,计算动态分析指标通常用不同时间的指标值作对比。在动态对比时作为对比基础时期的水平,叫基期水平;所要分析的时期(与基期相比较的时期)的水平,叫报告期水平或计算期水平。定基指数是指各个时期指数都是采用同一固定时期为基期计算的,表明社会经济现象对某一固定基期的综合变动程度的指数。环比指数是以前一时期为基期计算的指数,表明社会经济现象对上一期或前一期的综合变动的指数。定基指数或环比指数可以连续将许多时间的指数按时间顺序加以排列,形成指数数列。

④指数按其所编制的方法不同,分为综合指数和平均数指数。综合指数是通过确定同度量因素,把不能同度量的现象过渡为可以同度量的现象,采用科学方法计算出两个时期的总量指标并进行对比而形成的指数。平均数指数是从个体指数出发,通过对个体指数加权平均计算而形成的指数。综合指数是总指数的基本形式,平均数指数是综合指数的变形。综合指数虽然能完整地反映所研究现象的经济内容,但编制时需要全面的材料,这在实践中是很困难的。因此,实践中可用平均数指数的形式来编制总指数。

8.1.2.2　工程造价指数的概念及分类

（1）工程造价指数的概念

工程造价指数是反映一定时期由于价格变化对工程造价影响程度的一种指标,它反映了报告期与基期相比的价格变动趋势,是调整工程造价价差的依据。在实际工作中,工程造价指数可以用于分析价格变动趋势及其原因,可以用于估计工程造价变化对宏观经济的影响,同时工程造价指数还是工程承发包双方进行工程估价和结算的重要依据。

（2）工程造价指数的分类

1）按照对应的工程造价的构成内容来分类

①各种单项价格指数。它包括了反映各类工程的人工费、材料费、施工机械使用费报告期价格对基期价格的变化程度的指标,可利用它研究主要单项价格变化的情况及其发展变化的趋势。其计算过程可以简单表示为报告期价格与基期价格之比。另外,也可以把各种费率指数归入其中,例如措施费指数、间接费指数,甚至工程建设其他费用指数等。这些费率指数可以直接用报告期费率与基期费率之比求得。显然这些单项价格指数编制较简单,都属于个体指数。

②设备、工器具价格指数。设备、工器具的种类、品种和规格很多。设备、工器具费用的变动通常是由两个因素引起的,即设备、工器具单件采购价格的变化和采购数量的变化,同时工程所采购的设备、工器具是由不同规格、不同品种组成的,因此设备、工器具价格指数属于总指数。由于采购价格与采购数量的数据无论是基期还是报告期都比较容易获得,因此设备、工器具价格指数可以用综合指数的形式来表示。

213

③建筑安装工程造价指数。建筑安装工程造价指数包括了人工费指数、材料费指数、施工机械使用费指数以及措施费、间接费等各项个体指数的综合影响,因此也属于总指数。但由于建筑安装工程造价指数相对比较复杂,涉及的方面较广,利用综合指数来进行计算分析难度较大。因此,可以通过对各项个体指数的加权平均,用平均数指数的形式来表示。

④建设项目或单项工程造价指数。该指数是由设备及工器具指数、建筑安装工程造价指数、工程建设其他费用指数综合得到的。它也属于总指数,并且与建筑安装工程造价指数类似,一般也用平均数指数的形式来表示。

2)按照造价资料期限的长短来分类

①时点造价指数。时点造价指数是指不同时点价格对比计算的相对数,如2022年6月30日12时对应于上一年同一时点。

②月指数。月指数是不同月份价格对比计算的相对数。

③季指数。季指数是不同季度价格对比计算的相对数。

④年指数。年指数是不同年度价格对比计算的相对数。

8.1.2.3 工程造价指数的编制

(1)各种单项价格指数的编制

1)人工费、材料费、施工机械使用费等价格指数的编制　这种价格指数的编制可以直接用报告期价格与基期价格相比后得到。其计算公式如下:

$$人工费(材料费、施工机械使用费)价格指数 = P_n/P_0 \qquad (8.1)$$

式中　P_0——基期人工日工资单价(材料价格、机械台班单价);

P_n——报告期人工日工资单价(材料价格、机械台班单价)。

2)措施费、间接费及工程建设其他费等费率指数的编制　其计算公式如下:

$$措施费(间接费、工程建设其他费)费率指数 = P_n/P_0 \qquad (8.2)$$

式中　P_0——基期措施费(间接费、工程建设其他费)费率;

P_n——报告期措施费(间接费、工程建设其他费)费率。

(2)设备、工器具价格指数的编制

设备、工器具价格指数是用综合指数形式表示的总指数。运用综合指数计算总指数时,一般要涉及两个因素:一个是指数所要研究的对象,叫指数化因素;另一个是将不能同度量现象过渡为可以同度量现象的因素,叫同度量因素。当指数化因素是数量指标时,这时计算的指数称为数量指标指数;当指数化因素是质量指标时,这时的指数称为质量指标指数。很明显,在设备、工器具价格指数中,指数化因素是设备、工器具的采购价格,同度量因素是设备工器具的采购数量。因此,设备、工器具价格指数是一种质量指标指数。

1)同度量因素的选择　设备、工器具价格指数是一种质量指标指数,同度量因素则应该是数量指标,即设备、工器具的采购数量。那么就会面临一个新的问题,是应该选择基期计划采购数量为同度量因素,还是选择报告期实际采购数量为同度量因素。因同度量因素选择的不同,可分为拉斯贝尔体系和派许体系。拉斯贝尔体系主张采用基期指标作为同度量因素,而派许体系主张采用报告期指标作为同度量因素。

拉氏公式为:
$$K_P = \frac{\sum q_0 p_1}{\sum q_0 p_0} \tag{8.3}$$

派氏公式为:
$$K_P = \frac{\sum q_1 p_1}{\sum q_1 p_0} \tag{8.4}$$

式中　K_P——综合指数;

　　p_0、p_1——基期与报告期价格;

　　q_0、q_1——基期与报告期数量。

对于质量指标指数,拉氏公式将同度量因素固定在基期,其结果说明按过去的采购数量计算设备、工器具价格的变动程度;派氏公式将同度量因素固定在报告期,使价格变动与现实的采购数量相联系,而不是与物价变动前的采购数量相联系。由此可见,用派氏公式计算价格总指数比较符合价格指数的经济意义。因此,确定同度量因素的一般原则是:质量指标指数应当以报告期的数量指标作为同度量因素,即使用派氏公式;数量指标指数应当以基期的质量指标作为同度量因素,即使用拉氏公式。

2)设备、工器具价格指数的编制　考虑到设备、工器具的采购品种很多,为简化起见,计算价格指数时可选择其中用量大、价格高、变动多的主要设备、工器具的购置数量和单价进行计算。按照派氏公式进行计算如下:

$$设备、工器具价格指数 = \frac{\sum (报告期设备工器具单价 \times 报告期购置数量)}{\sum (基期设备工器具单价 \times 报告期购置数量)} \tag{8.5}$$

215

(3)建筑安装工程价格指数

与设备、工器具价格指数类似,建筑安装工程价格指数也属于质量指标指数,所以也应该用派氏公式计算。但考虑到建筑安装工程价格指数的特点,所以用综合指数的变形即平均数指数的形式表示。

1)平均数指数　从理论上说,综合指数是计算总指数比较理想的形式,因为它不仅可以反映事物变动的方向与程度,而且可以用分子与分母的差额直接反映事物变动的实际经济效果。然而,在利用派氏公式计算质量指标指数时,需要掌握 $\sum p_0 q_1$(基期价格乘以报告期数量之积的和),这是比较困难的。相比而言,基期和报告期的费用总值($\sum p_0 q_0$、$\sum p_1 q_1$)却是比较容易获得的资料。因此,我们就可以在不违反综合指数的一般原则的前提下,改变公式的形式而不改变公式的实质,利用容易掌握的资料来推算不容易掌握的资料,进而再计算指数。在这种背景下所计算的指数即为平均数指数。利用派氏综合指数进行变形后计算得出的平均数指数称为加权调和平均数指数。其计算过程如下。

设 $K_P = p_1/p_0$ 表示个体价格指数,则派氏综合指数可以表示为:

$$派氏价格指数 = \frac{\sum q_1 p_1}{\sum q_1 p_0} = \frac{\sum q_1 p_1}{\sum \frac{1}{K_P} q_1 p_1} \tag{8.6}$$

其中 $\dfrac{\sum q_1 p_1}{\sum \frac{1}{K_P} q_1 p_1}$ 即为派氏综合指数变形后的加权调和平均数指数。

2)建筑安装工程造价指数的编制

根据加权调和平均数指数的推导公式,可得建筑安装工程造价指数的公式(由于利润率和税率通常不会变化,可以认为其单项价格指数为1)。

$$建筑安装工程造价指数 = \frac{报告期建筑安装工程费}{\dfrac{报告期人工费}{人工费指数} + \dfrac{报告期材料费}{材料费指数} + \dfrac{报告期施工机械使用费}{施工机械使用费指数} + \dfrac{报告期措施费}{措施费指数} + \dfrac{报告期间接费}{间接费指数} + 利润 + 税金} \tag{8.7}$$

(4)建设项目或单项工程造价指数的编制

建设项目或单项工程造价指数是由建筑安装工程造价指数,设备、工器具价格指数和工程建设其他费用指数综合而成的。与建筑安装工程造价指数相类似,其计算也应采用加权调和平均数指数的推导公式。其计算公式如下。

$$建设项目或单项工程指数 = \frac{报告期建设项目或单项工程造价}{\dfrac{报告期建筑安装工程费}{建筑安装工程造价指数} + \dfrac{报告期设备、工器具费}{设备、工器具价格指数} + \dfrac{报告期工程建设其他费用}{工程建设其他费用指数}} \tag{8.8}$$

编制完成的工程造价指数有很多用途,比如作为政府对建设市场宏观调控的依据,也可以作为工程估算以及概预算的基本依据。当然,其最重要的作用是在建设市场的交易过程中,为承包人提出合理的投标报价提供依据,此时的工程造价指数也可称为是投标价格指数,具体的表现形式如表8.1所示。

表8.1 某省2017年部分建筑工程造价指数表

项目	2017年1月	2017年5月	2017年6月	2017年7月	2017年8月
综合楼	100	103.10	102.71	102.73	105.68
教学楼	100	104.41	103.32	103.35	106.73
高层商住楼	100	104.14	103.23	103.21	106.11
多层住宅楼1	100	103.99	102.33	102.35	104.25
多层厂房	100	104.54	103.36	103.38	105.01
多层住宅楼2	100	103.07	101.87	101.89	103.74

8.2　工程造价价差调整的范围与方法

8.2.1　工程造价价差调整的范围

8.2.1.1　工程造价价差调整的范围

工程造价价差是指建设工程所需的人工费、设备费、材料费、施工机械使用费等因价格变化对工程造价产生的变化值。价差调整的范围包括建筑安装工程费、设备及工器具购置费和工程建设其他费等。其中,对建筑安装工程费中有关人工费、材料费、施工机械使用费、措施费和间接费等的调整规定如下所述:

(1)人工费的调整　随着社会经济的发展和生产力水平的提高,劳动者的工资水平也在不断提高。因此,人工费价差也成为工程价差的重要组成部分。

(2)材料费的调整　在工程造价中,材料费是最主要的组成部分,一般占工程直接费的 65% ~ 75% 。因此,合理及准确地确定材料差价是工程造价价差调整的重要内容,同时也是一个牵涉面广、复杂而又难解决好的问题。

(3)施工机械使用费的调整　由于人工费和燃料价格的上涨以及设备生产力的提高和施工机械设备价格的变化,使施工机械使用费价格也在不断发生变化。因此,施工机械使用费价差应在允许调整的范围内按有关规定进行调整。

(4)措施费和间接费的调整　按照国家有关规定及合同约定进行调整。

对于实行工程量清单计价的工程,一般采用单价合同方式。在单价合同方式中,合同约定的工程价款中所包含的工程量清单项目综合单价在约定条件内是固定的,不予调整,工程量清单项目工程量允许调整。工程量清单项目综合单价在约定的条件外,允许调整。调整方式、方法应在合同中约定,若合同未作约定,可参照以下原则办理:第一,当工程量清单项目工程量的变化幅度在 10% 以内时,其综合单价不作调整,执行原有综合单价;第二,当工程量清单项目工程量的变化幅度在 10% 以外,且其影响分部分项工程费超过 0.1% 时,其综合单价以及对应的措施费均应作调整,调整的方法是由承包人对增加的工程量或减少后剩余的工程量提出新的综合单价和措施项目费,经发包人确认后调整。

8.2.1.2　工程价款调整的程序

工程价款调整报告应由受益方在合同约定时间内向合同的另一方提出,经对方确认后调整合同价款。受益方未在合同约定时间内提出工程价款调整报告的,视为不涉及合同价款的调整。当合同未作约定时,可按下列规定办理:

①调整因素确定后 14 天内,由受益方向对方递交调整工程价款报告。受益方在 14 天内未递交调整工程价款报告的,视为不调整工程价款。

②收到调整工程价款报告的一方应在收到之日起 14 天内予以确认或提出协商意见,如在 14 天内未作确认也未提出协商意见时,视为调整工程价款报告已被确认。

经承发包双方确定调整的工程价款,作为追加(减)合同价款,与工程进度款同期支付。

217

8.2.2 工程造价价差调整的方法

工程造价价差调整是由于价差的存在,同时其他条件又成立时产生的费用调整。可以看出,价差是价差调整的必要条件,但却不是充分条件,是否进行价差调整还要根据合同和有关法律、法规及文件而定。工程造价价差调整的方法有很多,如工程造价指数调整法、实际价格调整法、调价文件计算法、调值公式法等,具体采用哪种方法,应在合同中加以明确。

8.2.2.1 工程造价指数调整法

这种方法是根据工程所在地造价管理部门所公布的该月度或季度的工程造价指数以及合理的工期,对原承包合同价予以调整的方法。调整时,重点调整由于实际人工费、材料费、施工机械使用费等上涨及工程变更因素造成的工程价差,并对承包人给予调价补偿。

例8.1 某施工单位承建一座学校图书馆,工程合同价款为600万元,2018年3月签订合同并开始施工,2019年6月竣工完成。如根据工程造价指数调整法予以动态结算,求该工程价差调整的款额是多少?

解:由该地区《建筑工程造价指数表》查得2018年3月的工程造价指数为105.40,2019年6月的工程造价指数为108.60。则完工时调整价款为:

$$工程合同价 \times \frac{竣工时工程造价指数}{签订合同时工程造价指数} = 600 \times (108.60/105.40)$$
$$= 600 \times 1.030\ 4$$
$$= 618.24(万元)$$

工程价差调整额为:$618.24 - 600 = 18.24$(万元)

8.2.2.2 实际价格调整法

实际价格调整法是指根据工程中主要材料的实际价格对原承包合同价予以调整的方法。这种方法比造价指数更具体、更实际、更准确,但由于是实报实销,对发包人或发包人节约投资或控制造价不是很有利,主要造价风险全部由发包人承担。为了避免不利的方面,地方主管部门要定期发布最高限价,同时合同文件中应规定发包人或工程师有权要求承包人选择更便宜的材料。这种方法一般仅适用于工程项目中的主要材料如钢材、水泥等的结算,对于一些工期短、造价低的小型工程结算也适用。

8.2.2.3 调价文件计算法

调价文件计算法是指承发包双方根据合同文件、造价管理部门的调价文件及地方定期发布的主要材料供应价格和管理价格,在合同工期内对工程价款进行价差调整的方法。这种方法的实质就是抽料补差,也就是首先将工程项目中的人、材、机进行用量分析,然后根据上述的一些依据进行各要素价差分析,计算出各要素价差调整的直接费用,再根据有关依据计算出相关的其他取费和税金等,进而计算出工程造价价差调整的总费用。

由于建筑市场材料的采购范围很广,工程造价指数法比较综合,而实际价格法中价格管理控制又有一定的难度,因此调价文件计算法是当前国内工程中常见的工程价款价差调整的方法。

　　调价文件计算法主要适用于使用的材料品种较多、每种材料使用量较平均的房屋建筑与装饰工程中,其人工、材料、施工机械的价差调整具体做法规定如下:

　　①人工单价发生变化时,发包、承包双方应按省级或行业建设主管部门或其授权的工程造价管理机构发布的人工成本文件调整工程价差。

　　②材料价格发生变化时,发包、承包双方应按省级或行业建设主管部门或其授权的工程造价管理机构发布的材料价格信息文件调整工程价差。如果采购的材料规格或价格与材料价格信息文件中不同,承包人应在采购材料前将新的材料单价报送发包人核对,发包人确认后作为调整材料价差的依据。如果承包人未报经发包人核对即自行采购材料,再报发包人确认调整工程价款的,如发包人不同意,则不作调整。

　　③施工机械台班单价或施工机械使用费发生变化超过省级或行业建设主管部门或其授权的工程造价管理机构规定的范围时,按其规定进行调整,否则不予调整。

8.2.2.4　调值公式法

　　调值公式法实际上是一种主要费用价格指数法,即根据构成工程造价的主要费用,如人工费、主要材料费等的价格指数变化来综合代表工程造价的价格变化,以便尽量与实际情况更接近。此方法是国际上进行工程价款动态结算的常用方法,是一种调价的国际惯例。在我国,这种方法主要适用于使用的材料品种较少但每种材料使用量较大的土木工程,如公路、水坝等。一般发包、承包双方在签订合同时就应明确调值公式、各部分构成成本的权重系数等。

219

　　建筑安装工程费用价格调值公式一般包括不变部分、材料部分和人工部分。但当建筑安装工程的规模和复杂性增大时,公式也变得更为复杂。调值公式一般为:

$$\Delta P = P_0 \left[A + \left(B_1 \times \frac{F_{t_1}}{F_{01}} + B_2 \times \frac{F_{t_2}}{F_{02}} + B_3 \times \frac{F_{t_3}}{F_{03}} + \cdots + B_n \times \frac{F_{t_n}}{F_{0n}} \right) - 1 \right] \quad (8.9)$$

式中　ΔP ——需调整的价格差额;

　　　　P_0——根据进度付款、竣工付款和最终结清等付款证书,承包人应得到的已完成工程量的金额,此项金额应不包括价格调整、不计质量保证金的扣留和支付、预付款的支付和扣回,变更及其他金额已按现行价格计价的,也不计在内;

　　　　A ——定值权重(即不调部分的权重);

　　　　$B_1,B_2,B_3,\cdots,B_n$ ——各可调因子的变值权重(即可调部分的权重),为各可调因子在投标函投标总报价中所占的比例;

　　　　$F_{t_1},F_{t_2},F_{t_3},\cdots,F_{t_n}$ ——各可调因子的现行价格指数,是指根据进度付款、竣工付款和最终结清等约定的付款证书相关周期最后一天的前 42 天的各可调因子的价格指数;

　　　　$F_{01},F_{02},F_{03},\cdots,F_{0n}$ ——各可调因子的基本价格指数,是指基准日期(即投标截止时间前 28 天)的各可调因子的价格指数。

　　以上价格调整公式中的各可调因子、定值权重、变值权重以及基本价格指数及其来源在投标函附录价格指数和权重表中约定。价格指数应首先采用有关部门提供的价格指数,缺乏上述价格指数时,可采用有关部门提供的价格代替。

在使用调值公式进行工程价格差额调整时应注意以下问题:

①对于大型复杂的工程可按不同的工程类别,采用多个调价公式计算价差,因为不同的工程类别其定值权重和变值权重是不同的,而权重是影响价格调整最为敏感的因素之一。对于一般工程,可采用一个或两个综合的调价公式,需视工程的具体情况而定。

②定值权重通常的取值范围在 0.15 ~ 0.35。定值部分对调价的结果影响很大,它与调价余额成反比关系。定值相当微小的变化,隐含着在实际调价时很大的费用变动。所以,承包人在调值公式中采用的定值要尽可能小一些。

③调值公式中的各项可调费用,一般选择用量大、价格高且具有代表性的一些人工费和材料费。材料费通常选择钢材、木材、水泥、沙石等。

④各可调因子的变值权重的调整要与合同条款规定相一致。如签订合同时,甲乙双方一般应商定调整的有关费用和因素,以及物价波动到何种程度才进行调整。在国际工程中,一般在合同原始价的±5%以上才进行调整。例如有的合同规定,在应调整金额不超过合同原始价5%时,由承包人自己承担;在 5% ~ 20% 时,承包人负担 10%,发包人负担 90%;超过 20% 时,则必须另行协商解决。

⑤在计算调整价格差额时,如果得不到现行价格指数的,可暂用上一次价格指数计算,暂时确定调整差额,并在以后的付款中再按实际价格指数进行调整。

⑥承包人工期延误后的价格调整。由于承包人原因未在约定的工期内竣工的,则对原约定竣工日期后继续施工的工程,在使用价格调整公式时,应采用原约定竣工日期与实际竣工日期的两个价格指数中较低的一个作为现行价格指数。非承包人原因引起的工期延误,价格指数按实际价格指数进行调整。

例 8.2 某学校的土建工程,合同规定的结算款为 200 万,合同原始报价日期为 2019 年 2 月,工程于 2020 年 3 月建成交付使用。根据表 8.2 所列工程人工费、材料费构成比例以及有关价格指数,计算需调整的价格差额。

表8.2 工程人工费、材料费构成比例及有关造价指数

项目	人工费	钢材	水泥	集料	红砖	沙	木材	不调整费用
比例	45%	11%	11%	5%	6%	3%	4%	15%
2019 年 2 月指数	100.0	100.8	102.0	93.6	100.2	95.4	93.4	—
2020 年 3 月指数	110.1	98.0	112.9	95.9	98.9	91.1	117.9	—

解: 需调整的价格差额为:$200.0 \times \left(0.15 + 0.45 \times \dfrac{110.1}{100.0} + 0.11 \times \dfrac{98.0}{100.8} + 0.11 \times \right.$

$\left. \dfrac{112.9}{102.0} + 0.05 \times \dfrac{95.9}{93.6} + 0.06 \times \dfrac{98.9}{100.2} + 0.03 \times \dfrac{91.1}{95.4} + 0.04 \times \dfrac{117.9}{93.4} - 1 \right)$

$= 200.0 \times 0.0637 = 12.78 (万元)$

小结

　　工程价款的动态结算是工程价款结算的重要组成部分。随着我国市场经济体制改革进一步的深化,影响工程造价的动态因素日益增多,特别是对于施工周期长的建设项目,价格波动较大。但我国常用的工程价款结算方式对价格波动等动态因素考虑不足,对工程造价价差调整方法选择比较单一。为避免承包人或发包人遭受不必要的损失,在工程价款结算中应该把多种动态因素纳入结算中加以考虑,要合理选择价差调整的方法,使工程造价基本上能够反映工程项目的实际价值,从而维护合同双方的正当权益。

　　本章主要介绍了工程造价调整的依据和工程造价价差调整的方法。在工程造价调整的依据中详细介绍了工程造价信息和工程造价指数两方面的内容。在工程造价价差调整的方法中介绍了工程造价指数调整法、实际价格调整法、调价文件计算法和调值公式法四种方法。

 习题

　　一、单项选择题

　　二、案例分析题

　　背景材料　　　　　第8章选择题

　　某承包人于某年承包某外资工程项目施工任务,该工程施工时间从当年5月开始至9月结束,与造价相关的合同内容如下。

　　(1)工程合同价2 000万元,工程价款采用调值公式动态结算。该工程的人工费占工程价款的35%,材料费占50%,不调值费用占15%。具体的调值公式为:

$$P = P_0 \left[0.15 + 0.35 \times \frac{F_{t_1}}{F_{01}} + 0.23 \times \frac{F_{t_2}}{F_{02}} + 0.12 \times \frac{F_{t_3}}{F_{03}} + 0.08 \times \frac{F_{t_4}}{F_{04}} + 0.07 \times \frac{F_{t_5}}{F_{05}} \right]$$

　　式中　F_{t_1},F_{t_2},F_{t_3},F_{t_4},F_{t_5}——各可调因子的现行价格指数;

　　　　　F_{01},F_{02},F_{03},F_{04},F_{05}——各可调因子的基本价格指数。

　　(2)开工前发包人向承包人支付合同价20%的工程预付款,在工程最后两个月平均扣回。

　　(3)工程款逐月结算。

　　(4)发包人自第一个月起,从各承包人的工程款中按3%的比例扣留质量保证金。工程质量缺陷责任期为12个月。

　　该合同的原始报价日期为当年3月1日。结算各月份的工资、材料价格指数如表8.3所示。

表8.3 工资、材料物价指数表

代号	F_{01}	F_{02}	F_{03}	F_{04}	F_{05}
4月指数	100	153.4	154.4	160.3	144.4
5月指数	110	156.2	154.4	162.2	160.2
6月指数	108	158.2	156.2	162.2	162.2
7月指数	108	158.4	158.4	162.2	164.2
8月指数	110	160.2	158.4	164.2	162.4
9月指数	110	160.2	160.2	164.2	162.8

未调值前各月完成的工程情况如下。

(1)5月份完成工程200万元,本月发包人供料部分材料费为5万元。

(2)6月份完成工程300万元。

(3)7月份完成工程400万元,另外由于发包人方设计变更,导致工程局部返工,造成拆除材料费损失1 500元,人工费损失1 000元,重新施工人工、材料等费用合计1.5万元。

(4)8月份完成工程600万元,另外由于施工中采用的模板形式与定额不同,造成模板增加费用3 000元。

(5)9月份完成工程500万元,另有批准的工程索赔款1万元。

问题

1. 工程预付款是多少? 工程预付款从哪个月开始起扣,每次扣留多少?

2. 确定每月发包人应支付给承包人的工程款。

第 9 章

工程造价信息管理

本章主要讲述工程造价信息管理系统以及工程造价信息的发展与现状,并用实例演示常用的工程造价信息资料,了解工程造价资料的积累、工程造价数字化信息资源、工程造价信息管理发展趋势,以及发达国家与地区的工程造价信息管理。

9.1 工程造价信息管理系统

9.1.1 工程造价管理信息系统概述

9.1.1.1 管理信息系统

管理信息系统(management information system，MIS)是一个由人、计算机等组成的能进行信息收集、传递、存储、加工、维护和使用的系统，它是一门综合了经济管理理论、运筹学、统计学、计算机科学的系统边缘学科。

一般来说，一个管理信息系统由信息源、信息处理器、信息用户和信息管理者四大部件组成，如图9.1所示。

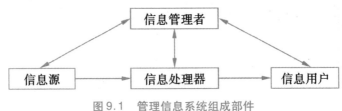

图9.1 管理信息系统组成部件

9.1.1.2 工程造价管理信息系统

工程造价管理信息系统(construction cost management information system，CCMIS)是管理信息系统在工程造价管理方面的具体应用。它是指由人和计算机组成的，能对工程造价管理的有关信息进行较全面的收集、传输、加工、维护和使用的系统，它能充分积累和分析工程造价管理资料，并能有效利用过去的数据来预测未来造价变化和发展趋势，以期达到对工程造价实现合理确定与有效控制的目的。

我国推行工程量清单计价体系后，对工程造价管理信息技术提出了十分迫切的要求，从计算机在建筑工程管理中的应用发展来看，国际上已经经历了单项应用、综合应用和系统应用三个阶段，软件也从单一的功能发展到集成化功能。目前许多国家已经进入第二、第三阶段，而我国还处于第一阶段。

9.1.2 工程造价管理信息技术应用的发展及现状

9.1.2.1 工程造价管理信息技术应用的发展历程

多年从事造价管理工作的造价员均深有体会，早期在编制工程预算时，完全靠纸笔和定额手册编制一个工程预算，单单从工程量计算入手套定额、工料分析、调价差、计算费用，到最后出预算书，过程烦琐枯燥，工作量大。

信息技术在我国工程造价管理领域的使用最早可以追溯到1973年，当时著名的数学家华罗庚在沈阳就曾试过使用计算机编制工程概(预)算。随后，全国各地的定额管理机关及教学单位、大型建筑公司也都尝试过开发概(预)算软件，而且也取得了一定的成果,但多数软件的作用就是完成简单的数学运算和表格打印,没能形成大规模的推广应用。

进入 20 世纪 80 年代后期,随着计算机应用范围的扩大,国内已有不少功能全面的工程造价管理软件,当时计算机价格仍比较昂贵,计算速度慢,操作仍不够方便,有条件使用计算机的企业很少,尚不能得到普及应用,但该技术已显露出其在工程造价管理领域广阔的发展前景。到 20 世纪 90 年代,信息技术的发展使硬件价格迅速下降,企业甚至个人拥有一台自己的计算机已不是很困难的事,计算机的运算速度也比以前有了突飞猛进的提高,操作更方便、直观,而且可供选择的软件种类增多了,功能和人机界面得到了很大的改善。现在国内大中城市乃至一些边远地区的造价员都能熟练地使用计算机进行工程造价管理工作,大大提高了劳动生产率,而且预算结果的表现形式多种多样,可从不同的角度进行造价的分析和组合,也可以从不同角度反映该工程造价的结果,信息技术的进步对造价行业的影响由此可见一斑。在这个时期,我国工程造价管理的信息技术应用进入了快速发展期,主要表现在以下几个方面。

首先,以计算工程造价为核心目标的软件飞速发展起来,并迅速在全国范围获得推广和深入应用。推广和应用最广泛的就是辅助计算工程量和辅助计算造价的工具软件。

其次,软件的计算机技术含量不断提高,语言从最早的 FOXPRO 等比较初级的语言,到现在的 DELPHI、C++、BUILDER 等,软件结构也从单机版,逐步过渡到局域网网络版(C/S 结构、客户端/服务器结构),近年更向 Internet 网络应用逐步发展(B/S 结构、浏览器/服务器结构)。

近期,随着互联网技术的不断发展,我国也出现了为工程造价及其相关管理活动提供信息和服务的网站。同时,随着用户业务需求的扩展,我国部分地区也出现了为行业用户提供整体解决方案的系列产品。

9.1.2.2　工程造价管理信息技术应用现状

目前,就整个工程造价行业而言,我国还处于从计划经济向市场经济转轨的过渡期,有关工程造价管理的许多方面还需一系列的理论研究和实践探索。目前,许多软件公司开发的预算软件在解决图形算量方面还存在一定问题,多数软件采用系统输图法,即通过键盘加鼠标输图,这种方法在图纸较为复杂时,输图工作也较为复杂。也有部分软件采用与 CAD 接口输入图形,虽然大大节省了画图的时间,但却因绘图软件的版本不统一,标准不统一,从而使造价软件未能与之很好地接口。

总之,我国虽然在工程造价管理信息技术方面取得了长足进展,但从造价专业的应用深度来看,信息技术应用的进展不大,关联性不强,解决问题较单一,对于网络技术的应用也显得较为表面,对各种信息的网络收集、分析、发布还不全面,对信息处理的准确性也缺乏专业的依据和衡量标准,从而导致信息的可信度大大降低。同一些信息技术比较发达的国家(例如美国、英国)相比,我国的工程造价管理的信息技术应用还有一定的差距,这些信息化应用水平比较高的国家统一有以下两个特点:

①面向应用者的实际情况实现了不同工具软件之间的关联应用,行业用户对工程造价管理的信息技术应用已经上升到解决方案级。并且,利用网络技术可以实现远程应用,从而实现了对有效数据的动态分析和多次利用,极大地提升了应用者的效率和竞争力。

225

②充分利用互联网技术的便利条件,实现了行业相关信息的发布、获取、收集、分析的网络化,可以为行业用户提供深入的核心应用,以及频繁的电子商务活动。

从以上两点可以看出,我国工程造价管理的信息技术应用虽然已经获得了长足的进步,但与国外先进同行来比,还有一定的差距,这也正是我国工程造价管理信息技术应用需要快速提升的地方。

9.1.3 工程量清单计价模式下的工程造价管理信息系统和网络应用

9.1.3.1 工程量清单计价实施后给企业造价管理带来的影响

《建设工程工程量清单计价规范》(GB 50500—2013)实施后企业出现的问题就是在投标报价时如何体现个别成本。该规范规定企业必须根据自己的施工工艺方案、技术水平、企业定额,以体现企业个别成本的价格进行自由组价,没有企业定额的可以参照政府反映社会平均水平的消耗量定额。企业要适应清单下的计价必须要对本企业的基础数据进行积累,形成反映企业施工工艺水平、用以快速报价的企业定额库和材料预算价格库,对每次报价能很好地进行判断分析,并能快速测算出企业的零利润成本。也就是说,在最短的时间内能测算出本企业对于某一工程以多少造价施工才不会发生亏损(不包括风险因素的亏损),必须在投标阶段要很好地控制工程的可控预算成本,就是在不考虑风险的情况下,利润为零的成本。每个企业如何知道自己的个别成本,是所有企业在实行清单计价后的一大难点。

9.1.3.2 工程量清单计价后计算机应用给企业带来的机遇

在实行工程量清单计价后企业如果不形成反映自身施工工艺水平的企业定额,不进行人工、材料、机械台班含量及价格信息的积累,完全依靠政府定额是无法取得竞争的。一提到积累,在建筑工程中需要积累的项目太多了,如解决方案、企业报价、历史结算资料的积累、企业真实成本消耗资料积累、价格信息及合格供应商信息的积累、竞争对手资料的积累等。对于造价从业人员要积累经历过的丰富的工程经验数据、应对多种报价方式的技能、企业定额和行业指标库等数据信息、灵通的市场信息,充分利用现代软件工具,通晓多种能够快速准确地估价、报价的市场渠道——环境关系、厂家联络及网站信息等。这一切对计算机在工程造价中的应用提供了很好的环境及机遇。21世纪是科技信息的时代,计算机的发展日新月异,信息化已经进入到企业的管理层面。只有靠计算机的强大储存、自动处理和信息传递功能,才能提高企业的管理水平。企业只有选择满足要求的管理软件和管理人才,才能在激烈的竞争中立于不败之地。

9.1.3.3 工程量清单计价模式下软件和网络的应用

全新的工程量清单计价方式已经来临,新的计价形势要求造价行业的从业人员和广大企业要迅速地适应新环境所带来的变革,适应新环境下的竞争,并能够快速地在清单计价模式下建立自己的优势。国内一些工程造价软件公司适时推出的面向清单的工程量清单整体解决方案就是目前国内工程造价软件中具有代表性的一类。该类软件针对清单下的招标文件的编制提供了招标助手工具包,主要包括图形自动算量软件、钢筋抽样软件、工程量清单生成软件、招标文件快速生成软件等。清单计价模式与定额计价模式最大的不同就是计算工程量的主体发生了变化。招标人的最终目的是形成包括工程量清单在内的招标文件,必须把几个工具性软件进行整体应用才能完成工作。

无论传统的定额计价模式还是现在工程量清单计价模式,"量"是核心,各方在招投标结算过程中,往往围绕"量"上做文章。国内造价人员的核心能力和竞争能力也更多地体现在"量"的计算上,而"量"的计算是最为枯燥、烦琐的,这些公司开发的自动算量软件及钢筋抽样软件内置了全统工程量清单计算规则,通过计算机对图形自动处理,实现建筑工程工程量自动计算,实现量价分离,对于招标人可以直接按计算规则计算出12位编码的工程量,全面、准确地描述清单项目。该工程量清单计价软件可以根据计价规范中的相关要求提供详细描述工程量清单项目的功能,能把图形自动算量软件中的清单项目无缝连接,对图形起一个辅助计算及完善清单的作用,还可以对项目名称及项目特征进行自由编辑及自动选择生成,并对图形代码做到二次计算。能按自由组合的工程量清单名称进行工程量分解,达到详细精确地描述清单项目及计算工程量的目的。这样不仅符合了计价规范的要求,而且体现了工程量清单计价理念。

措施项目是为完成工程项目施工,发生于该工程施工前和施工过程中技术、方案、环境、安全等方面的非工程实体项目。其他项目清单是指分部分项工程和措施项目以外,为完成该工程项目施工可能发生的其他费用清单。这类软件可以自动按规范格式列出规范中措施项目一览表的列项。软件除了自动提供措施项目一览表所列的全部项目,还可以任意修改、增加、删除,使措施项目一览表既符合计价规范的规定,又能满足拟建工程具体情况的需要。

在工程量清单编制完成后,软件既可以打印,也可以生成导出电子招标文件,招标文件包括工程量清单、招标须知、合同条款及评标办法。招标文件以电子文件的形式发放给投标单位,使投标单位编制投标文件时不需要重新编制工程量清单,节省了大量的时间,防止投标单位编制投标文件时因可能不符合招标文件的格式要求等而造成不必要的损失。

9.2 工程造价信息

9.2.1 工程造价信息的特点和分类

工程造价信息是一切有关工程造价的特征、状态及其变动的消息的组合。在工程承发包市场和工程建设过程中,工程造价总是在不停地运动着、变化着,并呈现出种种不同特征。人们对工程承发包市场和工程建设过程中工程造价运动的变化,是通过工程造价信息来认识和掌握的。

在工程承发包市场和工程建设中,工程造价是最灵敏的调节器和指示器,无论是政府工程造价主管部门还是工程承发包双方,都要通过接收工程造价信息来理解工程建设市场动态,预测工程造价发展,决定政府的工程造价政策和工程承发包价。因此,工程造价主管部门和工程承发包双方都要接收、加工、传递和利用工程造价信息,工程造价信息作为一种社会资源在工程建设中的地位日趋明显,特别是随着我国逐步开始推行工程量清单计价制度,工程价格从政府计划的指令性价格向市场定价转化,而在市场定价的过程中,信息起着举足轻重的作用,因此工程造价信息资源开发的意义更为重要。

9.2.1.1 工程造价信息的特点

(1)区域性 建筑材料大多质量大、体积大、产地远离消费地点,因而运输量大,费用也较高。不少建筑材料本身的价值或生产价格并不高,但所需要的运输费用却很高,这都在客观上要求尽可能使用建筑材料。因此,这类建筑信息的交换和流通往往限制在一定的区域内。

(2)多样性 我国社会主义市场经济体制正处在探索发展阶段,各种市场均未达到规范化要求,要使工程造价管理的信息资料满足这一发展阶段的需求,在信息的内容和形式上应有多样化的特点。

(3)专业性 工程造价信息的专业性集中反映在建设工程的专业化上,例如水利、电力、铁道、邮电、建安工程等,所需的信息各有其专业特殊性。

(4)系统性 工程造价信息是由若干具有特定内容和同类性质的、在一定时间和空间内形成的一连串信息组成的。一切工程造价的管理活动和变化总是在一定条件下受各种因素的制约和影响。工程造价管理工作也同样是多种因素相互作用的结果,并且从多方面反映出来,因而从工程造价信息源发出来的信息都不是孤立、紊乱的,而是大量的,有系统的。

(5)动态性 工程造价信息也和其他信息一样要保持新鲜度。为此,需要经常不断地收集和补充新的工程造价信息,进行信息更新,真实反映工程造价的动态变化。

(6)季节性 由于建筑生产受自然条件影响大,施工内容的安排必须充分考虑季节因素。

9.2.1.2 工程造价信息的分类

为便于对信息的管理,有必要将各种信息按一定的原则和方法进行区分和归集,并建立一定的分类系统和排列顺序。因此,在工程造价管理领域,也应该按照不同的标准对信息进行分类。

(1)工程造价信息分类的原则 对工程造价信息进行分类必须遵循以下基本原则:

1)稳定性 信息分类应选择分类对象最稳定的本质属性或特征作为信息分类的基础和标准。信息分类体系应建立在对基本概念和划分对象的透彻理解基础上。

2)兼容性 信息分类体系必须考虑到项目各参与方所应用的编码体系的情况,项目信息的分类体系应能满足不同项目参与方高效信息交换的需要。同时与有关国际、国内标准的一致性也是兼容性应考虑的内容。

3)可扩展性 信息分类体系应具备较强的灵活性,可以在使用过程中进行方便的扩展,以保证增加新的信息类型时,不至于打乱已建立的分类体系,同时一个通用的信息分类体系还应为具体环境中信息分类体系的拓展和细化创造条件。

4)综合实用性 信息分类应从系统工程的角度出发,放在具体的应用环境中进行整体考虑。这体现在信息分类的标准与方法的选择上,应综合考虑项目的实施环境和信息技术工具。

（2）工程造价信息的具体分类

1）从管理组织的角度来划分，可以分为系统化工程造价信息和非系统化工程造价信息。

2）从形式上来划分，可以分为文件式工程造价信息和非文件式工程造价信息。

3）按传递方向来划分，可以分为横向传递的工程造价信息和纵向传递的工程造价信息。

4）按反映面来划分，可以分为宏观工程造价信息和微观工程造价信息。

5）从时态上来划分，可以分为过去的工程造价信息、现在的工程造价信息和未来的工程造价信息。

6）按稳定程度来划分，可以分为固定工程造价信息和流动工程造价信息。

9.2.2 工程造价信息的主要内容

广义上来说，所有对工程造价的确定与控制起作用的资料都称之为工程造价信息，如各种定额资料、标准规范、政策文件等。在这其中最能体现信息动态性变化特征，并且在工程造价的市场机制中起重要作用的工程造价信息主要有以下三类。

9.2.2.1 价格信息

价格信息包括各种建筑材料、装修材料、安装材料、人工工资、施工机械等的最新市场价格。这些信息是比较初级的，一般没有经过系统的加工处理，也可以称其为数据。

（1）人工价格信息 根据《关于开展建筑工程实物工程量与建筑工种人工成本信息测算和发布工作的通知》（建办标函〔2006〕765号），我国自2007年起开展建筑工程实物工程量与建筑工种人工成本信息（也即人工价格信息）的测算和发布工作。其目的是引导建筑劳务合同双方合理确定建筑工人工资水平的基础，为建筑企业合理支付个人劳动报酬，调节、处理建筑工人劳动工资纠纷提供依据，也为工程招投标中评定成本提供依据。

1）建筑工程实物工程量人工价格信息 这种价格信息是以建筑工程的不同划分标准为对象，反映了单位实物工程量的人工价格信息。根据工程不同部位、作业难易并结合不同工种作业情况将建筑工程划分为土石方工程、架子工程、砌筑工程、模板工程、钢筋工程、混凝土工程、防水工程、抹灰工程、木作业与木装饰工程、油漆工程、玻璃工程、金属制品制作及安装、其他工程等十三项。其表现形式如表9.1所示。

229

表9.1 2017年2季度某地区建筑与装饰工程实物工程量人工单价表

项目编码	项目名称	工程量计算规则	计量单位	人工单价/元
01003	人工挖土方	按实际挖方的天然密室体积计算	m³	39.85
01004	人工挖沟槽、坑土方（深2 m以内）			46.45

2)建筑工种人工成本信息 它是按照建筑工人的工种分类,反映不同工种的单位人工日工资单价。建筑工种是根据《中华人民共和国劳动法》和《中华人民共和国职业教育法》的有关规定,对从事技术复杂,通用性广,涉及国家财产、人民生命安全和消费者利益的职业(工种)的劳动者实行就业准入的规定,结合建筑行业实际情况确定的。其表现形式如表9.2所示。

表9.2 2021年第2季度某地区建筑工种人工成本信息表

序号	工种	工资/(元/工日)
1	建筑、装饰工程普工	180
2	木工(模板工)	400
3	钢筋工	320
4	混凝土工	260
5	架子工	450
6	砌筑工(砖瓦工)	350
7	抹灰工(一般抹灰)	400
8	抹灰、镶贴工	430
9	装饰木工	420
10	防水工	360
11	油漆工	300
12	管工	320
13	电工	320
14	通风工	300
15	电焊工	340
16	起重工	280
17	玻璃工	290
18	金属制品安装工	340

(2)材料价格信息 在材料价格信息的发布中,应披露材料名称、规格、单价以及发布日期等信息。其表现形式如表9.3所示。

表9.3 某地区2021年第1期材料价格信息表

序号	名称	规格	单位	市场价/元(除税价)
1	粉煤灰硅酸盐水泥	袋装 P·F 32.5	T	460
2	普通硅酸盐水泥	袋装 P·O 42.5	T	525

序号	名称	规格	单位	市场价/元(除税价)
3	钢筋 HPB 300	$\phi10$ 以内	T	4355
4	钢筋 HPB 300	$\phi12 \sim \phi18$	T	4265
5	HRB 400E	$\phi10$ 以内	T	4595
6	砌筑砂浆	DM 7.5	T	400
7	加气混凝土砌块	$600 \times 300 \times 300$	m^3	330

（3）机械价格信息　机械价格信息包括设备市场价格信息和设备租赁市场价格信息两部分。相对而言,后者对于工程计价更为重要,发布的机械价格信息应包括机械种类、规格型号、发布日期等内容。其表现形式如表9.4所示。

表 9.4　某地区 2020 年施工机械租赁市场参考价(部分)

序号	机械种类	规格型号	单位	市场价/元
1	推土机	220HP	台班	2 150
2	推土机	160HP	台班	1 750
3	履带式挖掘机	1.6 m^3	台班	2 900
4	履带式挖掘机	1.3 m^3	台班	2 500
5	220 型履带式挖掘机	$0.8 \sim 1.0$ m^3	台班	1 850
6	振动压路机	18T	台班	1 400
7	振动压路机	26T	台班	1 750
8	汽车式起重机	30T	台班	2 000
9	汽车式起重机	50T	台班	3 000

9.2.2.2　指数

主要指根据原始价格信息加工整理得到的各种工程造价指数,该内容在第8章中已讲述。

9.2.2.3　已完工程信息

已完或在建的各种造价信息,可以为拟建工程或在建工程造价提供依据。这种信息也可称为是工程造价资料,如表9.5～表9.13实例所示。

表9.5　典型实例工程量清单计价造价指标分析

工程名称	综合楼	所在地	××区××镇
建设单位	××××××	工程类别/定额工期	三类/332 d
建筑面积	5 986.12 m²	结构类型	框架结构
地面及地下层数	—	檐口高度	19.95 m,局部20.75 m

主要施工做法	（一）附录A 建筑工程分部分项工程量清单	
	土(石)方工程	机械开挖,人工修坡,余土外运,回填
	桩与地基基础工程	—
	砌筑工程	MU10 混凝土实心砖,外墙混凝土盲孔砖, 内墙轻集料混凝土盲孔砖
	混凝土及钢筋 混凝土工程	结构性基础、柱、梁板为泵送 C30 混凝土, 其余为商品混凝土
	厂库房大门、特种门、 木结构工程	—
	金属结构工程	—
	屋面及防水工程	SBS 防水卷材,混凝土钢防层,MLC 泡沫混凝土找坡
	（二）附录B 装饰装修工程分部分项工程量清单	
	楼地面工程	地面做混凝土基层,楼面水泥砂浆找坡层
	墙、柱面工程	外墙 EPS 保温,内墙混合砂浆粉刷
	天棚工程	—
	门窗工程	铝合金 5 mm+9A+5 mm 中空窗,内门为夹板门
	油漆、涂料工程	批 801 胶白水泥腻子,刷乳胶漆各两遍,外墙弹性涂料
	其他工程	
	（三）附录C 安装工程分部分项工程量清单	
	给排水工程	纳米抗菌 PPR 给水塑料管,UPVC 塑料排水管
	电气工程	YJV 电缆穿镀锌钢管,BV 线穿紧定管,桥架,配电箱
	消防工程	镀锌钢管,消火栓
计价说明	计价期:2018 年 10 月信息价	

表9.6　附录 A、B 分部分项工程量清单工程费分析　　　　　　单位：万元

分部分项工程费	土石方	桩与地基基础	砌筑	混凝土及钢筋混凝土	屋面及防水	楼地面	墙柱面	天棚	门窗	油漆涂料裱糊	其他
4 919 508.23	77 516.86	—	526 933.66	2 154 619.85	290 666.13	268 643.79	573 757.08	—	717 283.74	309 087.12	—
100.00%	1.58%	—	10.71%	43.81%	5.91%	5.46%	11.67%	—	14.58%	6.28%	—

表9.7　附录 C 分部分项工程量清单工程费分析　　　　　　单位：万元

分部分项工程费	其中			
	给排水	电气	消防	暖通
1 044 146.1	164 814	813 431.54	65 900.56	—
100.00%	15.78%	77.90%	6.31%	—

表9.8　措施项目清单工程费分析　　　　　　单位：万元

（一）附录 A、B 措施项目工程							（二）附录 C 措施项目工程			
措施项目费	其中						措施项目费	其中		
	临时设施费	检验试验费	模板支架	脚手架	垂直运输	大型机械进出场费		临时设施费	检验试验费	脚手架
824 860.77	73 777.62	8 853.31	488 208.04	94 136.79	118 560.3	41 324.71	19 708.13	10 441.46	1 566.22	7 700.45
100.00%	8.94%	1.07%	59.19%	11.41%	14.37%	5.01%	100.00%	52.98%	39.07%	7.95%

表9.9　其他项目清单工程费分析　　　　　　单位：万元

（一）附录 A、B 其他项目			（二）附录 C 其他项目		
其他项目工程费	其中		其他项目工程费	其中	
	预留金	安全文明施工		安全文明施工	其他
230 832.31	100 000	13 0832.31	9 814.97	9 814.97	—
100%	43.32%	56.68%	100%	100%	—

233

表 9.10　分部分项工程费分析　　　　　　　　　　　　　　　单位:万元

分部分项工程费		其中				
		人工费	材料费	机械费	管理费	利润
附录 A、B	4 918 508.24	571 569.46	4 045 086.51	65 944.54	159 395.55	76 512.18
	100.00%	11.62%	82.24%	1.34%	3.24%	1.56%
附录 C	1 044 146.1	156 551.46	781 141.54	10 704.08	73 654.18	22 094.99
	100.00%	14.99%	74.81%	1.03%	7.05%	2.12%

表 9.11　措施项目费分析　　　　　　　　　　　　　　　　　单位:万元

分部分项工程费			其中				
			人工费	材料费	机械费	管理费	利润
附录 A、B	脚手架	941 36.79	266 98.34	483 89.78	669 6.47	834 9.9	400 2.31
		100.00%	28.36%	51.40%	7.11%	8.87%	4.25%
	模板	488 208.04	193 253.12	192 396.98	226 62.94	539 82.97	259 12.06
		100.00%	39.58%	39.41%	4.64%	11.06%	5.31%
	垂直运输	118 560.3	4 294.77	15 058.4	71 252.63	18 887.62	9 066.89
		100.00%	3.62%	12.70%	60.10%	15.93%	7.65%
附录 C	脚手架	7 700.45	1 670.38	5 011.14	—	785.08	233.85
		100.00%	21.69%	65.08%	—	10.20%	3.04%

表 9.12　单项(单位)工程造价指标分析

项目		单位工程费用汇总	工程量清单费用				各项规费合计	税金
			合计	分部分项工程量清单计价	措施项目清单计价	其他项目清单计价		
建筑装饰工程	元/m²	1 049.54	998.02	821.66	137.80	38.56	16.57	34.95
		100.00%	95.09%	78.29%	13.13%	3.67%	1.58%	3.33%

续表 9.12

项目			单位工程费用汇总	工程量清单费用				各项规费合计	税金
				合计	分部分项工程量清单计价	措施项目清单计价	其他项目清单计价		
安装工程	合计(元/m²)		188.06	179.36	174.43	3.29	1.64	2.44	6.26
			100.00%	95.37%	92.75%	1.75%	0.87%	1.30%	3.33%
	其中	给排水	29.68	28.31	27.53	0.52	0.26	0.39	0.99
		电气	146.51	139.73	135.89	2.56	1.28	1.90	4.88
		消防	11.87	11.32	11.01	0.21	0.10	0.15	0.40
单项工程费汇总	元/m²		1 237.60	1 177.37	996.08	141.09	40.20	19.01	41.22
			100.00%	95.13%	80.49%	11.40%	3.25%	1.54%	3.33%

表 9.13　主要人、材、机消耗指标(每平方米用量)

(一)附录 A、B			建筑工程、装饰装修工程		
名称	单位	数量	名称	单位	数量
人工(一类)	工日	0.25	混凝土标准砖	块	13.22
人工(二类)	工日	2.61	地面材料	m²	—
人工(三类)	工日	0.15	墙面材料	m²	0.59
机械费	元	27.82	门窗	m²	0.183
水泥	kg	36.56	防水卷材(SBS)	m²	0.33
钢材	kg	44.69	购入构件	m³	—
木材	m³	0.001	(二)附录 C　安装工程		
沙	t	0.18	人工(一类)	工日	0.002
石	t	0.038	人工(二类)	工日	0.487
商品混凝土	m³	0.38	人工(三类)	工日	0.101
盲孔砖	块	73.06	机械费	元	1.79

235

9.3 工程造价资料信息积累

9.3.1 工程造价资料概述

9.3.1.1 工程造价资料及其分类

工程造价资料是指已竣工和在建的有关工程可行性研究、估算、概算、施工预算、招标投标价格、工程竣工结算、竣工决算、单位工程施工成本以及新材料、新结构、新设备、新施工工艺等建筑安装工程分部分项的单价分析等资料。工程造价资料可以分为以下几种类别:

①按照不同工程类别(如厂房、铁路、住宅等)进行划分　分别列出其包含的单项工程和单位工程。

②按照不同阶段进行划分　一般分为项目可行性研究、投资估算、初步设计概算、施工图预算、工程量清单和报价、竣工结算、竣工决算等。

③按照组成特点划分　一般分为建设项目、单项工程和单位工程造价资料,同时也包括有关新材料、新工艺、新设备、新技术的分部分项工程造价资料。

9.3.1.2 工程造价资料积累的内容

工程造价资料积累的内容应包括"量"(如主要工程量、材料量、设备量等)和"价",还要包括对造价确定有重要影响的技术经济条件,如工程的概况、建设条件等。

(1)建设项目和单项工程造价资料　包括对造价有主要影响的技术经济条件。如项目建设标准、建设工期、建设地点等,主要的工程量、主要的材料量和主要设备的名称、型号、规格、数量等,投资估算、概算、预算、竣工决算及造价指数等。

(2)单位工程造价资料　单位工程造价资料包括工程的内容、建筑结构特征、主要工程量、主要材料的用量和单价、人工工日和人工费以及相应的造价。

(3)其他　主要包括有关新材料、新工艺、新设备、新技术分部分项工程的人工工日,主要材料用量、机械台班用量。

9.3.2 工程造价资料的管理

9.3.2.1 建立造价资料积累制度

1991 年 11 月建设部印发了《建立工程造价资料积累制度的几点意见》的文件,标志着我国工程造价资料积累制度正式建立起来,工程造价资料积累工作正式开展。建立工程造价资料积累制度是工程造价计价依据极其重要的基础性工作。发达国家和地区不同阶段的投资估算,以及编制标底、投标报价的主要依据是单位和个人所积累的工程造价资料。全面系统地积累和利用工程造价资料,建立稳定的造价资料积累制度,对于我国加强工程造价管理,合理确定和有效控制工程造价具有十分重要的意义。

工程造价资料积累的工作量非常大,牵扯面也非常广,应当依靠各级政府有关部门和行业组织进行组织管理。

9.3.2.2　资料数据库的建立和网络化管理

积极推广使用计算机建立工程造价资料的资料数据库,开发通用的工程造价资料管理程序,可以提高工程造价资料的适用性和可靠性。要建立造价资料数据库,首要的问题是工程的分类与编码,由于不同的工程在技术参数和工程造价组成方面有较大的差异,必须把同类型工程合并在一个数据库文件中,而把另一类型工程合并到另一数据库文件中去。为了便于进行数据的统一管理和信息交流,必须设计出一套科学、系统的编码体系。

有了统一的工程分类与相应的编码之后,就可以进行数据的收集、整理和输入工作,从而得到不同层次的造价资料数据库。工程造价资料数据库的建立必须严格遵守统一的标准和规范。

9.3.3　工程造价资料的运用

(1)作为编制固定资产投资计划的参考,用作建设成本分析　由于基建支出不是一次性投入,一般是分年逐次投入,因此可以采用下面的公式把各年发生的建设成本折合为现值。

$$Z = \sum_{k=1}^{n} T_k (1 + i)^{-k} \tag{9.1}$$

式中　Z——建设成本现值;

$\quad\quad T_k$——建设期间第 k 年投入的建设成本;

$\quad\quad k$——实际建设工期年限;

$\quad\quad i$——社会折现率。

在这个基础上,还可以用以下公式计算出建设成本节约额和建设成本降低率(当二者为负数时,表明的是成本超支的情况)。

$$建设成本节约额=批准概算现值-建设成本现值 \tag{9.2}$$

$$建设成本降低率= \frac{建设成本节约额}{批准概算} \times 100\% \tag{9.3}$$

还可以按建设成本构成把实际数与概算数加以对比。对建筑安装工程投资,要分别从实物工程量定额和价格两方面对实际数与概算数进行对比。对设备工器具投资,则要从设备规格数量、设备实际价格等方面与概算进行对比。将各种比较的结果综合在一起,可以比较全面地描述项目投入实施的情况。

(2)进行单位生产能力投资分析　单位生产能力投资的计算公式如下:

$$单位生产能力投资= \frac{全部投资完成额(现值)}{全部新增生产能力(使用能力)} \tag{9.4}$$

在其他条件相同情况下,单位生产能力投资越小则投资效益越好。计算的结果可与类似的工程进行比较,从而评价该建设工程的效益。

(3)用作编制投资估算的重要依据　设计单位的设计人员在编制估算时一般采用类

237

比的方法,因此需要选择若干个类似的典型工程加以分解、换算和合并,并考虑到当前的设备与材料价格情况,最后得出工程的投资估算额。有了工程造价资料数据库,设计人员就可以从中挑选出所需要的典型工程,运用计算机进行适当的分解与换算,加上设计人员的经验与判断,最后得出较为可靠的工程投资估算额。

(4)用作编制初步设计概算和审查施工图预算的重要依据 在编制初步设计概算时,有时要用类比的方法进行编制。这种类比法比估算要细致深入,可以具体到单位工程甚至分部工程的水平上。在限额设计和优化设计方案的过程中,设计人员可能要反复修改设计方案,每次修改都希望能得到相应的概算。具有较多的典型工程资料是十分有益的。多种工程组合的比较不仅有助于设计人员探索造价分配的合理方式,还为设计人员指出修改设计方案的可行途径。

施工图预算编制完成以后,需要有经验的造价管理人员来审,以确定其正确性,这一过程可以借助于有关造价资料。从造价资料中选取类似资料,将其造价与施工图预算进行比较,从中发现施工图预算是否有偏差和遗漏。由于设计变更、材料调价等因素所带来的造价变化,在施工图预算阶段往往无法事先估计到,此时参考以往类似工程的数据,有助于预见到这些因素发生的可能性。

(5)用作确定最高投标限价和投标报价的参考资料 在为建设单位制定最高投标限价或施工单位投标报价的工作中,无论是用工程量清单计价还是用定额计价,工程造价资料都可以发挥重要作用。它可以向甲、乙双方指明类似工程的实际造价及其变化规律,使得甲、乙双方都可以对未来将发生的造价进行预测和准备,从而避免最高投标限价和报价的盲目性。尤其是在工程量清单计价方式下,投标人自主报价,没有统一的参考标准,除了根据有关政府机构颁布的人工、材料、机械价格指数外,更大程度上依赖于企业已完成工程的历史经验。这就对工程造价资料的积累与分析提出了很高的要求,不仅需要总造价及专业工程的造价分析资料,还需要更加具体的、与工程量清单计价规范相适应的各分项工程的综合单价。此外,还需要从企业历年来完成的类似工程的综合单价的发展趋势获取企业技术能力和发展能力水平变化的信息。

(6)用作技术经济分析的基础资料 由于不断地收集和积累工程在建期间的造价资料,到结算和决算时就能简单容易地得出结果。造价信息的及时反馈,使得建设单位和施工单位都可以尽早地发现问题,并及时予以解决。这也正是把对造价的控制由静态转入动态的关键所在。

(7)用作编制各类定额的基础资料 通过分析不同种类的分部分项工程造价,了解各分部分项工程中各类实物量消耗,掌握各分部分项工程预算的对比结果,定额管理部门就可以发现原有定额是否符合实际情况,从而提出修改的方案。对于新工艺和新材料,也可以从积累的资料中获得编制新增定额的有用信息。概算定额和估算指标的编制与修订,也可以从造价资料中得到参考依据。

(8)用以测定调价系数、编制造价指数 为了计算各种工程造价指数(如材料费价格指数、人工费指数、直接工程费价格指数、建筑安装工程价格指数、设备及工器具价格指数、工程造价指数、投资总量指数等),必须选取若干个典型工程的数据进行分析与综合,在此过程中,已经积累起来的造价资料可以充分发挥作用。

(9)用以研究同类工程造价的变化规律　定额管理部门可以在拥有较多的同类工程造价资料的基础上,研究出各类工程造价的变化规律。

9.4　工程造价数字化信息资源

9.4.1　工程造价信息网

9.4.1.1　工程造价信息网的主要作用

目前,互联网上有较多的工程造价信息网,其主要功能包括:发布材料价格,提供不同类别、不同规格、不同品牌、不同产地的材料价格;发布价格指数,造价管理部门通过网络及时发布各种造价指数,方便用户的查询;快速报价,用户可以从网站上下载工程量清单的标准形式,填写各个工程项目所需的工程量,然后将填好数据的文件上传到造价信息网站,同时确定类似工程,网站中相应程序会根据用户提供的数据快速计算出各个工程项目的造价和工程总造价,并且可以让用户下载计算结果。

9.4.1.2　我国目前主要的工程造价信息网

(1)中国建设工程造价信息网　中国建设工程造价信息网是按照住房和城乡建设部关于全国工程造价信息网络建设规划,在中国工程建设信息网的基础上建立的工程造价专业网站,是全国建设系统"三网一库"信息化枢纽框架的重要组成部分。中国建设工程造价信息网由住房和城乡建设部标准定额司、中国工程造价协会委托住房和城乡建设部信息中心主办,依托政府系统共建共享的电子信息资源库,面向全国工程建设市场和各级工程造价管理单位提供权威、全面和标准化的信息服务与技术支持:实时公布国家、部门、地方造价管理法律、法规,指引和规范建设工程造价业务与管理工作;承担全国造价咨询行业从业单位、从业人员网上资质申请与审检及其资质、信用公示,并为造价从业人员提供资质认证培训和继续教育;提供全国和地方各专业建设工程造价现行计价依据、实时价格信息及造价指数指标,结合标准造价软件,为建设项目发包人、承包人、工程造价咨询单位及其他专业人员创建面向全国统一建筑市场的概预算编制、投标报价的专业工具平台。

(2)中国价格信息网　中国价格信息网是国家发展和改革委员会价格监测中心主办,由北京中价网数据技术有限公司具体实施的价格专业网站。该网站已连通全国32个省、自治区、直辖市,构成了覆盖全国的价格监测网络系统,并依托国家发展和改革委员会的价格监测报告制度的实施工作,以分布在全国各地的5 000多个价格监测点采集上报的2 000余类商品及服务价格数据和市场分析预测信息为基础,经分析处理后形成丰富的信息产品,通过互联网向各级政府部门、社会用户及消费者提供价格信息及相关信息服务。

(3)中国采购与招标网　中国采购与招标网是为配合中国政府实施《中华人民共和国招标投标法》和规范公共采购市场,于1998年在北京注册成立的,由国家发展和改革委员会主管。中国采购与招标网为各类项目发包人、咨询评估机构、施工建设单位、工程设计单位、材料和设备供应商、采购商、招标代理机构以及与之相关的海内外企业提供项目招标和采购信息服务、采购和招标代理服务、相关法律和实务培训咨询服务以及企业信息化技术支持服务。中国采购与招标网作为为用户提供完善、高效、规范、安全、实用的实现全程在线招投标、采购询价、竞价、拍卖等多种交易模式的大型网络交易平台,是当今中国公共采购和招标领域内具有权威性、较务实且影响力与日俱增的电子商务网站。2000年7月1日,国家发展和改革委员会根据国务院授权,指定中国采购与招标网为发布招标公告的唯一网络媒体。同时中国采购与招标网是北京市发改委、湖南省发改委、河南省发改委、2008北京奥运会组委、中央国家机关政府采购中心等指定的发布采购和招标信息的网络媒体。中国采购与招标网建立了满足政府管理部门、金融机构、评估与咨询机构、设计单位、招标代理机构等组织业务管理需求的信息采集系统,可及时提供权威的具有极大使用价值的信息资源。

9.4.2 工程估价相关的组织与机构

9.4.2.1 政府主管部门
①中华人民共和国住房和城乡建设部;
②中华人民共和国国家发展和改革委员会;
③中华人民共和国财政部。

9.4.2.2 住房和城乡建设部标准定额研究所
住房和城乡建设部标准定额研究所主要承担住房和城乡建设部所管工程建设行业标准、工程项目建设标准与用地指标、建筑工业与城镇建设产品标准、全国统一经济定额、建设项目可行性研究评价方法与参数的研究和组织编制与管理以及产品质量认证工作,住房和城乡建设部所属18个专业标准归口单位、4个标准化技术委员会和建设领域国际标准化组织(ISO)国内的归口管理工作,以及标准定额的信息化和出版发行管理等工作,为保证建设工程质量和公众利益提供标准定额服务,为工程项目决策与宏观调控和工程建设实施与监督提供依据。

9.4.2.3 相关协会
①中国建设工程造价管理协会;
②中国建筑业协会;
③中国房地产协会;
④中国勘察设计协会;
⑤中国建设监理协会;
⑥中国建筑金属结构协会;
⑦中国安装协会;
⑧中国城市规划协会;
⑨中国市政工程协会;
⑩中国工程建设标准化协会;
⑪中国建筑装饰协会;
⑫中国城镇供热协会;

⑬中国城市环境卫生协会;

⑭中国建设教育协会。

9.4.2.4　相关学会

①中国建筑学学会;

②中国土木工程学会;

③中国城市规划学会;

④中国风景园林学会;

⑤中国房地产估价师与房地产经纪人学会;

⑥香港测量师学会。

9.4.2.5　国外相关组织

①英国皇家特许测量师学会;

②英国皇家特许建造师学会;

③亚太区工料测量师协会;

④国际造价工程师联合会;

⑤美国土木工程协会;

⑥美国总承包人联合会;

⑦建筑标准协会;

⑧美国建筑师协会;

⑨加拿大皇家建筑师学会;

⑩英国皇家建筑师学会;

⑪荷兰建筑师学会。

241

9.4.2.6　其他

国际工程管理学术研究网。

9.5　我国工程造价信息管理

9.5.1　我国目前工程造价信息管理的现状

9.5.1.1　工程造价信息管理的基本原则

工程造价的信息管理是指对信息的收集、加工整理、储存、传递与应用等一系列工作的总称。其目的就是通过有组织的信息流通,使决策者能及时、准确地获得相应的信息。为了达到工程造价信息管理的目的,在工程造价信息管理中应遵循以下基本原则:

(1)标准化原则　要求在项目的实施过程中对有关信息的分类进行统一,对信息流程进行规范,力求做到格式化和标准化,从组织上保证信息生产过程的效率。

(2)有效性原则　工程造价信息应针对不同层次管理者的要求进行适当加工,针对不同管理层提供不同要求和浓缩程度的信息。这一原则是为了保证信息产品对于决策支持的有效性。

（3）定量化原则　工程造价信息不应是项目实施过程中产生数据的简单记录,而应经过信息处理人员的比较与分析。采用定量工具对有关数据进行分析和比较是十分必要的。

（4）时效性原则　考虑到工程造价计价与控制过程的时效性,工程造价信息也应具有相应的时效性,以保证信息产品能够及时服务于决策。

（5）高效处理原则　通过采用高效的信息处理工具(如工程造价信息管理系统),尽量缩短信息在处理过程中的延迟。

9.5.1.2　我国工程造价信息管理的现状

在市场经济中,由于市场机制的作用和多方面的影响,工程造价的信息管理的发展变化更快、更复杂。在这种情况下,工程发包、承包者单独、分散地进行工程造价信息的收集、加工,不但工作困难,而且成本很高。工程造价信息是一种具有共享性的社会资源。因此,政府工程造价主管部门利用自己信息系统的优势,对工程造价提供信息服务,其社会效益和经济效益是显而易见的。我国目前的工程造价信息管理主要以国家和地方政府主管部门为主,通过各种渠道进行工程造价信息的收集、处理和发布,随着我国的建设市场越来越成熟,企业规模不断扩大,一些工程咨询公司和工程造价软件公司也加入了工程造价信息管理的行列。

（1）全国工程造价信息系统的逐步建立和完善　实行工程造价体制改革后,国家对工程造价的管理逐步由直接管理转变为间接管理。国家制定统一的工程量计算规则,编制全国统一工程项目编码和定期公布人工、材料、机械等价格的信息。随着计算机网络技术及因特网的广泛应用,国家也开始建立工程造价信息网,定期发布价格信息及其产业政策,为各地方主管部门、各咨询机构、其他造价编制和审定等单位提供基础数据。同时,通过工程造价咨询网,采集各地、各企业的工程实际数据和价格信息。主管部门及时依据实际情况,制定新的政策法规,颁布新的价格指数等。各企业、地方主管部门可以通过该造价信息网,及时获得相关的信息。

（2）地区工程造价信息系统的建立和完善　由于各个地区的生产力发展水平不一致,经济发展不平衡,各地价格差异较大。因此,各地区造价管理部门通过建立地区性造价信息系统,定期发布反映市场价格水平的价格信息和调整指数,依据本地区的经济、行业发展情况制定相应的政策措施。通过造价信息系统,地区主管部门可以及时发布价格信息、政策规定等。同时,通过选择本地区多个具有代表性的固定信息采集点或通过吸收各企业作为基本信息网员,收集本地区的价格信息、实际工程信息,作为本地区造价政策制定价格信息的数据和依据,使地区主管部门发布的信息更具有实用性、市场性、指导性。目前,全国有很多地区建立了造价价格信息网。

（3）企业数据库的亟待建立　随着工程量清单计价方式的应用,施工企业迫切需要建立自己的造价资料数据库,但由于大多数施工企业在规模和能力上都达不到这一要求,因此这些工作在很大程度上委托给工程造价咨询公司或工程造价软件公司去完成,这是我国《建设工程工程量清单计价规范》(GB 50500—2013)颁布实施后工程造价信息管理出现的新趋势。

9.5.1.3　目前工程造价信息管理存在的问题

（1）信息采集不规范　对信息的采集、加工和传播缺乏统一规划、统一编码的系统分类,信息系统开发与资源拥有之间处于相互封闭、各自为战状态。其结果是无法达到信息资源共享的优势,更多的管理者满足于目前的表面信息,忽略信息深加工。

(2)信息网建设有待完善　现有工程造价网多为定额站或咨询公司所建,网站内容主要为定额颁布、价格信息、相关文件转发、招投标信息发布、企业或公司介绍等。网站只是将已有的造价信息在网站上显示出来,缺乏对这些信息的整理与分析。

(3)信息资料的积累和整理还没有完全实现和工程量清单计价模式的接轨　由于信息的采集、加工处理上具有很大的随意性,没有统一的范式和标准,造成了在投标报价时较难直接使用,还需要根据要求进行不断调整不能满足新形势下市场定价的要求。

9.5.2　工程造价信息化的发展趋势

①适应建设市场的新形势,着眼于为建设市场服务,为工程造价管理服务。工程建设在国民经济中占有较大的份额,但存在着科技水平不高、现代化管理滞后、竞争能力较弱的问题。现代技术的运用,可以促进管理部门依法行政,提高管理工作的公开、公平、公正和透明度;可以促进企业提高产品质量、服务水平和企业效率,达到提高企业自身竞争能力的目的。针对我国目前正在大力推行的工程量清单计价制度,工程造价信息化应该围绕为工程建设市场服务、为工程造价管理服务这条主线,组织技术攻关,加快信息化建设。

②我国有关工程造价方面的软件和网络日新月异。为加大信息化建设的力度,全国工程造价信息网正在与各省信息网联网,这样全国造价信息网联成一体,用户可以很容易地查阅到全国、各省、各市的数据,从而大大提高各地造价信息网的使用效率。同时把与工程造价信息化有关的企业组织起来,加强交流、协作,避免低层次、低水平的重复开发,鼓励技术创新,不断提高信息化技术在工程造价中的应用水平。

③发展工程造价信息化,要建立有关的规章制度,促进工程技术健康有序地向前发展。为了加强建设信息标准化、规范化,建设系统信息标准体系正在建立,制定信息通用标准和专用标准,制定建设信息安全保障技术规范和网络设计技术规范已提上日程。加强全国建设工程造价信息系统的信息标准化工作,包括组织编制建设工程人工、材料、机械、设备的分类及标准代码,工程项目分类标准代码,各类信息采集及传输标准格式等工作,将为全国工程造价信息化的发展提供基础。

9.6　发达国家工程造价信息的管理

美国的政府部门发布建设成本指南、最低工资标准等综合造价信息,而民间组织(像 ENR 等许多咨询公司)负责发布工料价格、建设造价指数、房屋造价指数等方面的造价信息。另外有专业咨询公司收集、处理、存储大量已完工项目的造价统计信息以供造价工程师在确定工程造价和审计工程造价时借鉴和使用。

日本建设省每半年报表调查一次工程造价变动情况,每 3 年修订一次现场经费和综合管理费,每 5 年修订一次工程概预算定额。隶属于日本官方机构的经济调查会和建设物价调查会,专门负责调查各种相关经济数据和指标。与工程造价有关的有《建设物价》(杂志)、《积算资料》(月刊)、《土木施工单价》(季刊)、《建筑施工单价》(季刊)、《物价版》(周刊)及《积算资料袖珍版》等定期刊登资料,另外还在因特网上提供一套《物价版》(周刊)资料。

可以看出,美国、日本都是通过政府和民间两种渠道发布工程造价信息的。其中,政府主要发布总体性、全局性的各种造价指数信息,民间组织主要发布相关资源的市场行情信息。开创和拓宽民间工程造价信息的发布渠道,是我国今后工程造价管理体制改革的重要内容之一。

9.7 BIM 技术在工程造价管理中的应用

目前建设项目的造价控制已进入全过程造价管理阶段,由于建设项目投资的大额性和复杂性,传统造价管理方法已经无法满足日益复杂的项目需求,对建设项目进行全过程造价管理已经成为发展的必然趋势。建设项目全过程造价管理离不开海量工程数据信息的全力支持,数据信息应用的及时性与准确性需要不断提升工程基础数据的自动化及智能化,从而节约时间成本与经济成本,高效监控项目实施情况,实现实时核查对比,这些高标准的全过程造价管理方法只有依托 BIM 技术才能得到更快更好的发展。

目前 BIM 技术已经在全球建设项目中得到了广泛应用,并且随着项目需求的加深不断发展升级。BIM 技术的应用与发展推动着工程软件不断升级改良,造价管理软件也从二维、静态向着三维、动态的方向改良发展,促使建设项目全过程造价管理技术不断改良创新。

9.7.1 BIM 技术对工程造价的影响

BIM 技术以全新三维模型为项目信息载体,通过可视化方式实现造价管理的实时与动态调整,可更加高效、准确、快捷地获取各类造价信息,提升工程造价管理水平,实现对建设项目的周期化信息管理,具有极高的应用价值。

(1)实现信息共享 一个建设项目的完成是发包人、设计单位、施工单位、造价咨询单位共同努力、相互配合的结果(见图9.2)。因此,各方间信息无误传达是保证项目正常进行的重要前提。由于缺乏有效沟通与交流,信息传达不及时,导致工程项目施工缓慢、延误工期等现象时常发生。BIM 技术的诞生将为各方提供一种新的高效的交流信息的方式,各方可在 BIM 上共同交流信息,各方的建筑信息都在 BIM 上,避免出现信息的偏差,有益于各方达成一致,从而达到节约成本的目的。BIM 模型中所包含的信息,不仅有几何尺寸信息,还包括其他信息材料如强度信息、来源信息、造价信息、合同信息等。

(2)优化资源配置 造价工作不应该是仅仅计算工程量,更应该是投入到优化资源从而达到降低成本的工作当中,这样才能更好地体现造价管理工作的意义和作用。传统项目资源管理优化主要是利用人工计算,利用人的经验进行分析,从而制成各种资源进度表格,错误率高、效率低,大型项目信息量大。而利用 BIM 信息化的计算机技术,可以

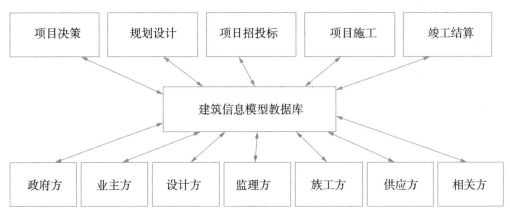

图9.2 各参与方示意图

将大量项目信息存储在 BIM 模型中,并利用智能化技术进行计算,极大地提高数据计算的精度和效率,从而使工程造价的管理更加科学化、精细化。

(3)简化工程算量 现阶段造价咨询公司的主要工作就是工程量计算,其主要特点是烦琐量大,反反复复。一些算量软件虽然简化了算量工作的程序,但仍需将平面二维图进行拼凑、转化、重组,进而获得三维图,在工作过程中极易产生这样那样的错误。BIM 技术运用同一个三维信息模型,不同软件之间可以流畅地交流与沟通。例如设计的成果文件电子版可以直接导入到造价软件中,从而形成各种工程量信息,造价人员只需要根据合同要求匹配相应定额和造价信息即可,从而实现真正的精细化全过程动态管理。

(4)积累信息数据 工程实施中,BIM 为参与各方搭建了一个信息交流的平台环境,不仅能提供工程项目的三维立体模型,同时也会将各种信息数据进行分类存储,各参建方可自由调动与交流,避免信息堵塞、施工不畅的情况。对于信息数据的及时更新与修改,则由专业人员负责完成,避免因信息更新延误使各方获得信息产生偏差的情况发生。在项目结算时,工作人员可直接访问 BIM 软件,了解整个项目所有的信息资料数据,并进行相应的审核与整理。BIM 的强大信息数据存储与分析功能,让工程项目的数据积累与处理变得更加容易,将人力从复杂的数据处理工作中解脱出来。

(5)全过程造价管理 BIM 技术能实现真正意义上的全过程造价管理。

①估算阶段:基于 BIM 模型的数据,可以得到工程量的大约数值。

②概算阶段:基于 BIM 模型数据,可获得项目工程各个构件的指标以及工程量。

③施工图预算阶段:此阶段构建的 BIM 模型数据更为详细,所获得工程量也较为准确,为预算提供准确信息数据。

④招投标阶段:此阶段基于 BIM 模型,可以获得完整的工程量清单。

⑤签订合同价阶段:参考 BIM 模型数据信息,并与所签合同进行对照,建立包含合同信息的原始 BIM 模型。

⑥施工阶段:BIM 模型涵盖了各种变更以及构件信息,为变更的审核提供基础信息。

⑦结算阶段:以前述的各个工程阶段的数据为基础,BIM 模型包含了全过程各个阶段的数据信息,并进行了分类处理,与工程实际保持一致,有利于结算工作顺利进行。

245

9.7.2 BIM 技术在造价管理过程中的应用

项目费用控制的主要任务就是对建设项目全寿命周期进行造价管理。将建设项目全寿命周期造价管理与 BIM 技术相结合,利用 BIM 技术的优势,对建设项目全寿命周期的决策、设计、招投标、施工、竣工验收和运维六个阶段进行造价管理,可以建立起各个阶段的动态联系,有效提升工作效率,促进建设项目造价的精确控制。

9.7.2.1 决策阶段 BIM 技术在造价管理中的应用

正确且合理的决策能确保造价可控,是项目能顺利完成的保障和前提。投资规划阶段的工程造价管理主要是对投资资金的来源进行分析和处理,综合考虑影响本阶段工程造价的风险因素,结合项目的经济分析和风险管理,从整体上把控项目投资和决策。

决策阶段依靠 BIM 技术在工程造价中的应用,能够快速完成各项技术指标的确定,更为高效准确地确定投资估算与投资方案,有助于决策阶段工作的加强与推进。

(1)BIM 技术在投资估算中的应用 建设项目全寿命周期所包含的信息数据十分庞大,现阶段我国工程数据收集方法还局限于 Excel 存储、调用和工程图纸,由此造成新项目建设时参照以往数据不能达到预期效果,无法快速准确得到决策价格。BIM 数据库存储着大量已建工程项目的 BIM 模型,在进行投资估算时,可以直接在数据库中筛选并提取与拟建工程项目建设指标相似度较高的 BIM 模型,每一个构件的相关造价指标都可以在模型中显示出来,针对本项目的特点进行修改后,系统能够自动修正造价指标,快速进行工程价格估算。通过 BIM 模型,还能对可能导致工程成本增加的事件进行风险分析,有效降低项目不可预见费的比例,使拟建项目的投资估算更为准确。

(2)BIM 技术在投资方案选择中的应用 利用 BIM 模型综合考虑建设方案的建设标准和影响工程造价的主要因素,复原并三维展示不同方案的技术参数、项目造价等数据信息,快速形成不同方案的模型并自动计算各方案的工程量、造价成本等数据指标,使得项目方案的内部装饰、建筑物参数、艺术造型等建筑效果能够清晰展示,让发包人在科学合理选择投资方案时"有据可依"。在选定合理的投资方案后,利用 BIM 技术的 5D 模型(3D+工期+成本)可以直观地模拟拟建项目的建设情况,实时地反馈项目建设的进度和成本,投资资金也可以按照不同时间节点合理分配到建设过程中,使资金的利用率达到最大化,实现投资效益的最大化。

9.7.2.2 设计阶段 BIM 技术在造价管理中的应用

在进行项目图纸设计时,利用 BIM 技术数据库中所累积的历史造价信息,与设计图纸中项目构成要素进行关联,进一步检查设计指标是否在可控范围内,以实现初步方案的设计限额。设计人员将设计图纸绘制完成后,通过 BIM 数据库将造价信息与计算汇总的工程量进行关联后综合分析,依靠得到的信息来对设计方案的细节进行合理化调整,从而编制出精确的建设项目施工图总预算,实现限额设计。

9.7.2.3 招投标阶段 BIM 技术在造价管理中的应用

我国主要采用工程量清单计价作为招投标阶段的计价模式,传统的招投标模式需要准确地计算工程量并套取工程量清单。利用 BIM 技术进行项目招投标管理,通过建立模型,对工程量快速统计分析,以形成准确的工程量清单。并且在建模过程中,软件能对错漏和不合理之处自动查找,从而能够高效、准确地对造价进行控制,快速掌握精准的最高投标限价。此外,BIM 模型的建立为发包、承包双方成立了一个对应于合同价的基准平台,作为计算和变更工程量的衡量标准。

9.7.2.4　施工阶段 BIM 技术在造价管理中的应用

施工阶段是工程项目由设计图纸向建筑实体转化的阶段,工作复杂且烦琐,人、材、机的消耗巨大,所需的项目资金巨大,工程施工质量直接影响后期项目运营和维护的成本,加强施工阶段的质量和成本管理可以很大程度地控制建设项目全寿命周期的工程造价。在此阶段,承包方是项目管理的实施主体,主要造价管理任务如下:编制施工成本计划,设定目标成本值,并建立成本核算制度,对项目进行分解,确定施工项目成本的构成,明确成本核算的内容和范围;合理安排施工生产要素的采购、调度,做好活劳动和物化劳动的管理工作;采取相应核算方法,进行实际成本与目标成本的净值分析,分析偏差原因并制定管理措施。

在传统的施工模式下,施工的周期较长,施工过程中所需的材料和人工的价格会受市场和政策的影响而发生较大的波动,导致此阶段的造价管理难以全面控制。应用 BIM 技术后,可在 BIM 三维模型的基础上加上时间维度和成本维度形成 BIM 5D 模型,及时为施工方提供造价管理所需数据,将各种外部因素造成的不利影响尽可能地降到最低,以提高施工阶段的造价管理水平。

9.7.2.5　竣工验收阶段 BIM 技术在造价管理中的应用

在施工过程中利用 BIM 技术快速地处理好进度款和索赔费用等的支付,在编制竣工结算时所有的费用清晰明确。通过 BIM 协作平台,建设单位能够实时获取准确的施工阶段数据,在施工阶段进行进度款支付和索赔费用支付时就已完成相关数据的核准和计算,在进行竣工验收和竣工决算时,建设单位的 BIM 模型已经包含完整的项目信息,通过对比分析施工方提供的结算模型,快速准确地核算工程量和相关费用,高效完成竣工决算工作。

9.7.2.6　运维阶段 BIM 技术在造价管理中的应用

对于建设项目而言,运维阶段是整个寿命周期中最长、管理成本最高和管理难度最大的阶段。根据相关数据调查显示,项目后期运营和维护的费用占总费用的 60% 左右。然而,大部分运维管理只注重于技术难题的处理和工作流程的优化,对运维管理的管理方法和费用关注度不够高,导致此阶段缺乏系统性和规范性的战略管理,难以对运营维护工作的进度和流程进行有效规划,无法准确计算维护管理费用,造成管理成本的增加。

项目竣工后,利用 BIM 技术形成的竣工模型,能为运维阶段的相关管理提供便利。在运维阶段,以 BIM 数据库为核心,借助有效和高效的管理方法,结合无线射频技术、云计算、物联网等新技术,打造综合运维管理平台,在物业资产管理、运营维护管理等多个方面实现应用。

小结

本章主要介绍了工程造价信息系统的发展现状及应用,以及工程量清单计价模式下信息网络的建立;工程造价信息的内容、特点及积累;工程造价数字化信息资源,以及发达国家和地区的工程造价信息管理。

 习题

1.什么是工程造价信息管理系统,它是怎么组成的?

2.工程造价信息的特点有哪些,是如何分类的?

3.工程造价信息资料有哪些作用?

4.目前,我国工程造价信息管理存在哪些问题?

5.工程造价信息化的发展趋势如何?

关键词

习题答案

第1章　习题答案

一、单项选择题

　　见在线习题

二、多项选择题

　　见在线习题

第2章　习题答案

一、单项选择题

　　见在线习题

二、多项选择题

　　见在线习题

三、案例分析题

参考答案

问题1的答案

(1) 国产标准设备原价 = 9 500(万元)

(2) 进口设备原价为进口设备的抵岸价

　　进口设备原价 = CIF 价 + 进口从属费

　　CIF 价 = FOB 价 + 国际运费 + 运输保险费

　　进口从属费 = 银行财务费 + 外贸手续费 + 关税 + 增值税 + 消费税 + 车辆购置附加费

　　由背景资料知：

　　FOB 价 = 装运港船上交货价 = $600 \times 6.5 = 3\,900$(万元)

　　国际运费 = $1\,000 \times 0.03 \times 6.5 = 195$(万元)

　　运输保险费 = $3\,900 \times 2‰ = 7.8$(万元)

　　CIF 价 = $3\,900 + 195 + 7.8 = 4\,102.8$(万元)

　　银行财务费 = FOB 价 $\times 5‰ = 3\,900 \times 5‰ = 19.5$(万元)

　　外贸手续费 = CIF 价 $\times 1.5\%$

$$=(3\ 900+195+7.8)\times1.5\%=61.54(万元)$$

关税 = CIF 价×25%

$$=(3\ 900+195+7.8)\times25\%=1\ 025.7(万元)$$

消费税、车辆购置附加费由题意知不考虑

增值税 =（CIF 价+关税+消费税）×17%

$$=(3\ 900+195+7.8+1\ 025.7)\times17\%=871.85(万元)$$

进口从属费 = 19.5+61.54+1 025.7+871.85 = 1 978.59（万元）

进口设备原价 = 4 102.8+1 978.59 = 6 081.39（万元）

（3）国产标准设备运杂费 = 设备原价×运杂费费率

$$=9\ 500\times3‰=28.5(万元)$$

（4）进口设备运杂费 = 运输费+装卸费+国内运输保险费+设备现场保管费

$$=1\ 000\times500\times0.000\ 05+1\ 000\times0.005+6\ 081.39\times1‰+$$

$$6\ 081.39\times2‰$$

$$=48.24(万元)$$

（5）设备购置费 = 设备原价+设备运杂费

$$=9\ 500+6\ 081.39+28.5+48.24=15\ 658.13(万元)$$

（6）工器具及生产家具购置费 = 设备购置费×定额费费率

$$=15\ 658.13\times4\%=626.33(万元)$$

（7）设备与工器具购置费 = 设备购置费+工器具及生产家具购置费

$$=15\ 658.13+626.33=16\ 284.46(万元)$$

问题 2 的答案

（1）人民币贷款部分利息

有效年利率 =（1+名义年利率/年计息次数）^{年计息次数}−1 =（1+10%/2）^{2}−1 = 10.25%

第一年贷款利息 = 2 500×1/2×10.25% = 128.13（万元）

第二年贷款利息 =（2 500+128.13+4 000×1/2）×10.25% = 474.38（万元）

第三年贷款利息 =（2 500+128.13+4 000+474.38+2 000×1/2）×10.25%

$$=830.51(万元)$$

建设期贷款利息 = 128.13+474.38+830.51 = 1 433.02（万元）

（2）外汇贷款部分利息

第一年贷款利息 = 350×6.5×1/2×8% = 91（万元）

第二年贷款利息 =（350×6.5+91+250×6.5×1/2）×8% = 254.28（万元）

建设期贷款利息 = 91+254.28 = 345.28（万元）

（3）建设期贷款总利息

建设期贷款总利息 = 人民币贷款部分利息+外汇贷款部分利息

$$=1\ 433.02+345.28=1\ 778.30(万元)$$

问题 3 的答案

（1）固定资产投资

设备及工器具购置费 = 16 284.46 万元

建筑安装工程费＝5 000 万元

工程建设其他费＝3 100 万元

预备费＝基本预备费+涨价预备费

基本预备费＝（设备及工器具购置费+建筑安装工程费+工程建设其他费）×基本
预备费费率

$\qquad$ ＝（16 284.46+5 000+3 100）×5%＝1 219.22（万元）

涨价预备费＝2 000 万元

预备费＝3 219.22 万元

建设期贷款利息＝1 778.30 万元

固定资产投资＝设备及工器具购置费+建筑安装工程费+工程建设其他费+预备
费+建设期贷款利息

$\qquad$ ＝16 284.46+5 000+3 100+3 219.22+1 778.30

$\qquad$ ＝29 381.98（万元）

（2）流动资产投资＝5 000 万元

（3）建设项目总投资＝固定资产投资+流动资产投资

$\qquad$ ＝29 381.98+5 000＝34 381.98（万元）

第 3 章　习题答案

一、单项选择题

　　见在线习题

二、多项选择题

　　见在线习题

三、案例分析题

参考答案

问题 1 的答案

拟建项目设备投资额的估算（采用生产能力指数法计算）

根据背景资料可知：

$C_1 = 500$ 万元；$Q_1 = 130$ 万元；$Q_2 = 100$ 万元；$n = 0.5$；$f = 1.2$

则拟建项目的设备投资估算值为：

$$C_2 = C_1 \left(\frac{Q_2}{Q_1} \right)^n f = 500 \times \left(\frac{100}{130} \right)^{0.5} \times 1.2 = 526.23（万元）$$

问题 2 的答案

固定资产静态投资的估算采用设备系数法进行估算。根据背景资料可知：

$$E = 500 \times \left(\frac{100}{130} \right)^{0.5} = 438.53（万元）$$

$f = 1.2$；$f_1 = 1.05$；$f_2 = 1.1$；$f_3 = 1.1$；$p_1 = 60\%$；$p_2 = 30\%$；$p_3 = 5\%$；$I = 0$

所以拟建项目静态投资的估算值为:

438.53×(1.2+1.05×60% +1.1×30% +1.1×5%) = 971.34(万元)

问题 3 的答案

流动资金额的估算(采用分项详细估算法计算)。

流动资金额=流动资产－流动负债

流动资产=应收及预付账款+存货+现金

应收账款=销售收入/周转次数=800 /(360÷30)=66.67(万元)

存货资金=300.00 万元

现金=(年工资及福利+年其他费用)/现金周转次数

    =(5.79×40+100)/(360÷30)=331.6/12=27.63(万元)

流动资产=27.63+300+66.67=394.30(万元)

流动负债=应付账款=(年外购原材料+年外购燃料)/应付账款周转次数

               =400/(360÷30)=33.33(万元)

流动资金=394.30–33.33=360.97(万元)

铺底流动资金=流动资金×30% =108.29(万元)

第4章 习题答案

一、单项选择题

见在线习题

二、多项选择题

见在线习题

三、案例分析题

分析要点

本案例主要考核0~4 评分法的运用。本案例仅给出了各功能因素重要性之间的关系,各功能因素的权重需要根据0~4 评分法的计分办法自行计算。按0~4 评分法的规定,两个功能因素比较时,其相对重要程度有以下三种基本情况。

(1)很重要的功能因素得4 分,另一个很不重要的功能因素得0 分。

(2)较重要的功能因素得3 分,另一个较不重要的功能因素得1 分。

(3)相同重要或基本同样重要时,则两个功能因素各得2 分。

参考答案

问题1 的答案

解:根据背景资料所给出的条件,各功能权重的计算结果如下表所示。

方案功能得分表

	F_1	F_2	F_3	F_4	F_5	得分	权重
F_1	×	3	3	4	4	14	$14 \div 40 = 0.350$
F_2	1	×	2	3	3	9	$9 \div 40 = 0.225$
F_3	1	2	×	3	3	9	$9 \div 40 = 0.225$
F_4	0	1	1	×	2	4	$4 \div 40 = 0.100$
F_5	0	1	1	2	×	4	$4 \div 40 = 0.100$
合计						40	1.000

问题 2 的答案

解:分别计算各方案的功能指数、成本指数、价值指数如下。

(1)计算功能指数 将各方案的各功能得分分别与该功能的权重相乘,然后汇总即为该方案的功能加权得分,各方案的功能加权得分为:

$W_A = 9 \times 0.350 + 10 \times 0.225 + 9 \times 0.225 + 8 \times 0.100 + 9 \times 0.100 = 9.125$

$W_B = 10 \times 0.350 + 10 \times 0.225 + 9 \times 0.225 + 8 \times 0.100 + 7 \times 0.100 = 9.275$

$W_C = 9 \times 0.350 + 8 \times 0.225 + 10 \times 0.225 + 8 \times 0.100 + 9 \times 0.100 = 8.900$

$W_D = 8 \times 0.350 + 9 \times 0.225 + 9 \times 0.225 + 7 \times 0.100 + 6 \times 0.100 = 8.150$

各方案功能的总加权得分为 $W = W_A + W_B + W_C + W_D$

$$= 9.125 + 9.275 + 8.900 + 8.150 = 35.45$$

因此各方案的功能指数为:

$F_A = 9.125 \div 35.45 = 0.257$

$F_B = 9.275 \div 35.45 = 0.262$

$F_C = 8.900 \div 35.45 = 0.251$

$F_D = 8.150 \div 35.45 = 0.230$

(2)计算各方案的成本指数 各方案的成本指数为:

$C_A = 1\ 420 \div (1\ 420 + 1\ 230 + 1\ 150 + 1\ 360) = 1\ 420 \div 5\ 160 = 0.275$

$C_B = 1\ 230 \div 5\ 160 = 0.238$

$C_C = 1\ 150 \div 5\ 160 = 0.223$

$C_D = 1\ 360 \div 5\ 160 = 0.264$

(3)计算各方案的价值指数 各方案的价值指数为:

$V_A = F_A \div C_A = 0.257 \div 0.275 = 0.935$

$V_B = F_B \div C_B = 0.262 \div 0.238 = 1.101$

$V_C = F_C \div C_C = 0.251 \div 0.223 = 1.126$

$V_D = F_D \div C_D = 0.230 \div 0.264 = 0.871$

由于 C 方案的价值指数最大,所以 C 方案为最佳方案。

第5章　习题答案

一、单项选择题

见在线习题

二、多项选择题

见在线习题

三、案例分析题

【案例一】

参考答案

问题1的答案

答：甲承包人运用了不平衡报价策略。运用得合理，因为甲承包人将前期基础工程和主体工程的投标报价调高，将后期装饰装修工程的报价调低，其提高和降低的幅度在10%左右，且工程总价不变。这样使得前期回笼较早的资金增大，后期资金减少，在总报价保持不变的基础上，以利于承包人获得更大的收益。因此，甲承包人在投标报价上所运用的不平衡报价法较为合理。

问题2的答案

答：采用不平衡报价法后，甲承包人所得全部工程款的现值比原投标估价的现值增加额如下。

（1）计算报价调整前的工程款现值

基础工程每月工程款 $F_1 = 340 \div 2 = 170$（万元）

主体工程每月工程款 $F_2 = 1\,866 \div 6 = 311$（万元）

装饰工程每月工程款 $F_3 = 1\,551 \div 3 = 517$（万元）

报价调整前的工程款现值 $= F_1(P/A,1\%,2) + F_2(P/A,1\%,6)(P/F,1\%,2)$

$\qquad\qquad F_3(P/A,1\%,3)(P/F,1\%,8)$

$\qquad\quad = 170 \times 1.970 + 311 \times 5.795 \times 0.980 + 517 \times 2.941 \times 0.923$

$\qquad\quad = 334.90 + 1\,766.20 + 1\,403.42$

$\qquad\quad = 3\,504.52$（万元）

（2）计算报价调整后的工程款现值

基础工程每月工程款 $F_1 = 370 \div 2 = 185$（万元）

主体工程每月工程款 $F_2 = 2\,040 \div 6 = 340$（万元）

装饰工程每月工程款 $F_3 = 1\,347 \div 3 = 449$（万元）

报价调整后的工程款现值 $= F_1(P/A,1\%,2) + F_2(P/A,1\%,6)(P/F,1\%,2)$

$\qquad\qquad F_3(P/A,1\%,3)(P/F,1\%,8)$

$\qquad\quad = 185 \times 1.970 + 340 \times 5.795 \times 0.980 + 449 \times 2.941 \times 0.923$

$\qquad\quad = 364.45 + 1\,930.89 + 1\,218.83$

$\qquad\quad = 3\,514.17$（万元）

（3）比较两种报价的差额

两种报价的差额=调整后的工程款现值−调整前的工程款现值

$$= 3\,514.17 - 3\,504.52$$

$$= 9.65(万元)$$

结论:采用不平衡报价法后,甲承包人所得工程款的现值比原估价现值增加9.65万元。

【案例二】

参考答案

问题1的答案

答:在监理中标通知书发出后第45天签订委托监理合同不妥,依照招投标法,应于30天内签订合同。

在签订委托监理合同后双方又另行签订了一份监理酬金比监理中标价降低10%的协议不妥。依照招投标法,招标人和中标人不得再行订立背离合同实质性内容的其他协议。

问题2的答案

答:工程咨询公司认为A施工单位有资格参加投标是正确的。以所处地区作为确定投标资格的依据是一种歧视性的依据,这是招投标法明确禁止的。

问题3的答案

答:评标委员会组成不妥,不应包括当地建设行政管理部门的招投标管理办公室主任。正确组成应为:评标委员会由招标人或其委托的招标代理机构熟悉相关业务的代表以及有关技术、经济等方面的专家组成,成员人数为5人以上单数,其中技术、经济等方面的专家不得少于成员总数的三分之二。

问题4的答案

答:B、F两家施工单位的投标不是有效标。B单位的情况可以认定为低于成本,F单位的情况可以认定为是明显不符合技术规格和技术标准的要求,属重大偏差。D、H两家单位的投标是有效标,它们的情况不属于重大偏差。

第6章 习题答案

一、单项选择题

见在线习题

二、多项选择题

见在线习题

三、案例分析题

【案例一】

参考答案

问题1的答案

对于乙方在垫层施工中扩大部分的工程量,造价工程师应不予以计量。因为该部分的工程量超过了施工图纸的要求,也就是超过了施工合同约定的范围,不属于造价工程师计量的范围。

在工程施工中,监理工程师与造价工程师均是受雇于发包人,为发包人提供服务的,他们只能按照他们与发包人所签合同的内容行使职权,无权处理合同以外的工程内容。对于"乙方为了保证工程质量,在取得在场监理工程师认可的情况下,将垫层范围比施工图纸规定各向外扩大了 10 cm"这一事实,监理工程师认可的是承包人的保证施工质量的技术措施,在发包人没有批准追加相应费用的情况下,技术措施费用应由承包人自己承担。

问题 2 的答案

因为工期延误产生的施工索赔处理原则是:如果导致工程延期的原因是发包人造成的,承包人可以得到费用补偿与工期补偿;如果导致工程延期的原因是不可抗力造成的,承包人仅可以得到工期补偿而得不到费用补偿;如果导致工程延期的原因是承包人自己造成的,承包人将得不到费用与工期的补偿。

关于不可抗力产生后果的承担原则是:事件的发生是不是一个有经验的承包人能够事先估计到的。若事件的发生是一个有经验的承包人应该估计到的,则后果由承包人承担;若事件的发生是一个有经验的承包人无法估计到的,则后果由发包人承担。

本案例中对孤石引起的索赔,首先是因勘探资料不明导致,其次这是一个有经验的承包人事先无法估计到的情况,所以造价工程师应该同意。即承包人可以得到延长工期的补偿,并得到处理孤石发生的费用及由此产生窝工的补偿。

本案例中因季节性大雨引起的索赔,因为基础施工发生在 7 月份,而 7 月份阴雨天气属于正常季节性的,这是有经验的承包人预先应该估计到的因素,应在合同工期内考虑,因而索赔理由不成立,索赔应予以驳回。

问题 3 的答案

施工中变更价款的确定原则如下。

(1)合同中已有适用于变更工程的价格,按合同已有的价格计算变更合同的价款。

(2)合同中有类似变更工程的价格,可参照类似价格变更合同价款。

(3)合同中没有适用或类似于变更工程的价格,由承包人提出适当的变更价格,造价工程师批准执行,这一批准的变更价格,应与承包人达成一致,否则按合同争议的处理方法解决。

问题 4 的答案

工程价款结算的方法主要有以下几种。

(1)按月结算 即实行旬末或月中预支,月终结算,竣工后清算。

(2)竣工后一次结算 即实行每月月中预支、竣工后一次结算。这种方法主要适用于工期短、造价低的小型工程项目。

(3)分段结算 即按照形象工程进度,划分不同阶段进行结算。该方法用于当年不能竣工的单项或单位工程。

(4)目标结款方式 即在工程合同中,将承包工程分解成不同的控制界面,以发包人验收控制界面作为支付工程价款的前提条件。

(5)结算双方约定的其他结算方式 工程竣工结算的前提条件是:承包人按照合同规定内容全部完成所承包的工程,并符合合同要求,经验收质量合格。

问题 5 的答案

257

（1）预付备料款 根据背景资料可知,工程备料款为工程造价的20%。由于备料款是在工程开始施工时甲方支付给乙方的,所以计算备料款采用的工程造价应该是合同规定的造价660万元,而非实际的工程造价。

预付备料款=660×20%＝132（万元）

（2）备料款起扣点 按照合同规定,工程实施后,预付备料款从未施工工程尚需的主要材料及构件的价值相当于预付备料款数额时起扣。因此备料款起扣点可以表述为:

$$备料款起扣点=承包工程价款总额-\frac{预付备料款}{主要材料所占比重}=660-\frac{132}{60\%}=440（万元）$$

问题6的答案

（1）7至10月每月应拨付的工程款 若不考虑工程变更与工程索赔,则每月应拨付的工程款按实际完成的产值计算。7至10月各月拨付的工程款如下。

7月份:应拨付工程款55万元,累计拨付工程款55万元。

8月份:应拨付工程款110万元,累计拨付工程款165万元。

9月份:应拨付工程款165万元,累计拨付工程款330万元。

10月份的工程款为220万元,累计拨付工程款550万元。550万元已经大于备料款起扣点440万元,因此在10月份应该开始扣回备料款。按照合同约定:备料款从每次结算工程款中按材料比重扣回,竣工前全部扣清。则10月份应扣回的工程款为:

（本月应拨付的工程款+以前累计已拨付的工程款-备料款起扣点）×60%

＝（220+330-440）×60%＝66（万元）

所以10月份应拨付的工程款为:220-66=154（万元）

累计拨付工程款484万元。

（2）工程结算造价 根据合同约定:材料价差按规定上半年上调10%,在6月份一次调增。因此,有:

材料价差=材料费×10%＝660×60%×10%＝39.6（万元）

工程结算造价=合同价+材料价差=660+39.6＝699.6（万元）

（3）甲方应支付的结算款 11月底办理竣工结算时,按合同约定:工程质量保证金为工程结算价款的3%,在竣工结算月一次扣留。因此甲方应支付的结算款为:

工程结算造价-已拨付的工程款-工程质量保证金-预付备料款

＝699.6-484-699.6×3%-132＝62.612（万元）

问题7的答案

保修期间出现的质量问题应由施工单位负责修理。在本案例中的屋面漏水属于工程质量问题,由乙方负责修理,但乙方没有履行保修义务,因此发生的15 000元维修费应从乙方的工程质量保证金中扣除。

【案例二】

参考答案

问题1的答案

由于工作B、D、F的开始时间均推迟1个月,而持续时间不变,故实际进度B工作在3～5月、D工作在6～11月、F工作在12～13月,如下图中实线横道。

月份	1	2	3	4	5	6	7	8	9	10	11	12	13
A	180												
B		200 200 200											
			200 200 200										
C		300 300 300 300											
		300 300 300 300											
D					160 160 160 160 160 160								
						168 176							
E						140 140 140						
						147 154							
F											120 120		

完成 B、D、F 工作实际进度后的横道图

259

问题 2 的答案

第 1 季度的实际投资与计划投资相同,将第 2 季度各月的计划投资乘 1.05,将 7 月份的计划投资乘 1.10,即得到 2~7 各月的实际投资,然后逐月累计,见上图及下表。

各月投资情况表

时间/月	1	2	3	4	5	6	7
每月拟完工程计划投资	180	500	500	500	460	300	300
累计拟完工程计划投资	180	680	1 180	1 680	2 140	2 440	2 740
每月已完工程实际投资	180	300	500	500	500	315	330
累计已完工程实际投资	180	480	980	1 480	1 980	2 295	2 625
每月已完工程计划投资	180	300	500	500	500	300	300
累计已完工程计划投资	180	480	980	1 480	1 980	2 280	2 580

问题 3 的答案

将各月已完工程实际投资改为计划投资(即不乘调价系数),然后逐月累计,见上表。

问题 4 的答案

投资偏差=已完工程实际投资-已完工程计划投资

$\qquad$ =2 625-2 580=45(万元),即投资增加 45 万元。

(或投资偏差=2 580-2 625=-45 万元,即投资增加 45 万元)

进度偏差=拟完工程计划投资-已完工程计划投资

$\qquad$ =2 740-2 580=160(万元),即进度拖后 160 万元。

(或进度偏差=2 580-2 740=-160 万元,即进度拖后 160 万元)

以时间表示的进度偏差为:

进度偏差=已完工程实际时间-已完工程计划时间

$\qquad$ =7-[6+(2 580-2 440)/(2 740-2 440)]

$\qquad$ =7-6.47=0.53(月),即进度拖后 0.53 个月。

第 7 章　习题答案

一、单项选择题

　　见在线习题

二、多项选择题

　　见在线习题

三、案例分析题

【案例一】

参考答案

$$生产车间应分摊的土地征用费=\frac{250}{1\,000}\times50=12.5(万元)$$

新增固定资产价值 $=250+100+280+12.5=642.5(万元)$

【案例二】

参考答案

基建结余资金 $=2\,300+500+10+700+300+200-1\,200-900$

$\qquad\qquad\qquad=1\,910(万元)$

【案例三】

参考答案

问题1、2、3答案略。

问题4的答案

A生产车间的新增固定资产价值为 $=(1\,800+380+1\,600+300+80)+(500+340)\times$

$$\frac{1\,800}{6\,000}+300\times\frac{1\,800+380+1\,600}{6\,000+1\,000+3\,600}$$

$$=4\,160+840\times0.3+300\times0.356\,6$$

$$=4\,518.98(万元)$$

问题5的答案

固定资产价值 $=(6\,000+1\,000+3\,600+720+190)+(500+300+340)$

$\qquad\qquad\qquad=12\,650(万元)$

流动资产价值 $=320-190=130(万元)$

无形资产价值 $=700+70+30+90=890(万元)$

递延资产价值 $=(400-300)+50=150(万元)$

第8章　习题答案

一、单项选择题

见在线习题

二、案例分析题

参考答案

建设工程价款调整方法有:工程造价指数调整法、实际价格调整法、调价文件计算法和调值公式法。本案例主要考核工程价款调整的调值公式法的应用。因此在求解该案例之前,对上述内容要进行系统的学习,尤其是关于动态结算方法和计算,预付款的处理,要能够熟练地应用动态结算的各种方法和公式进行计算。

问题1的答案

工程预付款 $=2\,000$ 万元 $\times20\%=400(万元)$

工程预付款从 8 月份开始起扣,每次扣 $400/2 = 200$(万元)

问题 2 的答案

(1)5 月份

$$工程量价款 = 200 \times \left(0.15 + 0.35 \times \frac{110}{100} + 0.23 \times \frac{156.2}{153.4} + 0.12 \times \frac{154.4}{154.4} + \right.$$

$$\left. 0.08 \times \frac{162.2}{160.3} + 0.07 \times \frac{160.2}{144.4}\right) = 209.56(万元)$$

发包人应支付工程款 $= 209.56 \times (1-3\%) - 5 = 198.273$(万元)

(2)6 月份

$$工程量价款 = 300 \times \left(0.15 + 0.35 \times \frac{108}{100} + 0.23 \times \frac{158.2}{153.4} + 0.12 \times \frac{156.2}{154.4} + \right.$$

$$\left. 0.08 \times \frac{162.2}{160.3} + 0.07 \times \frac{162.2}{144.4}\right) = 313.85(万元)$$

发包人应支付工程款 $= 313.85 \times (1 - 3\%) = 304.435$(万元)

(3)7 月份

$$工程量价款 = 400 \times \left(0.15 + 0.35 \times \frac{108}{100} + 0.23 \times \frac{158.2}{153.4} + 0.12 \times \frac{158.4}{154.4} + \right.$$

$$\left. 0.08 \times \frac{162.2}{160.3} + 0.07 \times \frac{164.2}{144.4}\right) + 0.15 + 0.1 + 1.5$$

$$= 421.29(万元)$$

发包人应支付工程款 $= 421.29 \times (1 - 3\%) = 408.651$(万元)

(4)8 月份

$$工程量价款 = 600 \times \left(0.15 + 0.35 \times \frac{110}{100} + 0.23 \times \frac{160.2}{153.4} + 0.12 \times \frac{158.4}{154.4} + \right.$$

$$\left. 0.08 \times \frac{164.2}{160.3} + 0.07 \times \frac{162.4}{144.4}\right) = 635.39(万元)$$

发包人应支付工程款 $= 635.39 \times (1-3\%) - 200 = 416.328$(万元)

(5)9 月份

$$工程量价款 = 500 \times \left(0.15 + 0.35 \times \frac{110}{100} + 0.23 \times \frac{160.2}{153.4} + 0.12 \times \frac{160.2}{154.4} + \right.$$

$$\left. 0.08 \times \frac{164.2}{160.3} + 0.07 \times \frac{162.8}{144.4}\right) + 1 = 531.28(万元)$$

发包人应支付工程款 $= 531.28 \times (1-3\%) - 200 = 315.342$(万元)

第 9 章 习题答案(略)

参考文献

[1] 建设部标准定额司.建设工程工程量清单计价规范:GB 50500—2013[S].北京:中国计划出版社,2013.

[2] 规范编制组.2013 建设工程计价计量规范辅导[M].2 版.北京:中国计划出版社,2013.

[3] 尹贻林.工程价款管理[M].北京:机械工业出版社,2018.

[4] 天津国际工程咨询公司.全过程工程咨询实务与核心技术[M].北京:中国建筑工业出版社,2020.

[5] 全国造价工程师职业资格考试培训教材编审委员会.建设工程造价管理[M].北京:中国计划出版社,2021.

[6] 全国造价工程师职业资格考试培训教材编审委员会.建设工程计价[M].北京:中国计划出版社,2021.

[7] 闻人军.考工记导读[M].北京:中国国际广播出版社,2008.

[8] 中国建设工程造价管理协会第七届理事会第四次会议暨第七次常务理事会工作报告[J].工程造价管理,2021(2):3-7.

[9] 尹贻林,于翔鹏,王会鑫,等.建设工程价款优先受偿权受偿范围有效性研究[J].建筑经济,2017,38(8):72-78.

[10] 赵小春.探究 BIM 技术在工程造价管理中的应用:评《工程造价管理》[J].工业建筑,2021,51(5):233.

[11] 焦红清.项目决策和工程设计阶段的造价管理探讨[J].煤炭工程,2019,51(6):173-175.

[12] 杨圣山.基于 BIM 技术在工程造价管理中的应用分析[J].宏观经济管理,2017(A1):66-67.

[13] 朱华旭.现阶段建筑工程造价管理存在的问题与对策[J].财经问题研究,2016(A2):148-152.

勘误表